全国中等职业技术学校电子类专业教材

电子电路基础

（第四版）

人力资源社会保障部教材办公室组织编写

中国劳动社会保障出版社

简介

本书主要内容包括二极管和三极管、放大器基础、放大器中的负反馈、集成运算放大器的应用、波形发生器、低频功率放大器、直流稳压电源、晶闸管及其应用等。

本书由邵展图主编，何薇、邱浩、严国兴、鲁劲柏、刁红艳、陈单茹参与编写；陈惠群审稿。

图书在版编目(CIP)数据

电子电路基础/人力资源社会保障部教材办公室组织编写. —4 版. —北京：中国劳动社会保障出版社，2017

全国中等职业技术学校电子类专业教材

ISBN 978-7-5167-2999-1

Ⅰ.①电…　Ⅱ.①人…　Ⅲ.①电子电路–中等专业学校–教材　Ⅳ.①TN710

中国版本图书馆 CIP 数据核字(2017)第 155158 号

中国劳动社会保障出版社出版发行

（北京市惠新东街 1 号　邮政编码：100029）

*

北京市科星印刷有限责任公司印刷装订　　新华书店经销

787 毫米 ×1092 毫米　16 开本　16 印张　330 千字

2017 年 8 月第 4 版　　2025 年 3 月第 9 次印刷

定价：29.00 元

营销中心电话：400-606-6496

出版社网址：http://www.class.com.cn

http://jg.class.com.cn

前　言

为了更好地适应全国中等职业技术学校电子类专业的教学要求，全面提升教学质量，人力资源社会保障部教材办公室组织有关学校的骨干教师和行业、企业专家，对全国中等职业技术学校电子类专业教材进行了修订和补充开发。此项工作以人力资源社会保障部颁布的《技工院校电子类通用专业课教学大纲（2016）》《技工院校电子技术应用专业教学计划和教学大纲（2016）》《技工院校音像电子设备应用与维修专业教学计划和教学大纲（2016）》《技工院校通信终端设备制造与维修专业教学计划和教学大纲（2016）》为依据，充分调研了企业生产和学校教学情况，广泛听取了教师对现行教材使用情况的反馈意见，吸收和借鉴了各地职业技术院校教学改革的成功经验。

教材体系

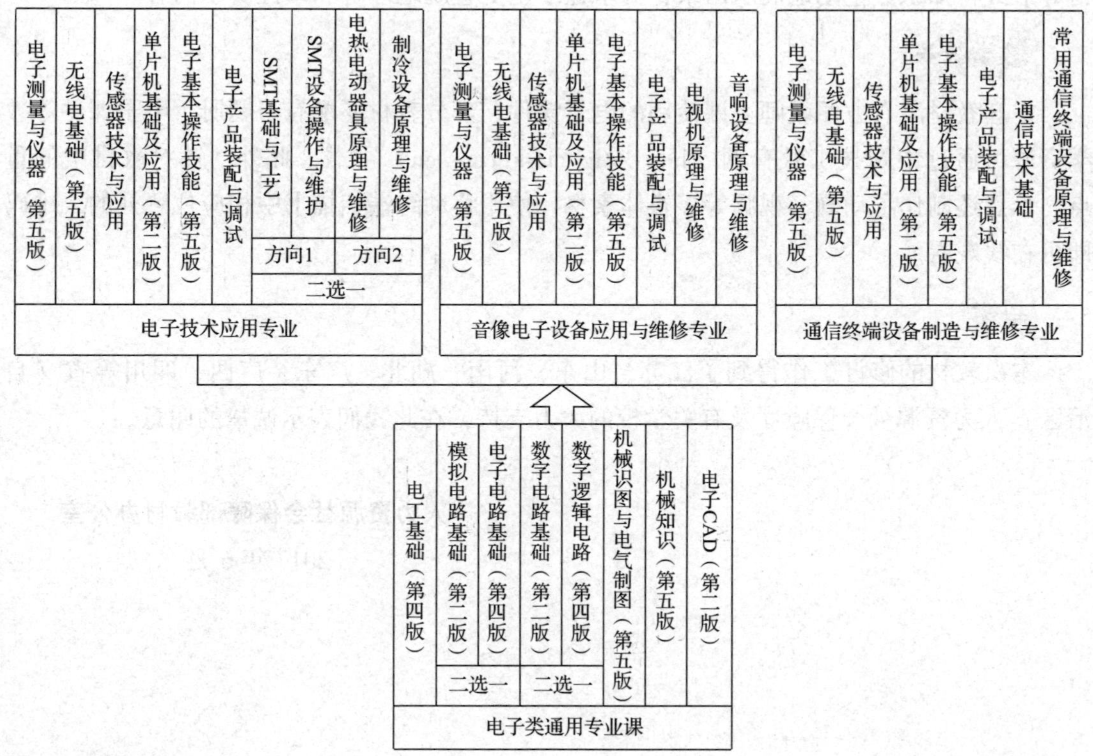

使用对象

电子技术应用专业、音像电子设备应用与维修专业、通信终端设备制造与维修专业中级、高级两个层次和以下 3 种学制：

- 初中毕业生 3 年学制培养中级工
- 高中毕业生 3 年学制培养高级工（中级阶段）
- 初中毕业生 5 年学制培养高级工（中级阶段）

编写特色

◆ **紧贴国家职业标准** 紧密贴合《中华人民共和国职业分类大典（2015 年版）》中对广电和通信设备电子装接工、广电和通信设备调试工、家用电器产品维修工、家用电子产品维修工等职业的职业能力要求，同时参照相关国家职业标准。

◆ **体现行业技术发展** 根据电子行业的最新发展，在教材中充实了电子产品表面贴装、数字电视维修、智能手机维修等方面的新技术，体现教材的先进性。

◆ **注重职业能力培养** 根据就业岗位对技能型人才所需能力的要求，进一步加强实践性教学内容。同时，在教材中突出对学生获取信息、与人交流、分析解决问题以及自学等职业能力的培养。

◆ **符合学生阅读习惯** 在教材内容的呈现形式上，尽可能使用图片、实物照片和表格等形式将知识点生动地展示出来，力求让学生更直观地理解和掌握所学内容。

教学服务

本套教材配有方便教师上课使用的电子课件，部分教材还配有习题册，电子课件等教学资源可通过中国技工教育网（http://jg.class.com.cn）下载。此外，针对教材中的重点、难点还制作了动画、视频等多媒体素材，使用移动终端扫描书中相应位置处的二维码即可在线观看。

致谢

本次教材的修订工作得到了江苏、山东、河南、湖北、广东、广西、四川等省（自治区）人力资源社会保障厅及有关学校的大力支持，在此我们表示诚挚的谢意。

人力资源社会保障部教材办公室

2017 年 6 月

目　录

① 标记星号（*）的章节可作为选学内容。

第一章　二极管和三极管

半导体器件是构成电子电路的主要元器件，其基本功能是按预定的要求来控制电压或电流。其中，二极管和三极管是最基本的半导体器件，如图 1—1 所示。

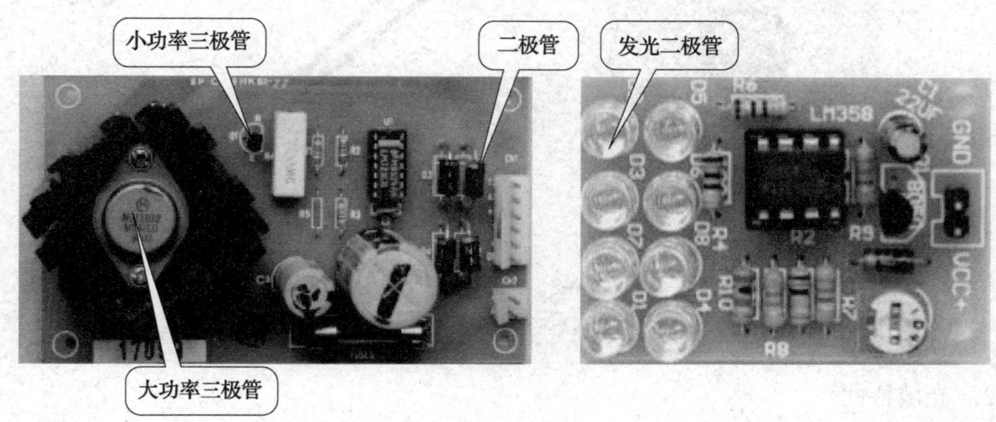

图 1—1　电路板上的二极管和三极管

本章主要介绍二极管和三极管的基本特性及使用常识，为学习电子技术提供必要的基本知识和技能。

§1—1　二　极　管

学习目标

1. 了解二极管的结构、符号、特性曲线和主要参数。
2. 掌握二极管的单向导电性。
3. 了解几种常用二极管的特性和典型应用。
4. 能用万用表判别二极管的极性和质量好坏。
5. 能利用相关资料查阅二极管的参数。

一、半导体的导电特性

自然界的物质按导电能力的强弱可分为导体、绝缘体和半导体三大类。半导体的导电能力介于导体和绝缘体之间。目前，硅（Si）和锗（Ge）是最常用的半导体材料。纯净的半导体称为**本征半导体**，如果在本征半导体中掺入其他元素，则称为**杂质半导体**。

半导体的导电能力受温度、光照和掺入杂质等多种因素影响。

1. 热敏特性

当温度升高时，大多数半导体的导电能力显著增强；当温度下降时，这些半导体的导电能力显著下降，这就是半导体的热敏特性。利用半导体的热敏特性可制成热敏电阻、温度传感器等**热敏元件**，如图 1—2 所示。

a） b）

图 1—2 热敏元件示例

a）热敏电阻 b）温度传感器

2. 光敏特性

当有光线照射某些半导体时，这些半导体就像导体一样，导电能力很强；当没有光线照射时，这些半导体就像绝缘体一样不导电。光照越强，其导电能力越强，这就是半导体的光敏特性。

利用半导体的光敏特性可制成光敏电阻、光敏传感器、光电二极管、光电三极管、光电池等**光敏元件**，如图 1—3 所示。

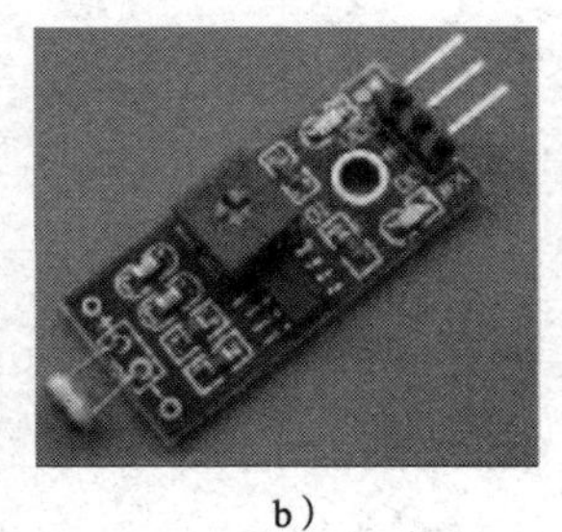

a） b） c）

图 1—3 光敏元件示例

a）光敏电阻 b）光敏传感器 c）光电池

3. 掺杂特性

在本征半导体中掺入微量合适的杂质元素，可使半导体的导电能力显著增强。按掺入的杂质元素不同，可制成 **N 型**和 **P 型**两种**杂质半导体**。

几乎所有的半导体器件，如二极管、三极管、场效应管、晶闸管以及集成电路等，都是采用杂质半导体制作而成的。

二、二极管的结构和符号

1．二极管的结构

二极管的基本结构如图 1—4 所示。采用掺杂工艺，使硅或锗晶体的一边形成 P 型半导体区，另一边形成 N 型半导体区，在它们的交界面就会形成 **PN 结**。将一个 PN 结用外壳封装起来，并加上电极引线就构成了一只二极管。从 P 区引出的电极为正极，从 N 区引出的电极为负极。

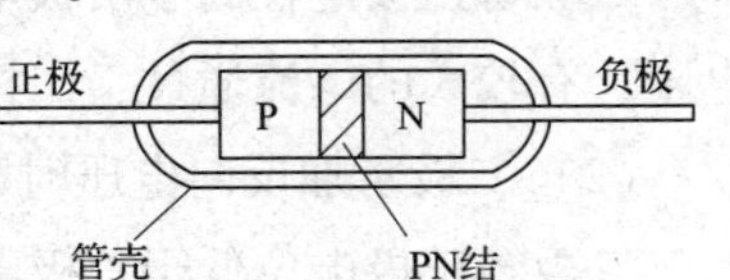

图 1—4　二极管的结构

图 1—5 所示分别为金属封装、塑料封装、玻璃封装和贴片式封装的二极管。

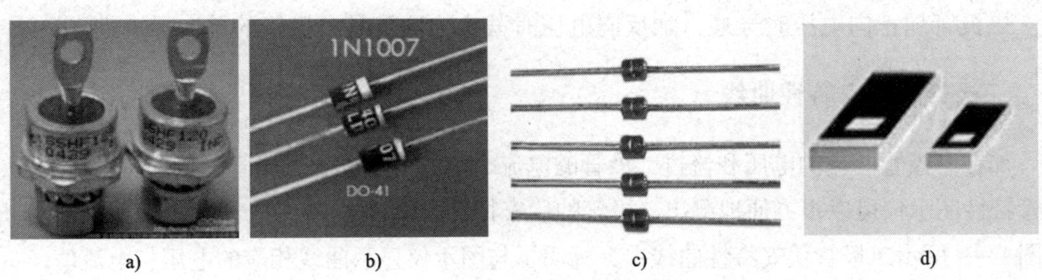

图 1—5　不同封装形式的二极管

a）金属封装　b）塑料封装　c）玻璃封装　d）贴片式封装

2．二极管的符号

二极管的文字符号为 V 或 VD。图形符号如图 1—6 所示，图中箭头指向为二极管正向电流的方向。

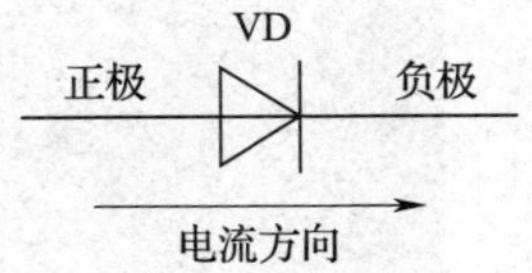

图 1—6　二极管的图形符号

三、二极管的单向导电性

课堂演示

二极管的单向导电性可通过图 1—7 所示的实验来说明。

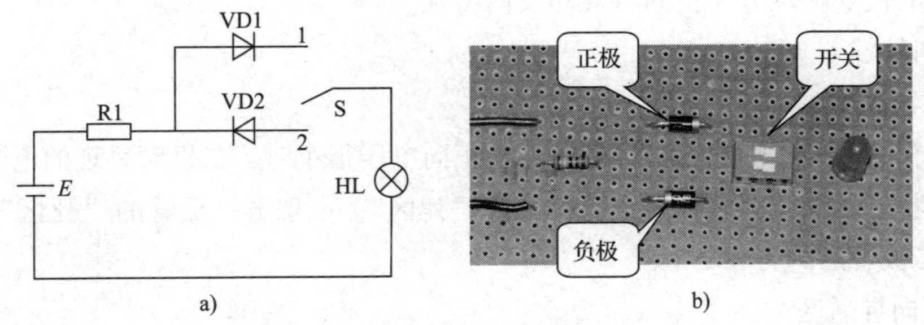

图 1—7　二极管单向导电性实验

a）原理图　b）实物图

按图 1—7 所示连接实验电路，开关置于位置 1 时，指示灯亮，表明二极管**导通**；开关置于位置 2 时，指示灯不亮，表明二极管不导通（**截止**）。

分析实验过程可得如下结论：

（1）二极管加正向电压时导通

二极管正极电位高于负极电位，称为**正向偏置**（简称**正偏**），二极管内部呈现较小的电阻，有较大的电流通过，二极管的这种状态称为正向导通状态。

（2）二极管加反向电压时截止

二极管正极电位低于负极电位，称为**反向偏置**（简称**反偏**），二极管内部呈现很大的电阻，几乎没有电流通过，二极管的这种状态称为反向截止状态。

二极管加正向电压时导通，加反向电压时截止，这就是二极管的单向导电性。

四、二极管的伏安特性曲线

加在二极管两端的电压和流过二极管的电流之间的关系称为二极管的伏安特性。利用晶体管特性图示仪可以很方便地测出二极管的伏安特性曲线，如图 1—8 所示。为了便于分析，在图 1—9 所示二极管伏安特性曲线中，标明了与图示仪显示曲线相应的电压、电流值。

a）

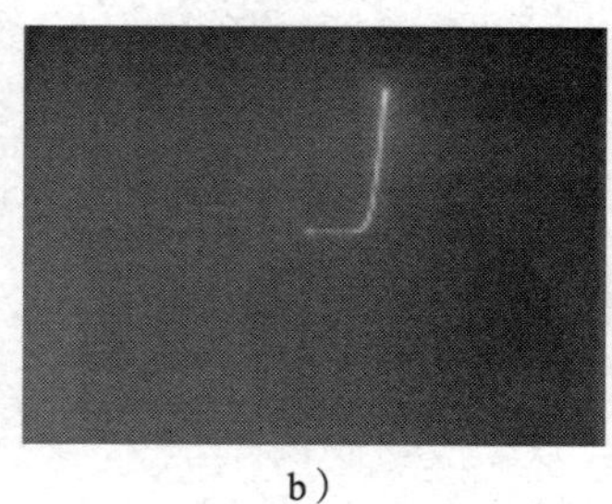
b）

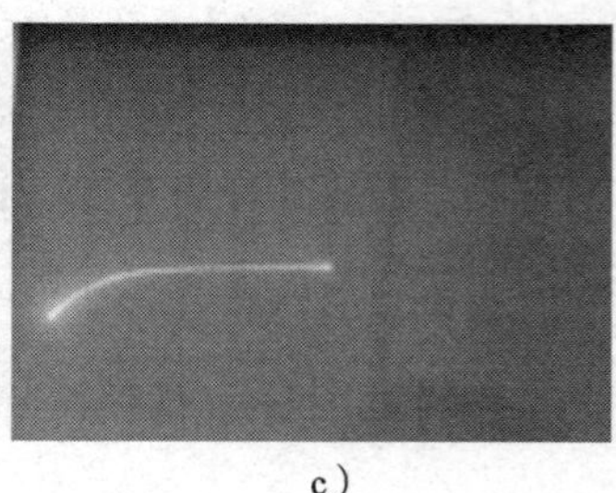
c）

图 1—8　用晶体管特性图示仪测试二极管伏安特性曲线

a）晶体管特性图示仪　b）二极管正向特性曲线　c）二极管反向特性曲线

二极管的伏安特性分为正向特性和反向特性。

1．正向特性

（1）死区

从二极管的伏安特性曲线可以看出，当正向电压很小时，二极管呈现的电阻很大，基本处于截止状态，这个区域称为正向特性的“死区”。一般硅二极管的“死区”电压约为 0.5 V，锗二极管的约为 0.2 V。

（2）正向导通区

当正向电压超过“死区”电压后，二极管的电阻变得很小，二极管处于导通状态，电流随电压按指数规律增长，即正向电压略微增加，电流就会增加很多，这个区

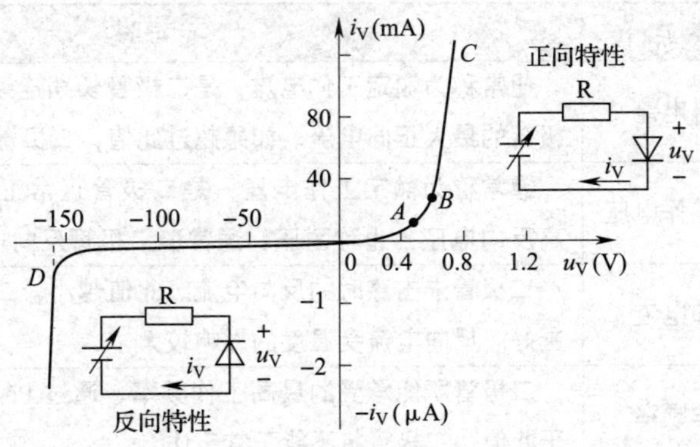

图 1—9　二极管伏安特性曲线

域称为正向导通区。二极管导通后两端电压降几乎不随电流的大小而变化，一般**硅二极管约为0.7 V，锗二极管约为 0.3 V**。这时二极管正、负极之间近似于一个闭合的开关。

2. 反向特性

(1) 反向截止区

外加反向电压在较大范围内变化而反向电流很小且基本恒定的区域，称为反向截止区，这个反向电流称为二极管**反向饱和电流**，也称**漏电流**。小功率管的漏电流很小，在微安级范围内。在反向截止区时，二极管对外电路呈现电阻很大，二极管正、负极之间相当于断开。

(2) 反向击穿区

当加到二极管两端的反向电压超过某一特定数值时，反向电流突然猛增，这一现象称为反向击穿，所对应的电压称为**反向击穿电压**。实际应用时，普通二极管应避免工作在击穿范围，否则会因电流过大而损坏二极管，使其失去单向导电性。

分析二极管伏安特性曲线可知，二极管的电压和电流之间呈非线性关系，其内阻不是常数，所以二极管属于**非线性器件**。

如果忽略二极管的正向压降和反向电流，这样的二极管称为**理想二极管**。

五、二极管的参数和型号

1. 二极管的主要参数

二极管的主要参数是用来表示二极管的性能和适用范围的技术指标。普通二极管的主要参数见表 1—1。

表 1—1　　普通二极管的主要参数

参数	名称	说明
I_{FM}	最大整流电流	通常称为额定工作电流，是二极管长期连续工作时，允许通过二极管的最大正向电流。如果超过此值，二极管可能会因过热而损坏
U_{RM}	最高反向工作电压	通常称为额定工作电压，是二极管正常工作时所允许外加的最高反向电压，也称耐压，通常取二极管反向击穿电压的一半
I_R	反向饱和电流	二极管未击穿时的反向电流。此值越小，二极管的单向导电性能越好。反向电流受温度的影响较大
f_M	最高工作频率	二极管所能承受的最高工作频率。通过 PN 结的交流电频率若高于此值，二极管将不能正常工作

二极管的参数可以从二极管器件手册中查到，这些参数是选用器件和设计电路的重要依据。

查阅二极管参数和选管时应注意：

（1）不同类型的二极管，其参数内容和参数值是不同的，即使是同一型号的管子，它们的参数值也存在很大差异。此外，当使用条件与测试条件不同时，参数值也会发生变化。

（2）当设备中的二极管损坏时，最好换上同型号的新管。如果实在没有同型号管，可选用三项主要参数 I_{FM}、U_{RM}、I_R 满足要求的其他型号的二极管。代用管的最大整流电流和最高反向工作电压两项极限参数不得低于原管。

（3）硅管与锗管在特性上存在差异，一般不宜互相替换。

2. 二极管的型号

国产二极管的型号命名方法见表 1—2。

表 1—2　　国产二极管的型号命名方法

第一部分		第二部分		第三部分				第四部分	第五部分
用数字表示器件的电极数目		用字母表示器件的材料和极性		用字母表示器件的类型				用数字表示器件的序号	用字母表示规格号
符号	意义	符号	意义	符号	意义	符号	意义		
2	二极管	A B C D E	N 型锗材料 P 型锗材料 N 型硅材料 P 型硅材料 化合物	P Z W K L	普通管 整流管 稳压管 开关管 整流堆	C U N BT	参量管 光电器件 阻尼管 半导体特殊器件	反映二极管参数的差别	反映二极管承受反向击穿电压的高低，如 A、B、C、D 等，其中 A 承受的反向击穿电压最低，B 稍高

例如：

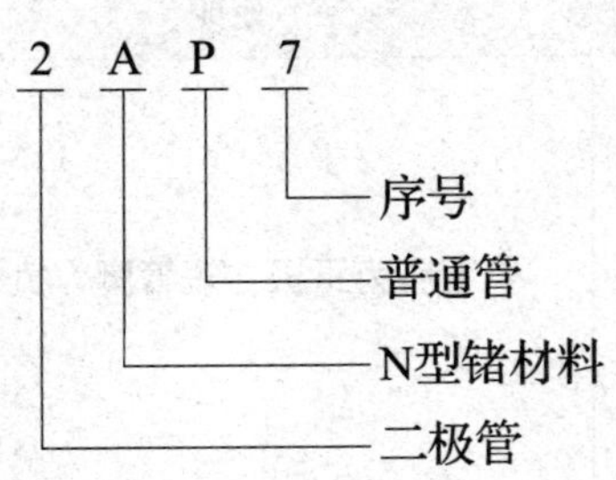

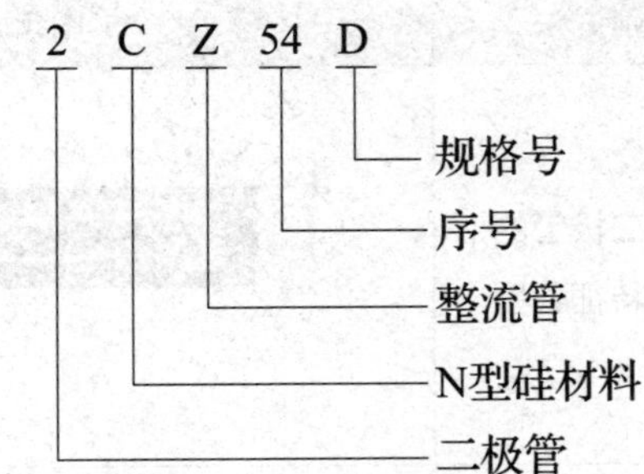

国外二极管型号命名方法与我国不同。例如，凡以“1N”开头的二极管都是美国制造或以美国专利在其他国家制造的产品，以“1S”开头的则为日本注册产品，其中数字“1”的含义为器件有 1 个 PN 结。后面数字为登记序号，通常数字越大，产品越新，如 1N4001、1N4148、1N5408、1S1885 等。

六、二极管的识别和检测

1. 二极管的识别

二极管的正、负极一般都在外壳上用图形符号、色点、标志环等标注出来，见表 1—3。

表 1—3　　几种常见二极管的正、负极识别

判别方法	图示	说明
通过二极管的外形判别	正极	螺栓端为正极
通过二极管的标注判别	正极	在元件表面标注有二极管极性符号
	正极	有色环端为负极，另一端为正极

续表

判别方法	图示	说明
通过二极管的电极特征判别	正极	长管脚为正极，短管脚为负极
通过二极管电极管键判别	正极	有一块比电极稍宽的管键端为正极，另一端为负极

2. 用万用表检测二极管

如果不能从二极管外观直接判别出正、负极，可利用二极管的单向导电性，即二极管正向电阻小、反向电阻大的特性，用万用表的电阻挡大致判断二极管的极性和好坏。

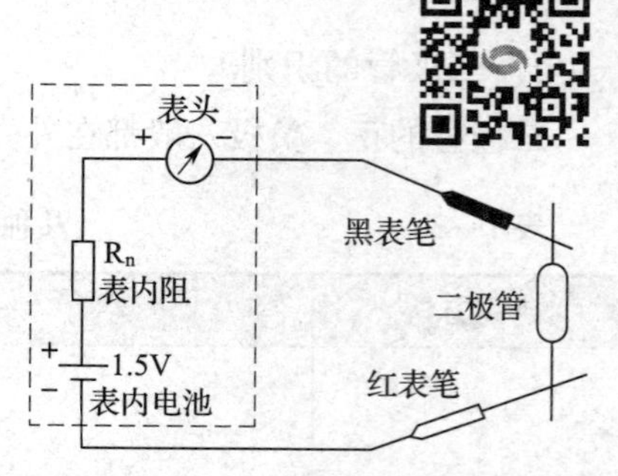

图 1—10　万用表电阻挡等效电路

万用表电阻挡等效电路如图 1—10 所示。将万用表置于“R×100”或“R×1 k”电阻挡，这时指针式万用表表内电池为 1.5 V，红表笔连接表内电池负极，黑表笔连接表内电池正极。

先将两表笔短接调零，然后将万用表的红、黑两支表笔跨接在二极管的两端（图 1—11a），若测得阻值较小（几千欧以下），再将红、黑表笔对调后接在二极管两端（图 1—11b），测得的阻值读数较大（几百千欧以上），说明二极管质量良好，测得阻值较小的那一次黑表笔所接为二极管的正极。

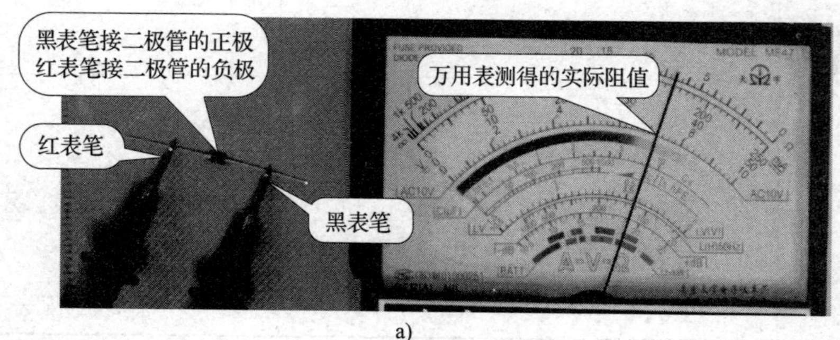

a)

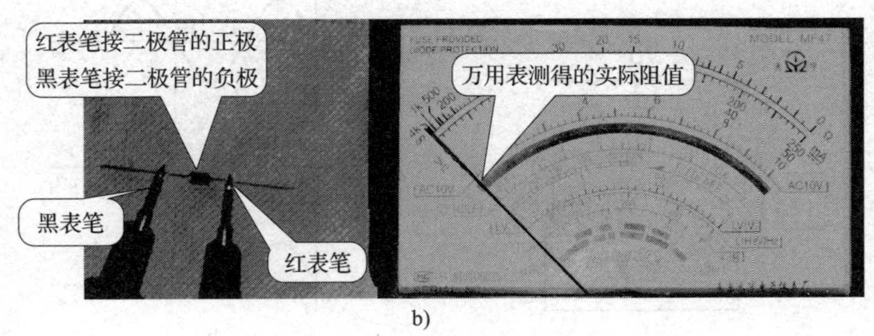

b)

图 1—11　用指针式万用表检测二极管

a）测二极管正向电阻　b）测二极管反向电阻

如果是用数字式万用表测量二极管，应将量程选择开关拨至“⊣⊢”挡，红表笔插入“V · Ω”插孔（注意：红表笔极性为正），接二极管正极；黑表笔插入“COM”插孔，接二极管负极。此时显示的是二极管的正向压降（图 1—12a），如果显示“000”，表示二极管内部短路。再将二极管反接，显示“1”，表示二极管反向电阻趋向无穷大，该管质量良好（图 1—12b）。

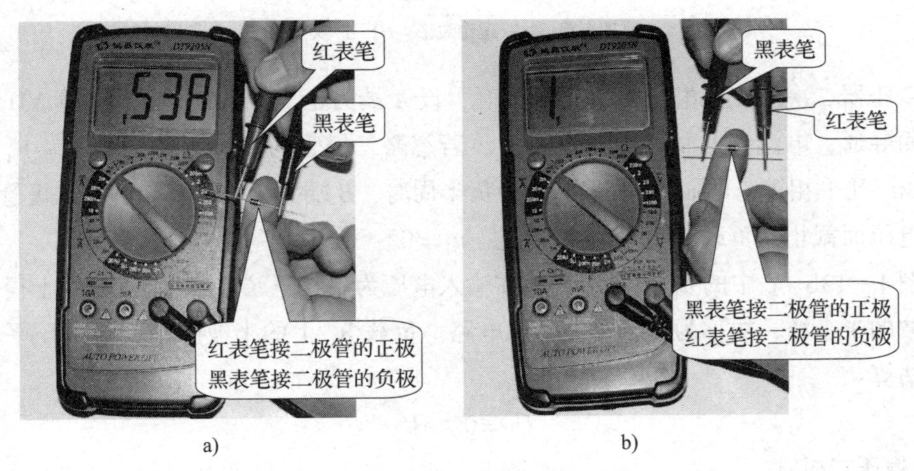

a)　　　　b)

图 1—12　用数字式万用表检测二极管

a）正向测量　b）反向测量

七、常用二极管

1．整流二极管

整流二极管的主要功能是将交流电转换成脉动直流电，应用较多的有 2CZ、2DZ 等系列。如图 1—13a 所示为最简单的单相半波整流电路。

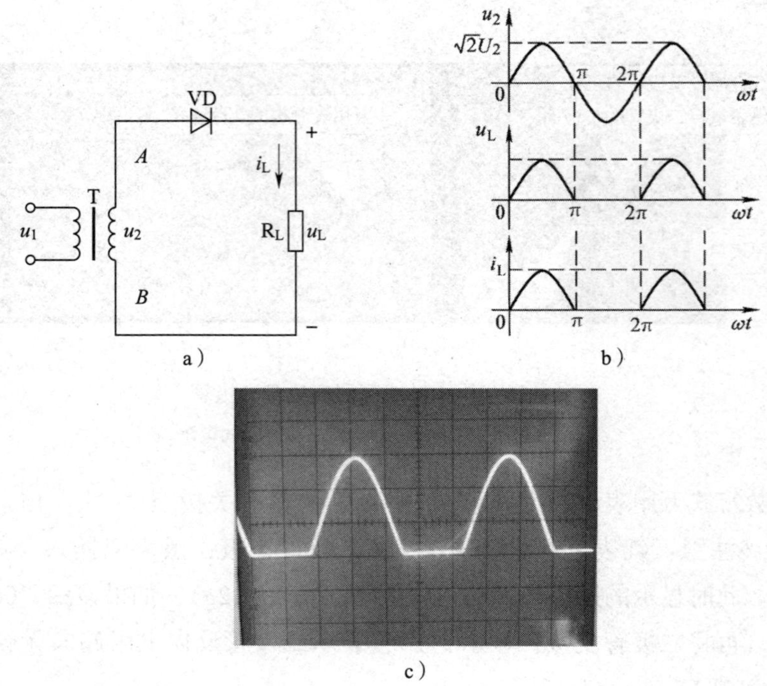

图 1—13　单相半波整流电路

a）原理电路　b）理论波形　c）u_L 实测波形

当变压器二次侧交流电压 u_2 为正半周时，设 A 端为正，B 端为负，二极管 VD 承受正向电压而导通，电流自上而下流过负载 R_L，若忽略二极管的正向压降，可认为 R_L 上的电压 u_L 与 u_2 几乎相等，即 $u_L = u_2$；当 u_2 为负半周时，B 端为正，A 端为负，二极管 VD 承受反向电压而截止，负载 R_L 上无电流通过，$u_L = 0$。

由图 1—13b、c 中的 u_L 波形可见，在输入电压为单相正弦波时，负载 R_L 上得到的只有正弦波的半个波，故称为**单相半波整流**电路。负载 R_L 上的半波脉动直流电压平均值可按下式估算：

$$U_L = 0.45U_2$$

2. 稳压二极管

稳压二极管简称稳压管，其外形、图形符号和伏安特性曲线如图 1—14 所示。

稳压二极管的正向特性与普通二极管相似，但它的反向击穿特性很陡。当流过稳压管的电流在很大范围内变化时，稳压管两端电压几乎不变。如果把击穿电流的大小通过电阻限制在一定范围内，稳压管即可长时间在反向击穿状态下稳定工作。稳压二极管的击穿电压值就是它的稳压值。

常用稳压二极管的型号有 2CW55（稳压值 6.2 ~ 7.5 V）、2CW140（稳压值 13.5 ~ 17 V）等，国外产品有 1N4728A（稳压值 3.3 V）、1N4733（稳压值 5 V）、1N4735（稳压值 6.2 V）、1N4738（稳压值 8.2 V）等。

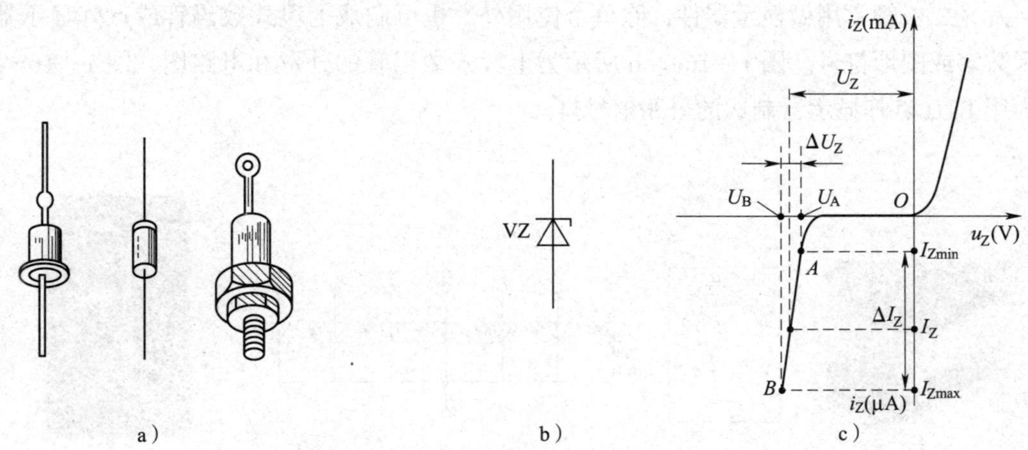

图 1—14　稳压二极管

a）外形　b）图形符号　c）伏安特性曲线

对于稳压值小于 10 V 的稳压二极管，可以首先按普通二极管的检测方法判断出稳压二极管的正负极性，然后将万用表置于“R × 10 k”挡（此时表内电池电压为 10 V 左右）测量稳压管的反向电阻，若此时所测电阻值明显减小，说明该稳压管有稳压作用。若稳压管反向击穿电压大于 10 V，则无法用万用表检测。

3. 发光二极管（LED）

发光二极管是一种将电能转换成光能的半导体器件，常用 LED 表示。发光二极管外形和图形符号如图 1—15 所示。

发光二极管根据所用材料不同，可以发出红、绿、黄、蓝、橙等不同颜色的光。此外，有些特殊的发光二极管还可以发出不可见光或激光。发光二极管的伏安特性与普通二极管相似，但正向导通电压稍大，红色 LED 管约为 1.7 V，黄色的约为 1.8 V，绿色的约为 2 V，蓝色的约为 3.5 V。图 1—15c 所示发光二极管有三个管脚，根据管脚电压情况可发出两种不同颜色的光。

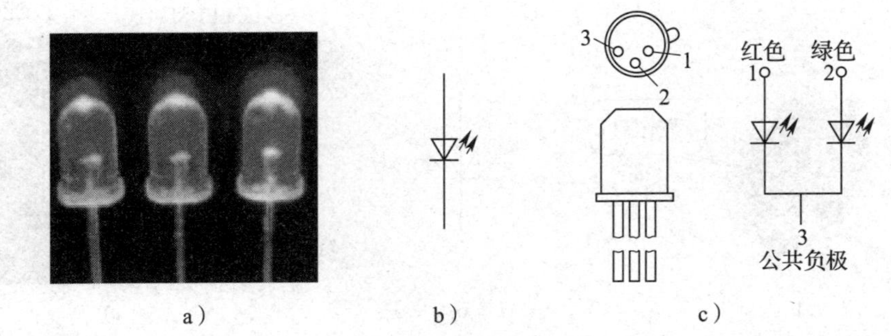

图 1—15　发光二极管

a）普通发光二极管外形　b）图形符号　c）双色发光二极管

发光二极管常用做显示器件，除单个使用外，也可制成七段式数码管或点阵显示器，显示数字或图形符号。图 1—16a、b 所示为七段式数码管的外形和电路图，图 1—16c 所示为用 LED 点阵显示器制成的公路信号灯。

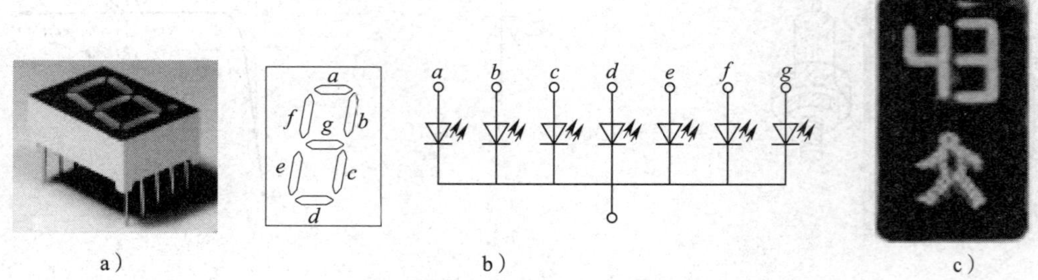

图 1—16　LED 数码管和信号灯

a）七段式数码管外形　b）七段式数码管电路　c）LED 信号灯

检测发光二极管可以将万用表置于“R×10 k”挡测量其正反向电阻，当测得正向电阻小于 50 kΩ，反向电阻大于 200 kΩ 时均为正常。如果用 MF368 型指针式万用表测量，由于该表“R×1”～“R×1 k”挡都是使用 3 V 电池，所以可以用这几个挡测量。若二极管发光，则二极管是好的，并且与黑表笔相接的是发光二极管的正极。用数字式万用表测量时，可将发光二极管的两只管脚分别插入 h_{FE} 插座中 NPN 挡的 C、E 检测孔，若二极管发光，在 NPN 挡插入 C 孔的管脚是正极；若二极管插入后不发光，对调管脚后再插入仍不发光，说明二极管已坏。

4. 光电二极管

光电二极管又称光敏二极管，它的基本结构也是一个 PN 结，但是它的 PN 结接触面积较大，可以通过管壳上的窗口接受入射光。光电二极管的外形和图形符号如图 1—17 所示。

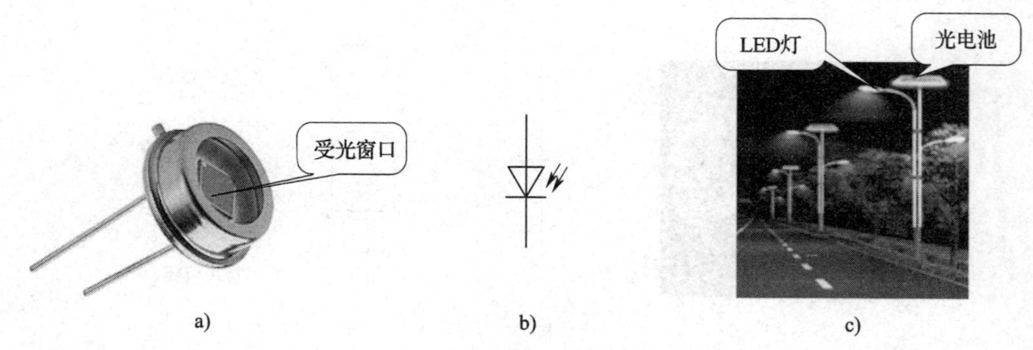

图 1—17　光电二极管及其应用

a）光电二极管外形　b）图形符号　c）光电池

光电二极管工作在反偏状态，当无光照时，反向电流很小，称为**暗电流**，一般小于0.1 μA；当有光照时，反向电流迅速增大，可达几十微安，称为**光电流**。光电流不仅与入射光的强度有关，也与入射光的波长有关。光电二极管用途很广，一般常用做传感器的光敏元件，在光电输入机上作为光电读出器件。如果制成受光面积大的光电二极管，则可成为一种能源，称为**光电池**（图1—17c）。

图1—18所示为远红外线遥控电路示意图。图1—18a为发射电路，图1—18b为接收电路。

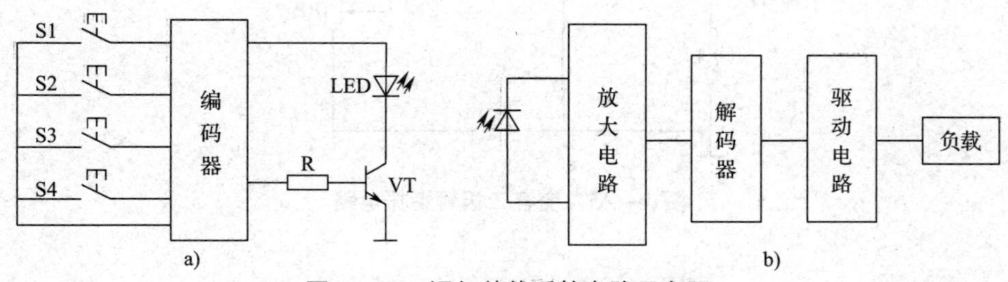

图1—18　远红外线遥控电路示意图

a）发射电路　b）接收电路

当按下发射电路中某一按钮时，编码器产生调制的脉冲信号，并由发光二极管转换成光脉冲信号发射出去，接收电路中的光电二极管将光脉冲信号转变成电信号，经放大、解码后由驱动电路驱动负载做出相应的动作。

检测光电二极管可以用万用表的“R×1 k”挡测量它的反向电阻，要求无光照时电阻要大，有光照时电阻要小。若有、无光照时电阻差别很小，表明光电二极管质量不好或已损坏。

5. 变容二极管

变容二极管是利用PN结电容效应的一种特殊二极管。当给变容二极管加上反向电压时，其结电容会随反向电压的大小而变化，其特性相当于一个可以通过电压控制的自动微调电容器。例如2CB14型变容二极管，当反向电压在3～25 V之间变化时，其结电容在20～30 pF之间变化。

变容二极管的外形、图形符号和 C—U 特性曲线如图1—19所示。

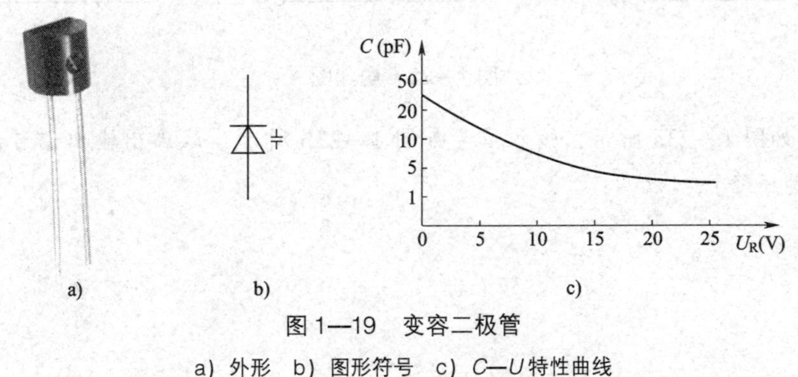

图1—19　变容二极管

a）外形　b）图形符号　c）C—U特性曲线

图 1—20 所示是变容二极管的一个应用电路。当调节电位器 RP 时，加在变容二极管上的电压发生变化，其电容量相应改变，从而使振荡回路的谐振频率也随之改变。

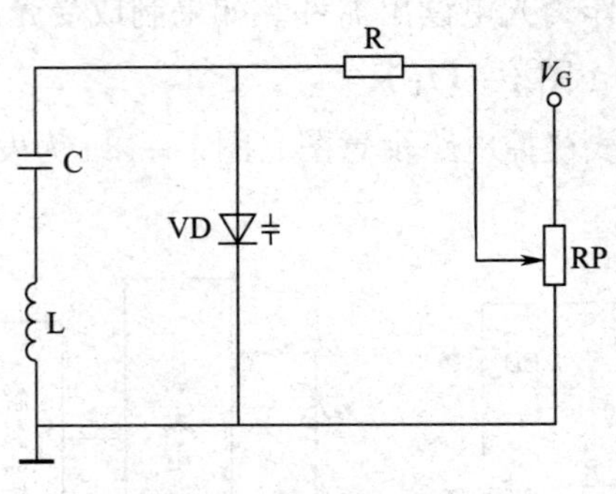

图 1—20　变容二极管谐振电路

随堂练习

1. 结合实验现象说明，二极管和电阻器的导电性能有什么不同。

2. 根据图 1—21 中各二极管所测得的电位值，判断各二极管是导通还是截止。

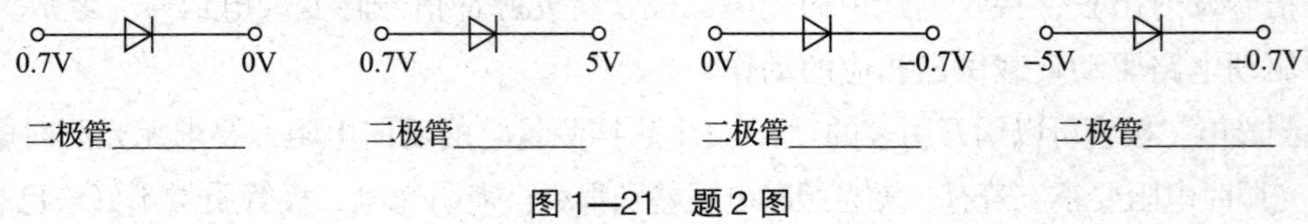

图 1—21　题 2 图

3. 电路如图 1—22 所示，判断二极管是导通还是截止，并求 *AO* 两端电压。

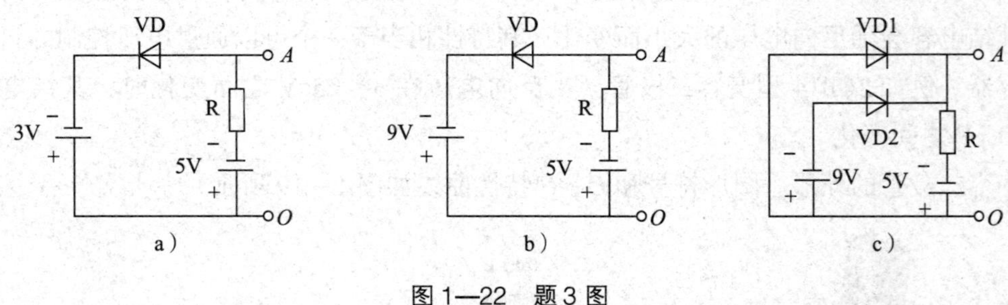

图 1—22　题 3 图

4. 电路如图 1—23a 所示，输入信号如图 1—23b 所示，试画出输出信号波形（忽略二极管的正向压降）。

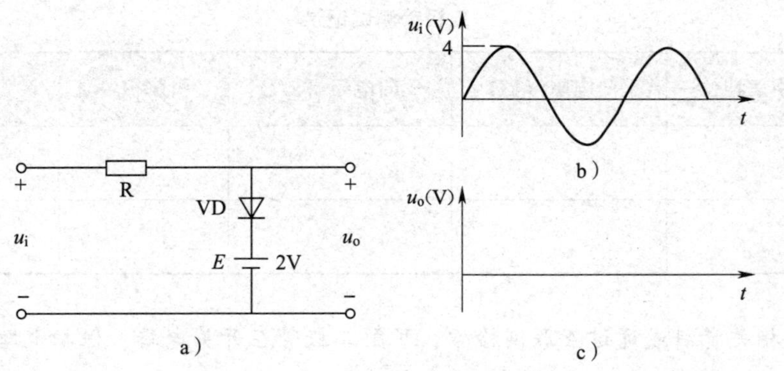

图 1—23　题 4 图

职业能力培养

1. 现有型号为 2AP1、1N4752、2CP31、2CZ11D 的四种二极管，查阅本书附录、相关手册或通过互联网检索，获取上述二极管的主要参数并填入表 1—4。

表 1—4　　几种二极管的主要参数

型号	型号含义	最大整流电流 I_{FM}（mA）	最高反向工作电压 U_{RM}（V）	反向饱和电流 I_R（mA）	最高工作频率 f_M（MHz）
2AP1					
1N4752					
2CP31					
2CZ11D					

2. 根据二极管外壳上标注的符号，识别其引脚极性、材料和主要用途。将观察结果记入表 1—5。

表 1—5　　二极管识别记录

序号	型号	引脚极性	材料	主要用途
1				
2				

3. 测量二极管正、反向电阻，判断二极管引脚极性及质量好坏。将检测结果记入表 1—6。

表 1—6　　二极管测试记录

序号	万用表挡位	正向电阻（kΩ）	反向电阻（kΩ）	引脚极性	质量
1					
2					

4. 查阅相关资料或通过互联网检索，了解二极管在开关电路、保护电路、遥控电路、光电转换电路等方面的应用实例，并通过课堂讨论等方式进行交流。

§1—2　三　极　管

学习目标

1. 了解三极管的结构、类型和符号。
2. 理解三极管的放大条件、特性曲线和主要参数。
3. 能用万用表判别三极管的极性和质量好坏。
4. 能利用相关资料查阅三极管的参数。

三极管（又称晶体管）是由两个 PN 结构成的具有三个电极的半导体器件，在电路中主要作为放大和开关元件。三极管在收音机、电视机等电子设备中有着广泛的应用，此外，在众多测量仪器及自动控制装置中也都用到三极管。图 1—24 所示为部分三极管外形。

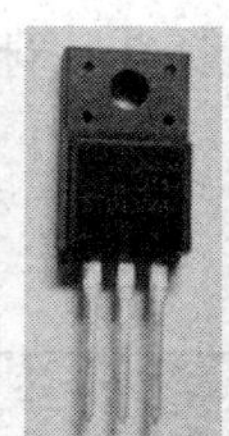

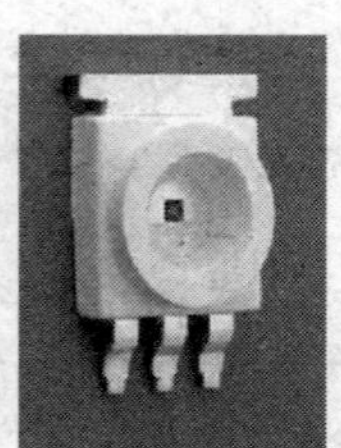

图 1—24　部分三极管外形

一、三极管的结构和类型

1. 三极管的结构

三极管的内部结构和图形符号如图 1—25 所示，其文字符号为 VT 或 V。

三极管有两个 PN 结，对应的三个半导体区分别为**发射区**、**基区**和**集电区**，从三个区引出的三个电极分别为**发射极**、**基极**和**集电极**，分别用 E、B、C 或 e、b、c 表示。发射区与基区之间的 PN 结称为**发射结**，集电区与基区之间的 PN 结称为**集电结**。

按两个 PN 结的组合方式不同，三极管分为 **NPN 型**和 **PNP 型**两大类，如图 1—25 所示。

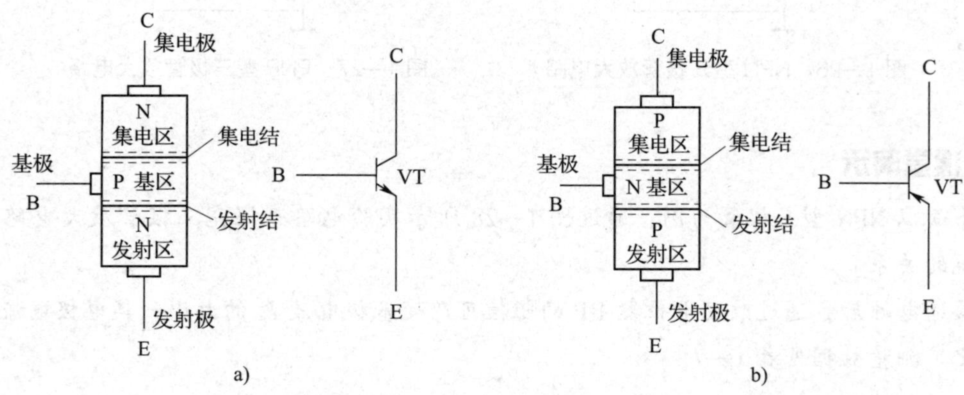

图 1—25　三极管结构示意图及图形符号

a）NPN 型　b）PNP 型

2．三极管的类型

按照三极管导电类型不同，可以分为 NPN 型和 PNP 型。

按照半导体材料不同，可以分为**硅管**和**锗管**。

按照工作频率不同，可以分为**高频管**（工作频率不低于 3 MHz）和**低频管**（工作频率低于 3 MHz）。

按照功率不同，可以分为小功率管（耗散功率小于 1 W）和大功率管（耗散功率不小于 1 W）。

按照用途不同，可以分为普通三极管、开关三极管等。

二、三极管的电流放大作用

对于 NPN 型三极管，只有按图 1—26 所示电路中的电源极性给三极管加上电压，才能实现电流的放大。

发射结加正向偏置电压，集电结加反向偏置电压，这就是三极管电流放大的外部条件。这时三极管三个电极的电位有如下关系：$V_C > V_B > V_E$。

对于 PNP 型三极管，要保证其正常放大，电源极性与 NPN 型管相反，如图 1—27 所示。三个电极电位有如下关系：$V_C < V_B < V_E$。

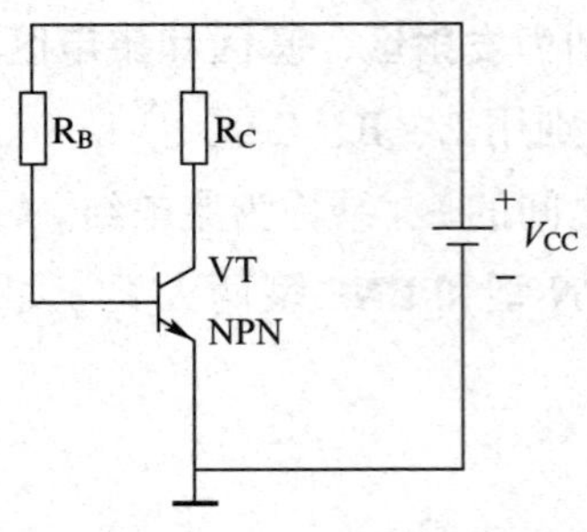

图 1—26　NPN 型三极管放大电路

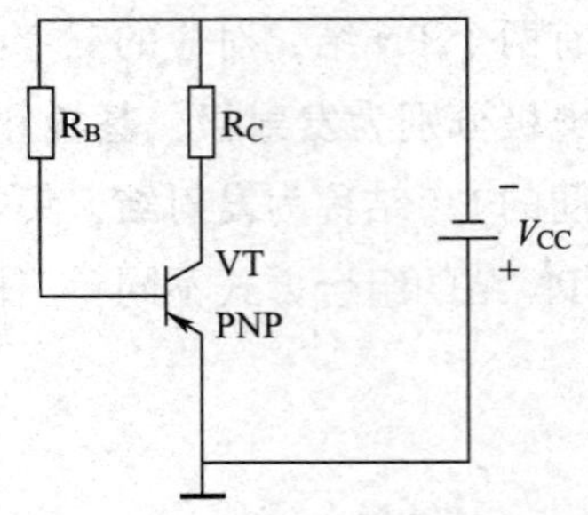

图 1—27　PNP 型三极管放大电路

课堂演示

下面以 NPN 型三极管为例，通过图 1—28 所示实验电路来探究三极管放大电路中各极电流的关系。

接通电源后，通过改变电位器 RP 的阻值可改变基极电流 I_B 的大小，集电极电流也随之变化。测量数据见表 1—7。

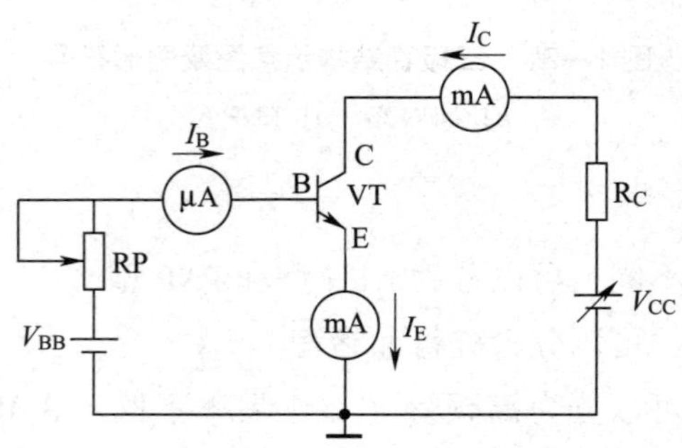

图 1—28　三极管实验电路

表 1—7　三极管的电流放大作用

基极电流 I_B（μA）	0	35	70	110
集电极电流 I_C（mA）	0	8.7	16.2	23.6
基极电流变化 ΔI_B（μA）	0	35 − 0 = 35	70 − 35 = 35	110 − 70 = 40
集电极电流变化 ΔI_C（mA）	0	8.7 − 0 = 8.7	16.2 − 8.7 = 7.5	23.6 − 16.2 = 7.4

从表 1—7 中数据可知：$I_B = 0$ 时，$I_C = 0$，当 I_B 增大时，I_C 也增大，而且 I_C 远大于 I_B，ΔI_C 远大于 ΔI_B。即较小的基极电流变化，就可引起较大的集电极电流变化，这就是三极管的电流放大作用。

三极管集电极电流 I_C 与相应的基极电流 I_B 之比，称为三极管的直流电流放大系数 $\left(\beta = \frac{I_C}{I_B}\right)$。

将三极管看作一个广义节点，根据基尔霍夫节点电流定律可知，$I_E = I_B + I_C$，所以三极管三个电极的电流关系为

$$I_C = \beta I_B$$

$$I_E = I_B + I_C = (1+\beta)\ I_B$$

β 的大小反映了三极管放大电流的能力。必须强调的是，这种电流放大能力实质是 I_B 对 I_C 的控制能力，因为无论 I_B 还是 I_C 都是来自电源，如果没有电源，三极管本身是不能放大电流的。

在图 1—26 和图 1—27 所示电路中，都是以发射极作为输入电路和输出电路的公共端（基极为输入端、集电极为输出端），称为**共发射极电路**。此外，还有**共集电极电路**和**共基极电路**。三极管电路的三种基本连接方式（或称**组态**）如图 1—29 所示。无论是采用这三种连接方式中的哪一种，也无论是采用 NPN 型管还是 PNP 型管，要使三极管具有放大作用，都必须保证发射结正偏、集电结反偏。

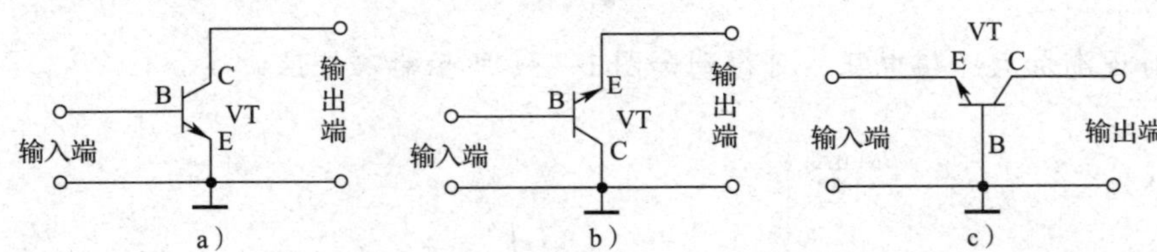

图 1—29　三极管电路的三种基本连接方式

a）共发射极接法　b）共集电极接法　c）共基极接法

三、三极管的伏安特性曲线

三极管各极电压和电流之间的关系通过伏安特性曲线来描述，包括输入特性曲线和输出特性曲线，可以用晶体管特性图示仪直接观测。

1. 输入特性曲线

输入特性曲线是指在 U_{CE} 一定的条件下，加在三极管基极和发射极之间的电压 U_{BE} 和基极电流 I_B 之间的关系曲线。

课堂演示

以三极管 3DG6 为例，用晶体管特性图示仪观测其输入特性曲线。XJ4810 型晶体管特性图示仪如图 1—30 所示。

将三极管插入测试台插座。仪器通电预热后，将光点移至屏幕左下角作为坐标零点，并调整基极阶梯信号，将仪器开关旋钮置于如下位置：

峰值电压范围：0 ~ 10 V；极性：正（+）；功耗限制电阻：100 Ω；X 轴作用：基极电压，0.1 V/度；Y 轴作用：基极电流，20 μA/度；阶梯信号：重复；阶梯极性：正（+）；阶梯选择：0.1 mA/级。

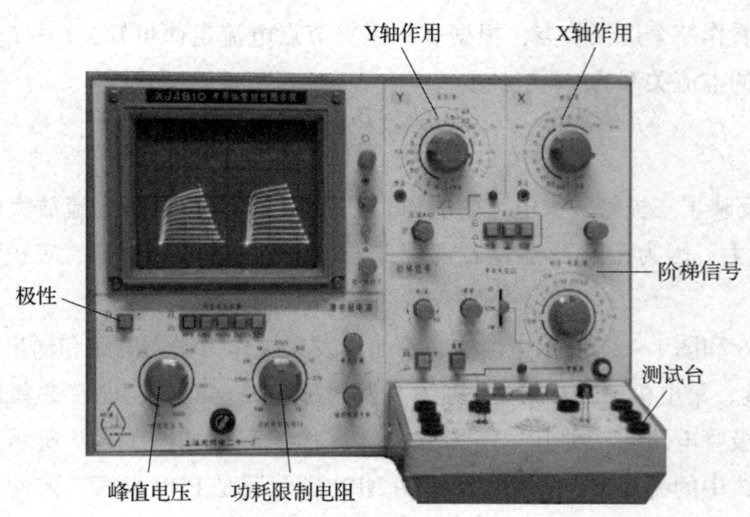

图 1—30　XJ4810 型晶体管特性图示仪

测试时逐渐加大峰值电压，可得到如图 1—31 所示输入特性曲线。

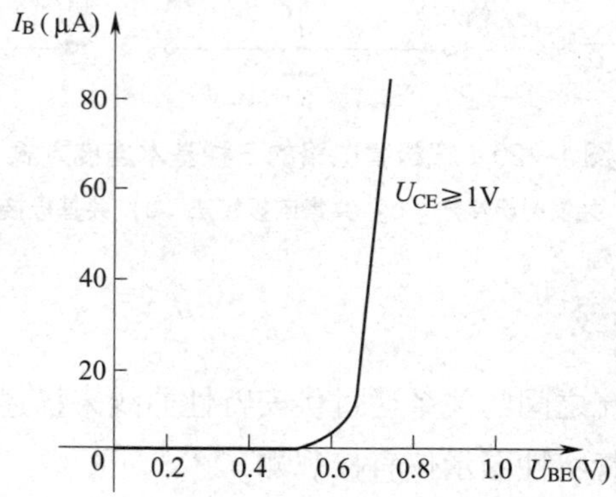

图 1—31　三极管 3DG6 输入特性曲线

由图可见，三极管的输入特性曲线与二极管的正向特性曲线相似，因为它们反映的都是 PN 结两端电压与通过电流的关系。只有当发射结的电压 U_{BE} 大于**开启电压**（硅管约为 0.5 V，锗管约为 0.1 V）时，才产生基极电流。三极管正常放大时，发射结两端电压变化很小，在电路估算时可视其为定值，硅管约为 0.7 V，锗管约为 0.3 V。

2. 输出特性曲线

输出特性曲线是指在 I_B 一定的条件下，三极管集电极与发射极之间电压 U_{CE} 与集电极电流 I_C 之间的关系曲线。

课堂演示

以三极管 3DG6 为例，观测其输出特性曲线。连接方法与调整方式同上。仪器开关旋钮置于如下位置：

峰值电压范围：0~10 V；极性：正（+）；功耗限制电阻：250 Ω；X 轴作用：集电极电压，0.5 V/度；Y 轴作用：集电极电流，1 mA/度；阶梯信号：重复；阶梯极性：正（+）；阶梯选择：20 μA/级。

测试时逐渐加大峰值电压，可得到如图 1—32 所示输出特性曲线。

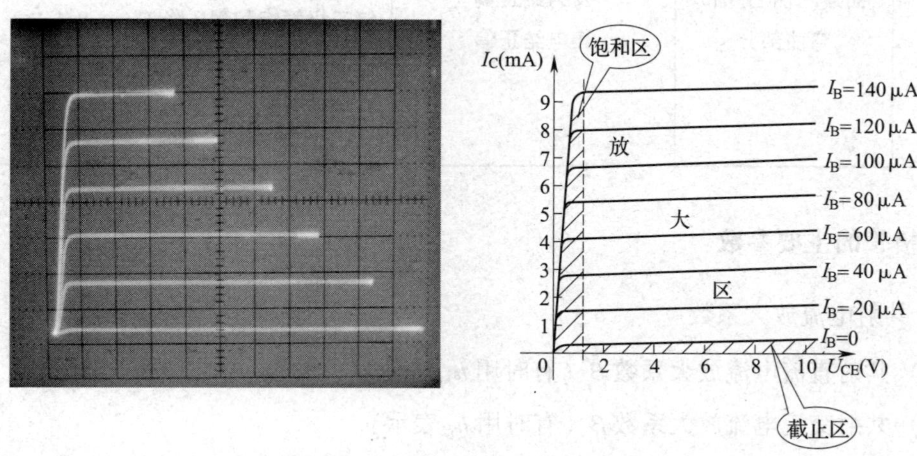

图 1—32 三极管 3DG6 输出特性曲线

由图可见，对于某一特定的 I_B，其输出特性曲线只有一条，而每条曲线都可分为上升、弯曲、平坦三部分，对应不同的 I_B 值可得到不同的曲线，从而形成曲线簇。若 I_B 取值间隔均匀，相应的特性曲线在平坦部分间隔也比较均匀，且与横轴平行，随着 U_{CE} 的增大曲线略有上抬。

输出特性曲线可以分为**截止区**、**放大区**和**饱和区**三个区域，对应着三极管截止、放大和饱和三种不同工作状态，具体见表 1—8。

表 1—8　三极管输出特性曲线的三个区域

名称	位置	偏置情况	特点
截止区	$I_B=0$ 曲线以下区域	发射结反偏（或零偏） 集电结反偏	$I_B=0$，$I_C\approx 0$ C 极和 E 极之间相当于开关断开
放大区	曲线平坦部分	发射结正偏 集电结反偏	（1）$I_C=\beta I_B$，体现电流放大作用和受控特性 （2）当 I_B 一定时，I_C 大小与 U_{CE} 基本无关，体现恒流特性

续表

名称	位置	偏置情况	特点
饱和区	曲线左侧上升和弯曲部分	发射结正偏 集电结正偏	（1）I_C 不再受 I_B 控制 （2）硅三极管饱和管压降 $U_{CES}=0.3$ V，锗三极管饱和管压降 $U_{CES}=0.1$ V （3）C 极和 E 极之间呈现低阻，相当于开关闭合

四、三极管的主要参数

1．共射电流放大系数

（1）共射直流电流放大系数 $\overline{\beta}$（有时用 h_{FE} 表示）。

（2）共射交流电流放大系数 β（有时用 h_{fe} 表示）。

同一三极管在相同工作条件下，$\overline{\beta}\approx\beta$。

2．极间反向饱和电流

（1）集电极—基极反向饱和电流 I_{CBO}

I_{CBO} 是指发射极开路时集电结的反向饱和电流。在常温下一般小功率硅管的 I_{CBO} 在 1 μA 左右。

（2）集电极—发射极反向饱和电流 I_{CEO}

I_{CEO} 是指基极开路时集电极与发射极之间的穿透电流。I_{CBO} 和 I_{CEO} 的关系为

$$I_{CEO}=(1+\beta)I_{CBO}$$

考虑到穿透电流的影响，三极管在放大区时集电极电流为

$$I_C=\beta I_B+I_{CEO}$$

当温度升高时，I_{CBO} 增加很快，I_{CEO} 增加更快，造成 I_C 显著增加。可见 I_{CEO} 大的三极管温度稳定性差，因此，在选管时要求 I_{CEO} 越小越好。

3．共射特征频率 f_T

f_T 是指三极管的 β 值下降到 1 时所对应的信号频率。它是三极管高频特性的主要参数。当工作频率 $f>f_T$ 时，三极管便失去了放大能力。

4．极限参数

（1）集电极最大允许电流 I_{CM}

集电极电流过大时，三极管的 β 值要降低，一般规定 β 值下降到其正常值的 2/3 时的

集电极电流为集电极最大允许电流。当集电极电流超过 I_{CM} 时，三极管的放大能力将明显下降。

（2）集电极—发射极反向击穿电压 $U_{(BR)CEO}$

$U_{(BR)CEO}$ 是指基极开路时，加在集电极和发射极之间的最大允许电压。U_{CE} 大于此值后，I_C 急剧增大，可能造成集电结热击穿。在使用三极管时，其集电极电源电压应低于此值。

（3）集电极最大允许耗散功率 P_{CM}

集电极电流 I_C 流过集电结时会消耗功率而产生热量，使三极管温度升高。根据三极管允许的最高温度和散热条件来规定最大允许耗散功率 P_{CM}。在应用中，一定要使三极管实际耗散功率小于最大允许耗散功率 P_{CM}，即

$$P_{CM} \geqslant I_C U_{CE}$$

五、三极管的型号

国产三极管的型号命名方法见表1—9。

表1—9　　国产三极管的型号命名方法

第一部分		第二部分		第三部分		第四部分	第五部分
用数字表示器件的电极数目		用字母表示器件的材料和极性		用字母表示器件的类型		用数字表示器件的序号	用字母表示规格号
符号	意义	符号	意义	符号	意义		
3	三极管	A B C D	PNP 型锗材料 NPN 型锗材料 PNP 型硅材料 NPN 型硅材料	X G D A U K CS	低频小功率管 高频小功率管 低频大功率管 高频大功率管 光电器件 开关管 场效应管	反映三极管参数的差别	反映三极管承受反向击穿电压的高低

例如：

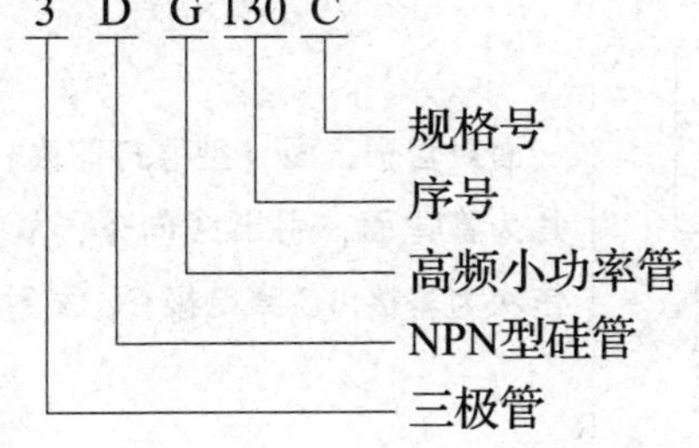

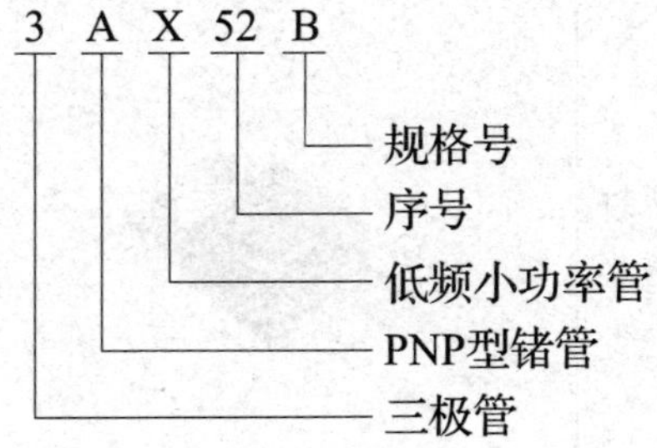

进口三极管常以“2N”或“2S”开头，表示有两个 PN 结，“N”和“S”的含义与二极管型号相同。

六、三极管的识别和检测

1．三极管的识别

三极管类型较多，封装形式不一，引出端也有多种排列方式，表 1—10 列出了部分三极管引出端的排列。

表 1—10 三极管封装形式与管脚排列

类型	图示	管脚排列
大功率金属封装三极管（圆柱形）	 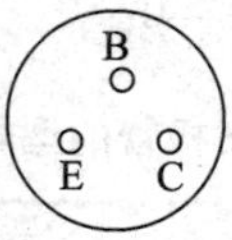 B E C	将管脚朝向自己，“品”字放正，从左起顺时针方向依次为 E、B、C
大功率金属封装三极管	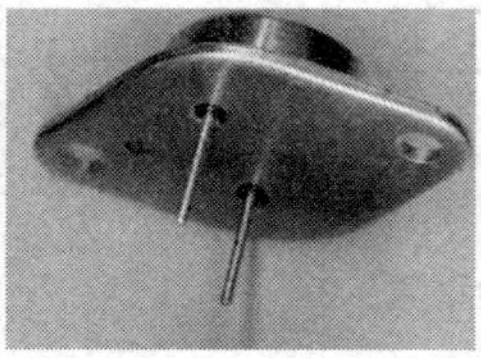 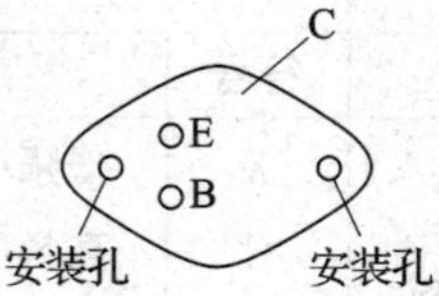 C E B 安装孔 安装孔	面对管底，使引脚位于左侧，下面的引脚是基极 B，上面的引脚为发射极 E，管壳是集电极 C，管壳上两个安装孔用来固定三极管
小功率金属封装三极管	 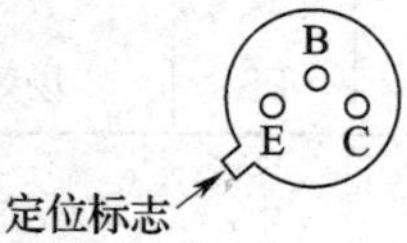 B E C 定位标志	面对管底，由定位标志起，按顺时针方向，引脚依次为发射极 E、基极 B、集电极 C
中功率塑封三极管	 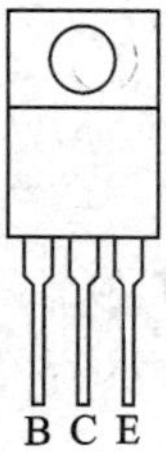 B C E	面对管子正面（型号打印面），散热片为管背面，引出线向下，从左至右依次为基极 B、集电极 C、发射极 E

续表

类型	图示	管脚排列
贴片式三极管	DJ RH B C E	面对管子正面（型号打印面），引出线向下，从左至右依次为基极 B、集电极 C、发射极 E

2. 用万用表检测三极管

（1）确定基极和管型

如图 1—33 所示，万用表置于“R×100”或“R×1 k”挡，黑表笔接三极管任一管脚，用红表笔分别接触其余两个管脚，如果两次测得的阻值均较小，则黑表笔所接管脚为基极，管型为 NPN 型管。如果两次测得的阻值相差很大，则应调换黑表笔所接管脚再测，直到找出基极为止。

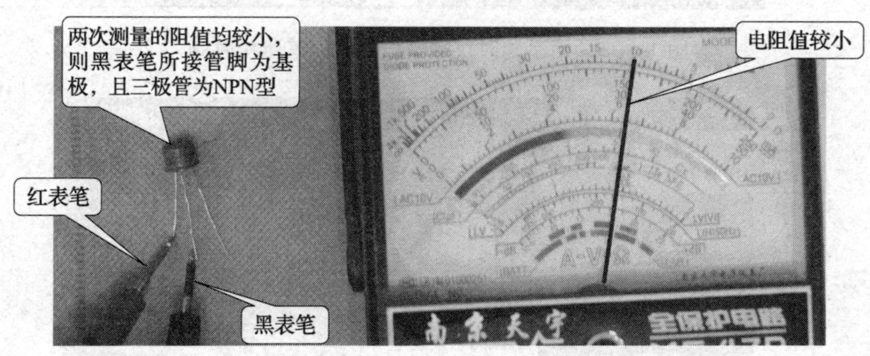

图 1—33　确定三极管的基极

红表笔接三极管任一管脚，用黑表笔分别接触其余两个管脚，如果两次测得的阻值均较小，则红表笔所接管脚为基极，管型为 PNP 型。

（2）确定集电极和发射极

在确定基极后，如果是 NPN 型管，可将红、黑表笔分别接在两个未知管脚上，表针应指向无穷大处，如图 1—34 所示。再用手同时接触基极和黑表笔所接管脚（注意两极不能相碰，即相当于接入一个电阻），如图 1—35 所示，记下此时万用表测得的阻值。然后对调管脚，用同样的方法再测得一个阻值，如图 1—36 所示。比较两次结果，读数较小的一次黑表笔所接的管脚为集电极，红表笔所接的管脚为发射极。若两次测试表针均不动，则表明三极管已失去放大能力。

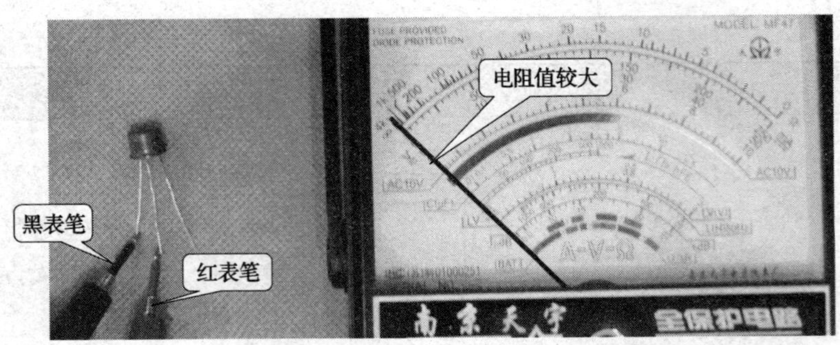

图 1—34　将红、黑表笔分别接在两个未知管脚上

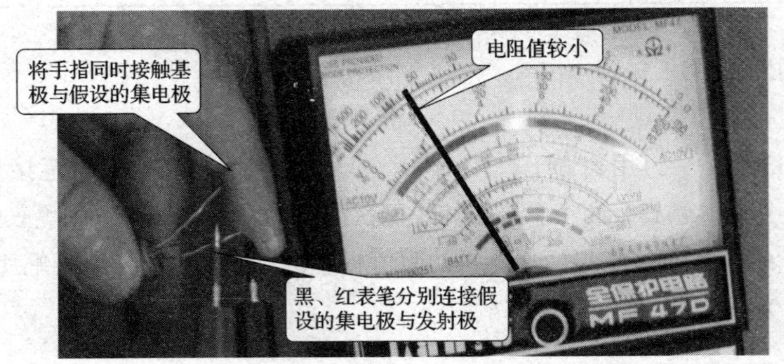

图 1—35　用手同时接触基极和黑表笔所接管脚

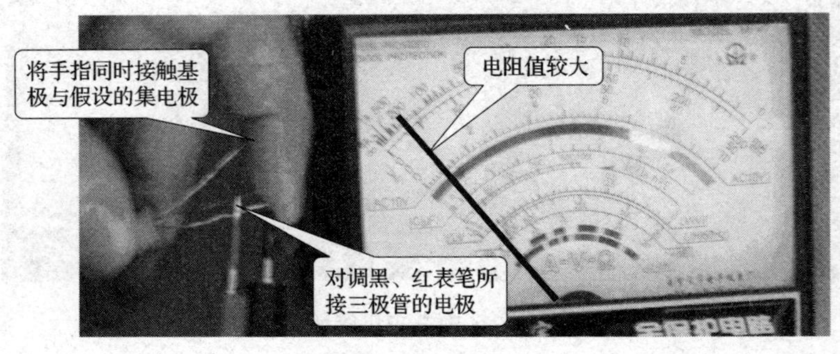

图 1—36　对调三极管管脚再次测量

PNP 型管测试方法相似，但在测试时，应用手同时接触基极和红表笔所接管脚。按上述步骤测两次阻值，读数较小的一次红表笔所接管脚为集电极，黑表笔所接管脚为发射极。

如果是用数字式万用表测量三极管，可先用“⊣▷⊢”挡，通过测量 PN 结的正向压降（发射结正向压降大，集电结正向压降小），确定三极管的管脚和管型，然后再选择“NPN”或“PNP”挡，把三极管的管脚插入相应插孔，即可显示 h_{FE} 值。

随堂练习

1．测得某电路中几个三极管各极电位如图 1—37 所示，试判断各管处于何种工作状态。

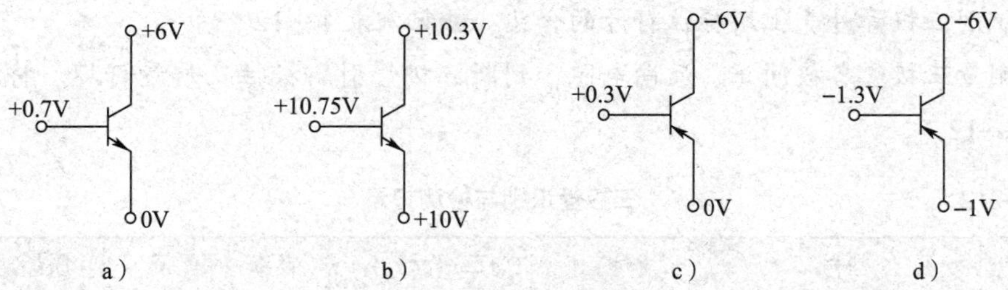

图 1—37　题 1 图

2. 一个在电路中正常放大的三极管，测出三个电极对地电位分别为：$V_1=-9$ V，$V_2=-6$ V，$V_3=-6.3$ V，试判断三极管的各个极、三极管类型及制作材料。

3. 用晶体管特性图示仪测得某三极管输出特性曲线如图 1—38 所示，试根据曲线求出 $U_{CE}=5$ V 时的 β 值（阶梯选择：20 μA/级）。

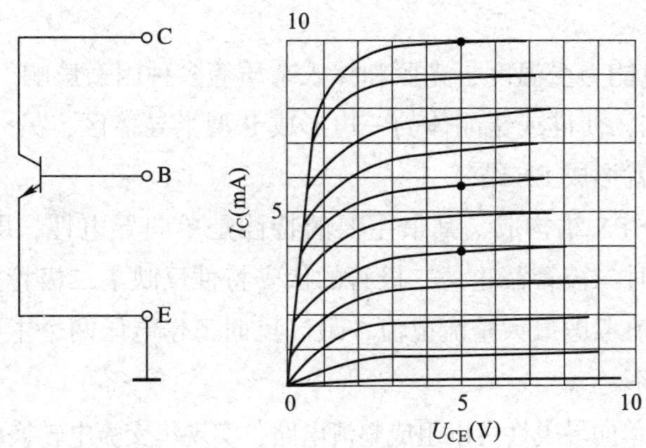

图 1—38　题 3 图

职业能力培养

1. 现有型号为 S9013D、S9015B、3DD21C、3CK2E 的四种三极管，查阅本书附录、相关手册或通过互联网检索，获取上述三极管的主要参数并填入表 1—11。

表 1—11　　几种三极管的主要参数

名称	管型	材料	$\bar{\beta}$	I_{CEO} (mA)	I_{CM} (mA)	$U_{(BR)CEO}$ (V)	P_{CM} (mW)
S9013D							
S9015B							
3DD21C							
3CK2E							

2. 识别三极管外壳上所标注符号的含义，并记入表1—12。

3. 测量三极管各极间正、反向电阻，判断三极管引脚极性及质量好坏。将检测结果记入表1—12。

表1—12　　三极管识别与检测记录

序号	型号	材料	功率（大/小）	频率（高/低）	质量（好/坏）
1					
2					

4. 查阅相关资料或通过互联网检索，了解进行电子电路设计或维修时三极管或三极管代用管的选用原则。

本章小结

1. 半导体的导电能力受温度、光照和掺入杂质等多种因素影响。

2. 采用掺杂工艺，使硅或锗晶体的一边形成P型半导体区，另一边形成N型半导体区，在它们的交界面就形成PN结。

3. 二极管由一个PN结构成，其最主要的特性是单向导电性，即加正向电压时二极管导通，加反向电压时二极管截止。二极管的伏安特性反映了二极管的电压和电流之间的关系。选用二极管必须考虑最大整流电流、最高反向工作电压两个主要参数，高频工作时还应考虑最高工作频率。

4. 利用二极管的单向导电性可以组成整流电路，实现将交流电转换成脉动直流电的功能。

5. 稳压二极管工作于反向击穿状态才能起稳压作用。这时，即使流过稳压管的电流在很大范围内变化，稳压管两端的电压也几乎不变。为了保证反向电流不超过允许范围，必须在电路中串接限流电阻。

6. 发光二极管将电信号转换为光信号，光电二极管将光信号转换为电信号，光电耦合器则可实现“电—光—电”的转换。

7. 变容二极管的结电容随所加反向电压的大小而变化。

8. 三极管是一种电流控制器件，它有两个PN结，即发射结和集电结。三极管在发射结正偏、集电结反偏的条件下，具有电流放大作用；在发射结和集电结均反偏时，处于截止状态，相当于开关断开；在发射结和集电结均正偏时，处于饱和状态，相当于开关闭合。三极管的放大功能和开关功能在实际电路中都有广泛的应用。

9. 三极管的特性曲线反映了三极管各极之间电流与电压的关系。三极管的参数β（有时用h_{FE}表示）表示电流放大能力，I_{CBO}和I_{CEO}表明三极管的温度稳定性，I_{CM}、P_{CM}和$U_{(BR)CEO}$规定了三极管的安全工作范围。

第二章　放大器基础

放大器的主要功能是将输入信号不失真地放大，它在各种电子设备中应用极广，种类很多。按信号频率高低可分为低频放大器、中频放大器、高频放大器和直流放大器；按用途不同可分为电压放大器、电流放大器和功率放大器；按信号强弱又可分为小信号放大器和大信号放大器。

本章主要讨论**低频小信号电压放大器**的基本组成和性能特点。

§2—1　共射放大器

学习目标

1. 了解共射基本放大器的组成和主要元件的作用。
2. 理解放大器静态工作点的概念，了解放大器的基本分析方法。
3. 了解分压式偏置电路的组成，理解其稳定工作点的原理。
4. 能用示波器观察放大器静态工作点设置对波形失真的影响。
5. 能安装和调试共射放大器。

一、共射基本放大器

1. 电路组成和各元件作用

用三极管组成放大器时，根据公共端的不同，可有三种连接方法，即共发射极电路、共集电极电路和共基极电路。图2—1所示为应用最广的共发射极基本放大器（简称**共射放大器**），其组成和各元件的作用分别如下所述。

（1）三极管VT

它是放大器的核心，起电流放大作用，可将微小的基极电流变化量转换成较大的集电极电流变化量。

电路中，基极→发射极为**输入回路**，集电极→发射极为**输出回路**，以发射极为**公共端**，所以称为共射放大器。

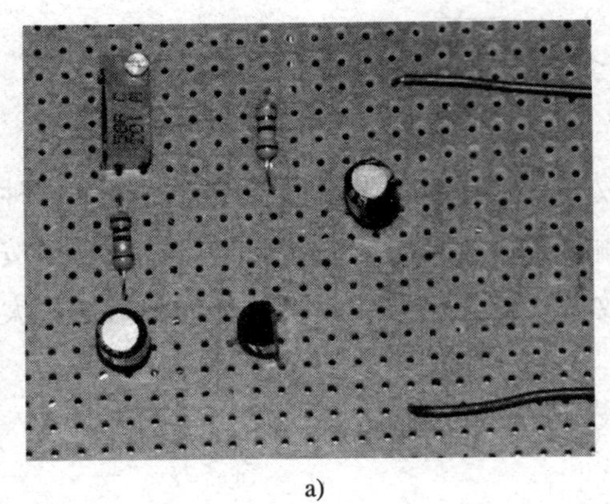
a)

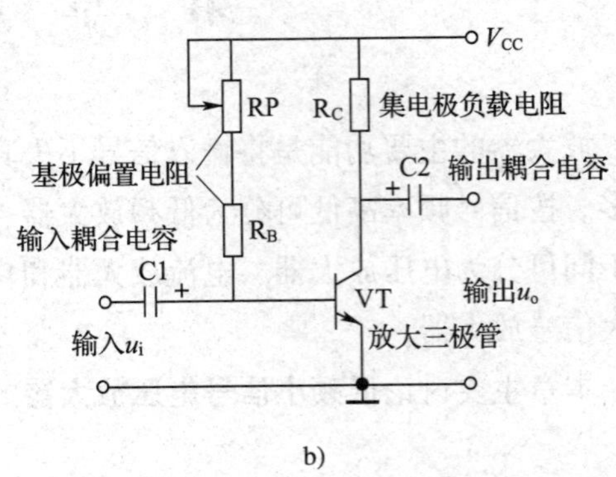

b)

图 2—1 共射放大器

a）实物图 b）原理电路图

（2）直流电源 V_{CC}

直流电源为三极管和负载提供能源，同时为三极管提供实现电流放大的外部条件，即发射结正偏，集电结反偏。

（3）基极偏置电阻 RP 和 R_B

基极偏置电阻配合 V_{CC} 为三极管提供一个合适的静态偏置电流 I_B，使三极管能不失真地放大交流信号。

（4）集电极负载电阻 R_C

它将集电极电流的变化量转换成集电极电压的变化量，从而实现电压放大。

（5）耦合电容 C1、C2

耦合电容起“隔直通交”的作用：

隔直——隔离直流电源对信号和负载的影响，同时也隔离信号源和负载对三极管直流工作状态的影响。

通交——当 C1、C2 足够大时，它们的容抗很小，可近似看做短路，这样可让交流信号顺利通过。

2．放大电路的电压、电流符号规定

放大电路没有输入信号时，三极管的各极电压和电流都为直流；当有交流信号输入时，电路的电压和电流是由直流成分和交流成分叠加而成的。为了便于区分不同的分量，通常做以下规定：

（1）直流分量用大写字母和大写下标表示，例如 I_B、I_C、I_E、U_{BE}、U_{CE}。

（2）交流分量用小写字母和小写下标表示，例如 i_b、i_c、i_e、u_{be}、u_{ce}。

（3）交、直流叠加瞬时值用小写字母和大写下标表示，例如 i_B、i_C、i_E、u_{BE}、u_{CE}。

（4）交流有效值用大写字母和小写下标表示，例如 I_b、I_c、I_e、U_{be}、U_{ce}。

3．静态工作点的设置

静态是指放大器在没有交流信号输入（即 $u_i=0$）时的工作状态。这时三极管的基极电流 I_B、集电极电流 I_C、基极与发射极间的电压 U_{BE} 和集电极与发射极间的电压 U_{CE} 的值称为**静态值**。这些静态值分别在输入、输出特性曲线上对应着一点 Q，如图 2—2 所示，称为**静态工作点**，简称 Q 点，并分别用 I_{BQ} 和 U_{BEQ}、I_{CQ} 和 U_{CEQ} 表示。

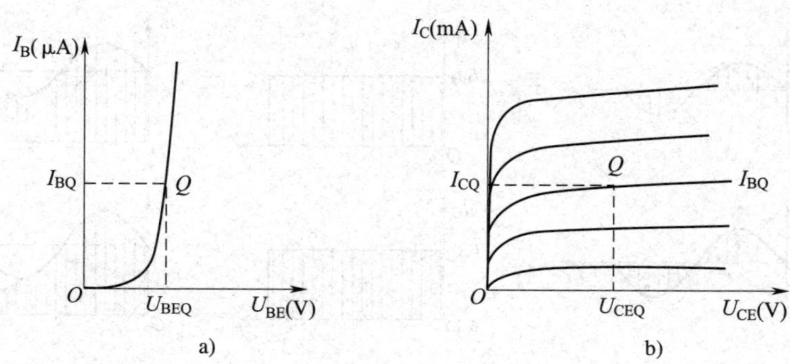

图 2—2　静态工作点

a）输入特性曲线上的 Q 点　b）输出特性曲线上的 Q 点

由三极管基本特性可知，当发射结的电压小于开启电压时，三极管处于截止状态。若输入信号是正弦波，在正半周信号电压小于导通电压的区间和整个负半周，三极管都处于截止状态，输出的信号将是不完整的，即出现严重失真，如图 2—3 所示。

设置了合适的静态工作点，可使三极管在静态时工作于放大状态，如图 2—4 所示。这时 u_i 与静态时基极和发射极间的电压 U_{BEQ} 叠加在一起加在发射结两端，发射结电压始终大于三极管的死区电压，在输入电压的整个周期内三极管都处于导通状态，i_B 随输入电压 u_i 的变化而变化。这样，电路就能不失真地放大输入信号了。

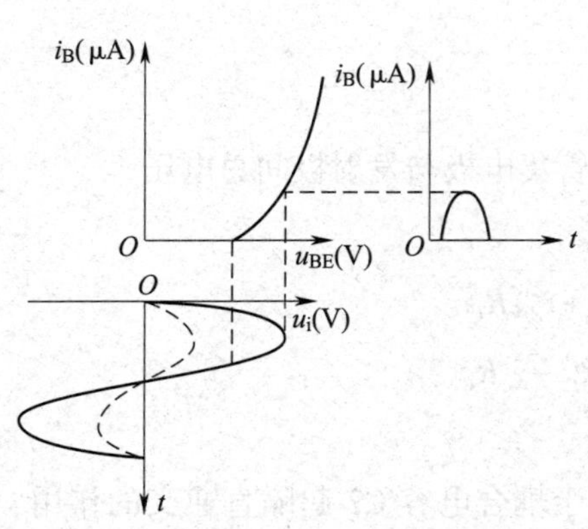

图 2—3　未设静态工作点时信号波形

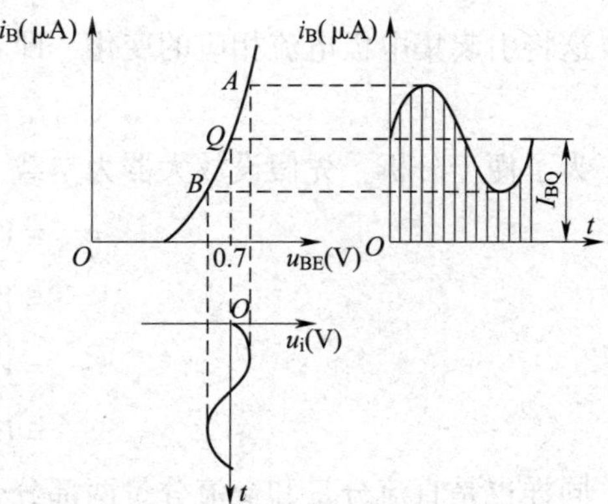

图 2—4　设静态工作点后信号波形

当放大器输入交流信号，即 $u_i \neq 0$ 时，称为**动态**。这里所加的 u_i 为低频小信号，因此，工作点在输入特性曲线上移动的范围不大，在此段范围内电压与电流近似呈线性关系，也就是三极管工作在线性区。放大器各极电压、电流波形如图 2—5 所示。

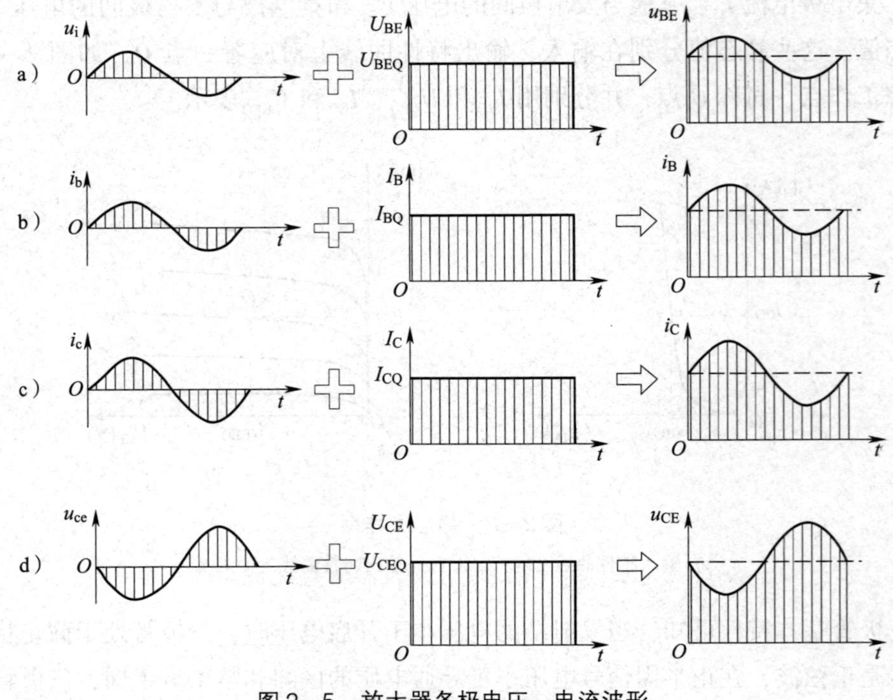

图 2—5　放大器各极电压、电流波形

a）u_{BE} 波形　b）i_B 波形　c）i_C 波形　d）u_{CE} 波形

三极管基极与发射极间电压瞬时值为 $u_{BE} = U_{BEQ} + u_i$，其中 U_{BEQ} 为**直流分量**（也就是静态工作点的数值），u_i 为**交流分量**。

基极电流也包括直流分量和交流分量两部分，即

$$i_B = I_{BQ} + i_b$$

这将引起集电极电流相应的变化，即

$$i_C = I_{CQ} + i_c$$

为了便于分析，先假设放大器为空载，则三极管集电极与发射极间总电压

$$\begin{aligned} u_{CE} &= V_{CC} - i_C R_C \\ &= V_{CC} - (I_{CQ} + i_c) R_C \\ &= V_{CC} - I_{CQ} R_C - i_c R_C \\ &= U_{CEQ} - i_c R_C \end{aligned}$$

同样也是直流分量和交流分量两部分合成。由于耦合电容 C2 起隔直通交的作用，在放大器的输出端，直流分量 U_{CEQ} 被隔断，放大器只输出交流分量，即

$$u_o = -i_c R_C$$

只要 R_C 足够大，输出信号电压 u_o 的幅度就可以大于输入信号 u_i 的幅度，实现放大的功能。式中，负号表明 u_o 与 i_c 反相，由于 i_b、i_c 都与 u_i 同相，所以 u_o 与 u_i 也是反相关系。

通过以上分析，可以得出如下结论：在单级共发射极放大器中，输出电压 u_o 与输入电压 u_i 频率相同，波形相似，幅度得到放大，而它们的相位相反。

但不能简单地认为，只要对输入电压进行了放大就是放大器。从本质上说，上述电压放大作用是一种能量转换作用，即在很小的输入信号功率控制下，将电源的直流功率转变成了较大的输出信号功率。放大器的输出功率必须比输入功率要大，否则不能算是放大器。例如，升压变压器可以增大电压幅度，但由于它的输出功率总比输入功率小，因此不能称其为放大器。

4．静态工作点的估算

（1）直流通路

估算静态工作点应以放大器的直流通路为依据。所谓直流通路就是放大器处于静态时，直流电流的流通路径，所以在画直流通路时，要将电路中的电容视为开路，电感视为短路。如图 2—6b 所示即为图 2—6a 所示共射放大器的直流通路。

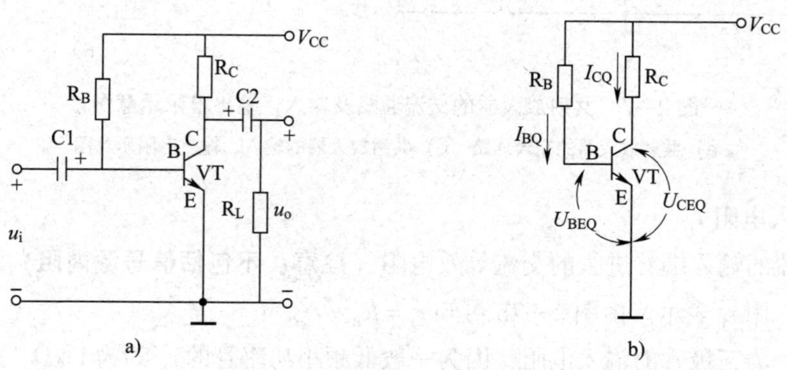

图 2—6　共射放大器的直流通路

a）共射放大器　b）直流通路

（2）估算公式

$$I_{BQ} = \frac{V_{CC} - U_{BEQ}}{R_B}$$

忽略 U_{BEQ}，则

$$I_{BQ} = \frac{V_{CC}}{R_B}$$

$$I_{CQ} = \beta I_{BQ}$$

$$U_{CEQ} = V_{CC} - I_{CQ} R_C$$

（3）静态工作点的调整

在图 2—1 所示电路中，调节 RP，改变基极偏置电阻的值，即可起到调节静态工作点的作用。例如，$R_P\downarrow\rightarrow I_{BQ}\uparrow\rightarrow I_{CQ}\uparrow\rightarrow U_{CEQ}\downarrow$，$I_{CQ}$一般取集电极最大电流（$V_{CC}/R_C$）的一半左右即可，但由于测量$I_{CQ}$需要切断集电极回路，所以通常都是通过测量$U_{CEQ}$来调整 Q 点。

5．放大器的交流参数

分析放大器的放大过程和交流参数，必须以**交流通路**为依据。所谓交流通路就是只允许交流信号流通的路径，所以在画交流通路时，小容抗的电容以及内阻小的电源，忽略其交流压降，都可以视为短路。如图 2—7a 所示即为图 2—6a 所示放大器的交流通路，图 2—7b 所示为其输入、输出电阻示意图。

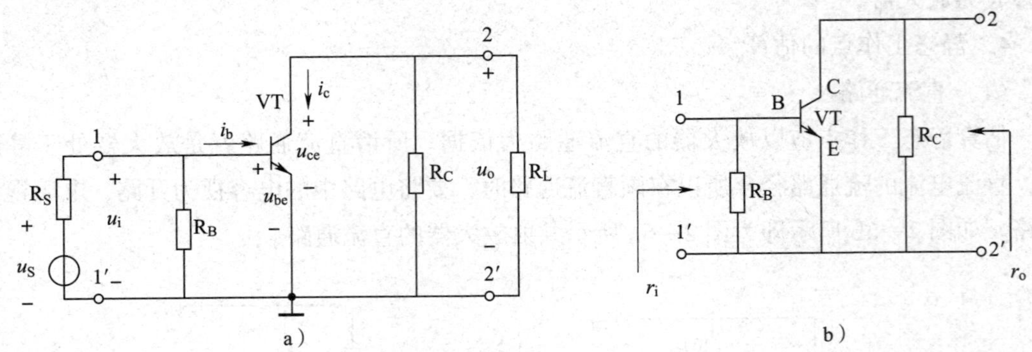

图 2—7　共射放大器的交流通路及输入、输出电阻示意图

a）共射放大器的交流通路　b）共射放大器的输入、输出电阻示意图

（1）输入电阻 r_i

从放大器的输入端看进去的交流等效电阻（**注意：不包括信号源内阻**），称为放大器的输入电阻，用 r_i 表示。由图 2—7b 可知 $r_i=R_B/\!/r_{be}$。

式中，r_{be}为三极管的输入电阻，因为一般低频小功率管的r_{be}约为 1 kΩ，而 R_B 常在几百千欧以上，所以 $r_i\approx r_{be}$。

（2）输出电阻 r_o

从放大器输出端看进去的交流等效电阻（**注意：不包括负载电阻**），称为放大器的输出电阻，用 r_o 表示。由图 2—7b 可知 $r_o=R_C/\!/r_{ce}$。

因为当三极管处于放大状态时，集电极与发射极之间的交流等效电阻 r_{ce} 很大，一般为几十千欧到几百千欧，而 R_C 一般为几千欧，所以 $r_o\approx R_C$。

对于负载来说，放大器是向负载提供信号的信号源，而它的输出电阻就是信号源的内阻。信号源内阻越小，当负载变化时，输出电压的变化越小，即放大器带负载能力越强。

（3）电压放大倍数 A_u

放大器的电压放大倍数定义为输出电压 u_o 与输入电压 u_i 的比值，即 $A_u=\frac{u_o}{u_i}$，由图 2—7 所示交流通路可得电压放大倍数为

$$A_u=\frac{u_o}{u_i}=\frac{-i_c(R_C/\!/R_L)}{i_b r_{be}}=-\frac{\beta R'_L}{r_{be}}$$

式中的负号表示输出信号电压与输入信号电压的相位相反，$R'_L=R_C/\!/R_L$。当不接负载时，电压放大倍数 $A_u=-\frac{\beta R_C}{r_{be}}$。

放大器的电压放大倍数经常也用增益表示，单位为分贝（dB），规定为：

电压增益　　$G_u=20\ \lg A_u(\mathrm{dB})$

电流放大倍数和功率放大倍数也可以用增益表示，分别为：

电流增益　　$G_i=20\ \lg A_i(\mathrm{dB})$

功率增益　　$G_P=10\ \lg A_P(\mathrm{dB})$

例如，某交流放大器输入电压是 10 mV，输入电流是 0. 2 mA，输出电压为 10 V，输出电流为 20 mA，可知该放大器的电压放大倍数、电流放大倍数和功率放大倍数分别为：

电压放大倍数　　$A_u=\frac{U_o}{U_i}=\frac{10}{0.01}=1\ 000$

电流放大倍数　　$A_i=\frac{I_o}{I_i}=\frac{20}{0.2}=100$

功率放大倍数　　$A_P=A_uA_i=1\ 000\times100=100\ 000$

若用增益表示，则分别为：

电压增益　　$G_u=20\ \lg A_u=20\ \lg1\ 000=60(\mathrm{dB})$

电流增益　　$G_i=20\ \lg A_i=20\ \lg100=40(\mathrm{dB})$

功率增益　　$G_P=10\ \lg A_P=10\ \lg100\ 000=50(\mathrm{dB})$

放大倍数用增益表示，常常可以简化运算数字，有时也是电子电路分析中某些场合所特定的要求。

6. 静态工作点对输出电压波形的影响

为了保证放大器能够不失真地放大交流信号，必须给放大器设置合适的静态工作点，但如果环境温度或元件参数发生变化，都有可能使静态工作点发生偏移，从而使放大器不能稳定工作，甚至造成波形失真。

课堂演示

下面通过图 2—1 所示实验电路来探究静态工作点对输出电压波形的影响。

（1）首先参考图 2—1 和图 2—8a 连接实验电路和电子仪器。

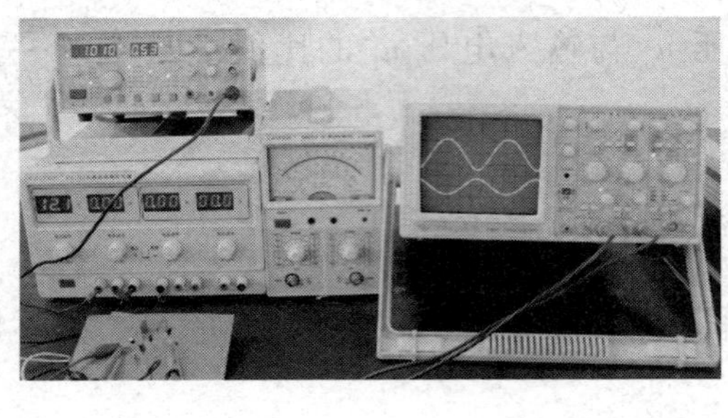

a)

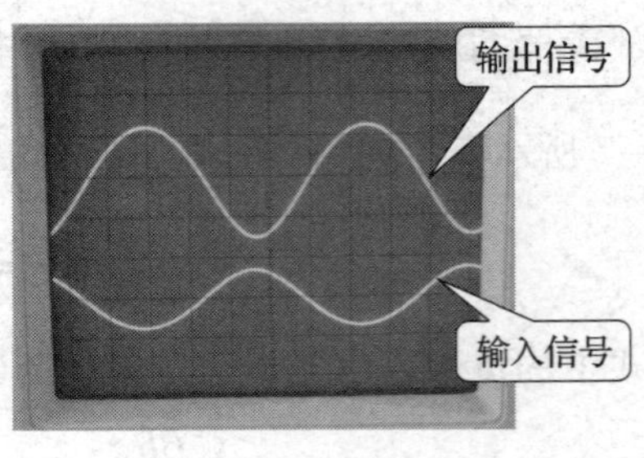

b)

图 2—8　实验接线图及输出信号波形

a）实验接线图　b）最大不失真信号波形

（2）调节电路静态工作点，使其工作在放大状态，然后给实验电路输入适当的正弦波信号，使示波器屏幕显示最大幅度不失真的信号波形，如图 2—8b 所示。

（3）减小 R_P，使 $I_B \uparrow \rightarrow I_C \uparrow \rightarrow U_{CE} \downarrow$，$Q$ 点上移，直至屏幕显示输出波形负半周被部分削平（图 2—9a），这一现象称为**饱和失真**。产生饱和失真的原因是由于 Q 点偏高，输入信号的正半周有一部分进入饱和区，使输出信号的负半周波形被部分削平。

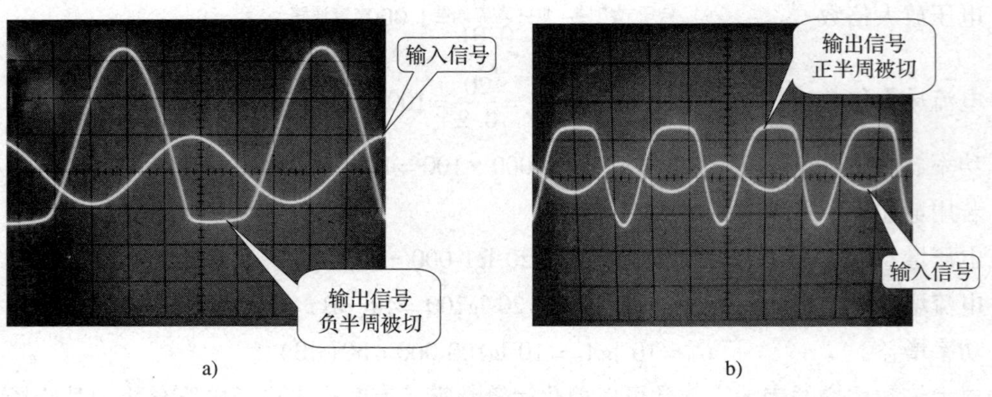

a)　　　　b)

图 2—9　失真信号波形

a）饱和失真　b）截止失真

（4）增大 R_P，使 $I_B \downarrow \rightarrow I_C \downarrow \rightarrow U_{CE} \uparrow$，$Q$ 点下移，直至屏幕显示输出波形正半周被部分削平（图 2—9b），这一现象称为**截止失真**。

职业能力培养

课堂演示后，由学生重复上述实验，并作讲解和讨论，以加深理解静态工作点与波形失真的关系，同时提高实验能力和分析电路的能力。

二、分压式偏置放大器

半导体材料对光、热、电场非常敏感，因此，工作环境温度升高或自身功耗引起的温升等都会影响三极管的工作状态，容易造成静态工作点发生偏移，使电路工作不稳定，甚至无法正常工作。因此，必须设法稳定三极管的工作点，通常使用分压式偏置电路来实现静态工作点的稳定，如图 2—10 所示。

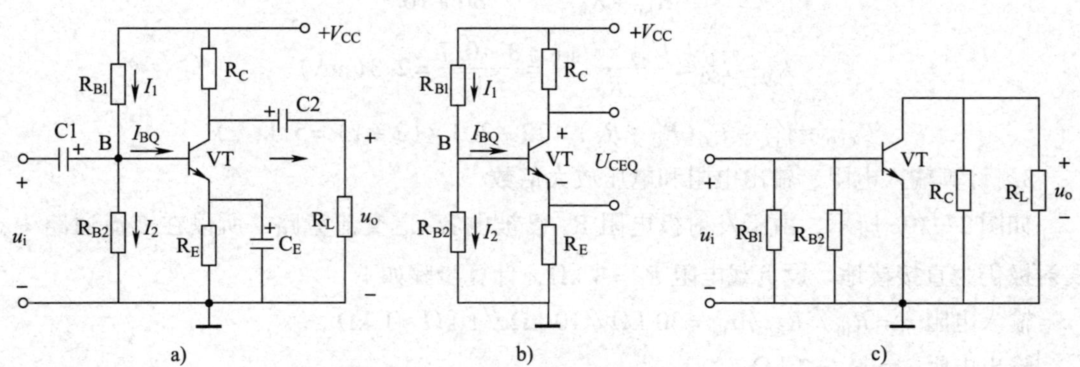

图 2—10　分压式偏置放大器

a）分压式电路　b）直流通路　c）交流通路

图 2—10 中，R_{B1}为**上偏置电阻**，R_{B2}为**下偏置电阻**。C_E 为发射极电阻 R_E 的**旁路电容**。C_E 一般选用几十到几百微法的电解电容，在低频信号频率上的容抗很小，故称旁路电容。交流电流经 C_E流入公共端，直流电流经 R_E 流入公共端，由于电容的隔直作用，C_E 对电路的静态工作点没有影响。

1. 稳定静态工作点的原理

适当选择 R_{B1} 和 R_{B2} 的值，使 R_{B1} 上所流过的直流电流 I_1 远大于 I_{BQ} （一般选 5 ~ 10 倍）。这时基极电压 U_{BQ}就由 V_{CC}和 R_{B1}与 R_{B2}的分压比确定，即

$$U_{BQ}=\frac{V_{CC}R_{B2}}{R_{B1}+R_{B2}}$$

由于接入了发射极电阻 R_E，发射极直流电流 I_{EQ}在其上产生直流电压，加到发射结的直流电压则为

$$U_{BEQ}=U_{BQ}-U_{EQ}$$

当温度升高而引起 I_{CQ}增大时，I_{EQ}和 U_{EQ}也相应增大。由于 U_{BQ}基本不变，由上式可知，U_{BEQ}就减小，I_{BQ}随之减小，从而抑制了 I_{CQ}的增大，最终使静态工作点趋于稳定。

上述过程可表示为

$$温度\ T\uparrow\rightarrow I_{CQ}\uparrow\rightarrow I_{EQ}\uparrow\rightarrow U_{EQ}\uparrow\rightarrow U_{BEQ}\downarrow$$
$$I_{CQ}\downarrow\leftarrow I_{BQ}\downarrow$$

由以上分析可知，主要是由于 R_E对 I_{CQ}变化的抑制作用，才使放大器的静态工作点得到了稳定。

2．静态工作点的估算

如图 2—10b 所示，$R_{B1}=30\ k\Omega$，$R_{B2}=10\ k\Omega$，$R_C=2\ k\Omega$，$R_E=1\ k\Omega$，$\beta=50$，$V_{CC}=12\ V$，$U_{BEQ}=0.7\ V$。估算静态工作点的步骤如下：

$$U_{BQ}=V_{CC}\frac{R_{B2}}{R_{B1}+R_{B2}}=12\times\frac{10}{30+10}=3(V)$$

$$I_{CQ}\approx I_{EQ}=\frac{U_{BQ}-U_{BEQ}}{R_E}=\frac{3-0.7}{1}=2.3(mA)$$

$$U_{CEQ}\approx V_{CC}-I_{CQ}(R_C+R_E)=12-2.3\times(2+1)=5.1(V)$$

3．计算输入电阻、输出电阻和电压放大倍数

如图 2—10c 所示，由于发射极电阻 R_E 已被电容 C_E 交流旁路，所以在交流通路中，发射极仍为直接接地。设负载电阻 $R_L=8\ k\Omega$，计算步骤如下：

输入电阻 $r_i=R_{B1}/\!/R_{B2}/\!/r_{be}=30\ k\Omega/\!/10\ k\Omega/\!/1\ k\Omega\approx1\ k\Omega$

输出电阻 $r_o\approx R_C=2\ k\Omega$

电压放大倍数 $A_u=-\beta\frac{R'_L}{r_{be}}=-\frac{50\times\frac{2\times8}{2+8}}{1}=-80$

随堂练习

1．判断如图 2—11 所示电路能否正常放大，并简单说明理由。

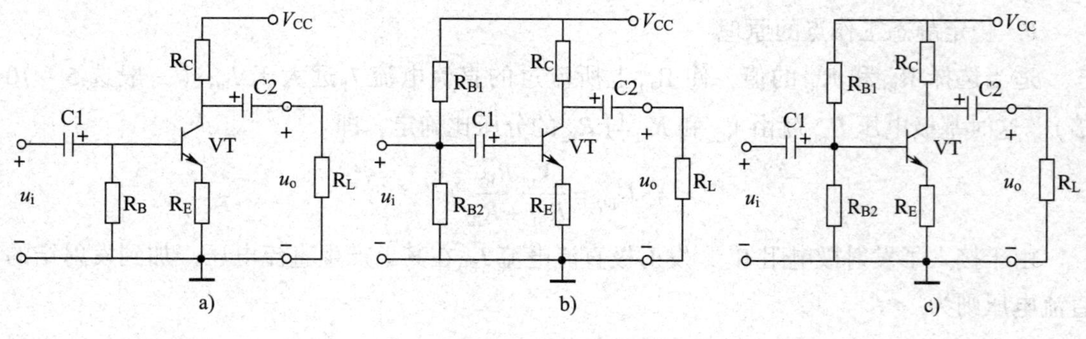

图2—11　题 1 图

2．分析如图 2—12a 所示放大电路，并回答：

(1) 在信号源电压为正弦波时，测得输出波形如图 2—12b、c、d 所示，说明电路分别产生了什么失真。

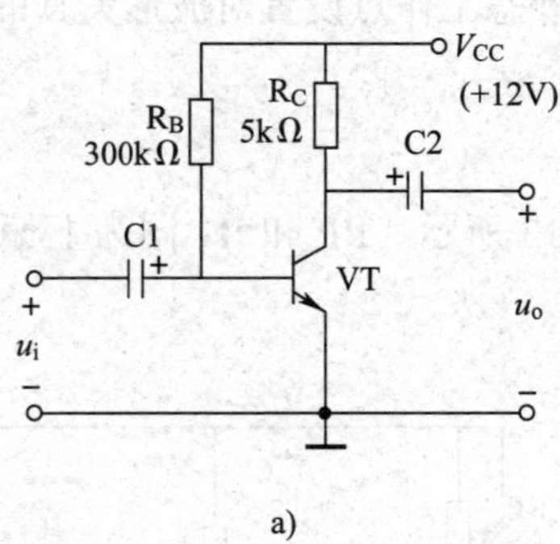

a)

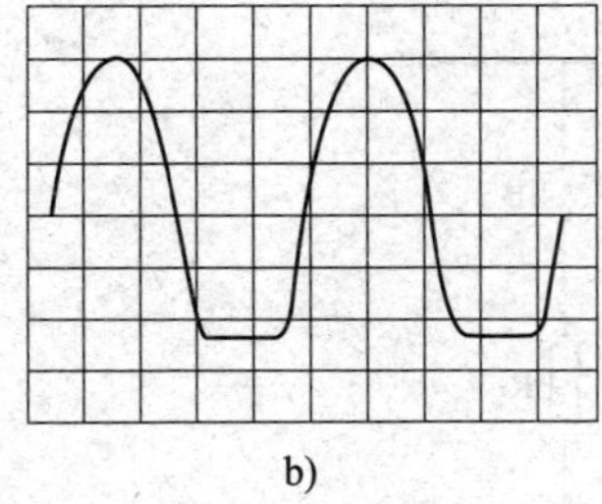

b)

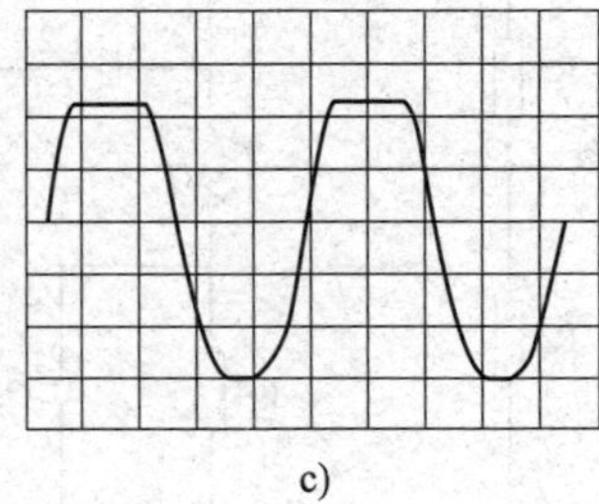

c)

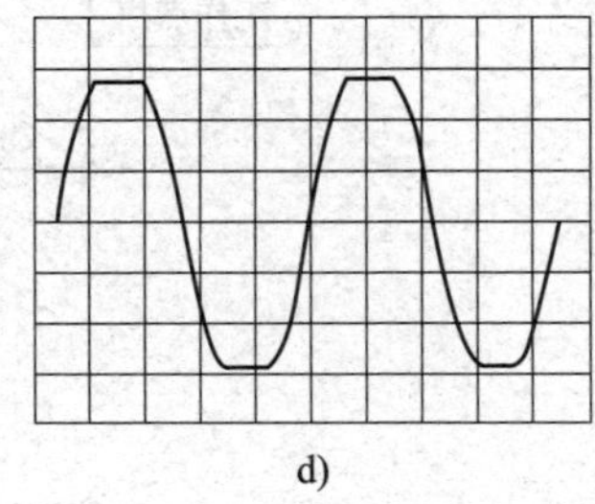

d)

图2—12 题2图

(2) 改变 R_B 的大小，测得 U_{CEQ} 分别为 5 V、0.35 V、12 V，估算此时的 I_{CQ} 值，判断电路的工作状态，完成表2—1。

表2—1 静态工作点调试记录

测量 U_{CEQ} (V)	估算 I_{CQ} (mA)	判断工作状态
5		
0.35		
12		

实训项目1

分压式偏置放大器的安装与调试

一、实训目的

1. 能安装分压式偏置放大器。
2. 熟悉常用电子仪器设备的使用方法。
3. 能调试放大器静态工作点。

4. 能用示波器观察放大器静态工作点设置对波形失真的影响。

二、实训电路

分压式偏置放大器如图 2—13 所示。RP 和 R1 同为上偏置电阻，RP 用于调整静态工作点。

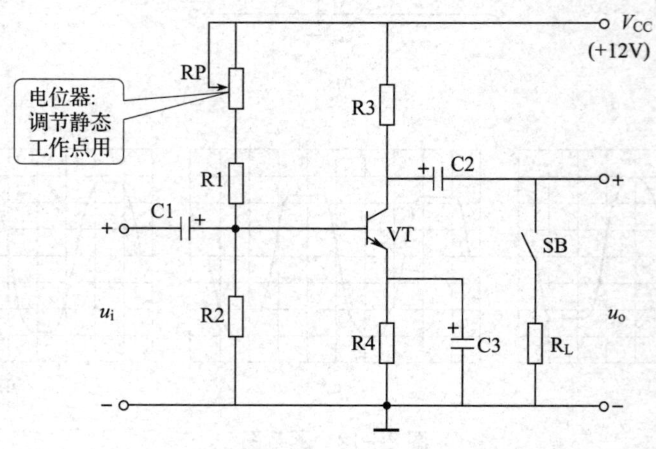

图 2—13　分压式偏置放大器

想一想

R1 可以省去不用吗？为什么？

三、器材准备

直流稳压电源、低频信号发生器、双踪示波器各 1 台，万用表 1 只，常用电子组装工具 1 套。

元器件型号规格见表 2—2。

表 2—2　元器件明细表

代号	名称	型号规格	检测结果
R1	电阻器	12 kΩ	实测值：
R2	电阻器	10 kΩ	实测值：
RP	微调电位器	100 kΩ	质量：
R3、R_L	电阻器	2 kΩ	实测值：
R4	电阻器	1 kΩ	实测值：

续表

代号	名称	型号规格	检测结果
C1、C2	电解电容器	10 μF/16 V	质量：
C3	电解电容器	100 μF/16 V	质量：
VT	三极管	9013 或 3DG6	质量：
SB	开关	按钮开关	质量：

四、安装调试

1. 按图 2—13 所示电路原理图，在通用电路板上画出安装布线图。

2. 对电路中使用的元器件进行检测，并将检测结果记入表 2—2。

（1）电阻器：识读其标称值，用万用表测量其实际阻值。

（2）微调电位器：识读其标称值，用万用表判断其质量好坏。

（3）电解电容器：用万用表识别其正负极，判断其质量好坏。

（4）三极管：用万用表判别其类型、管脚和质量好坏。

3. 按工艺要求对元器件引脚进行成形加工，并参考图 2—14 所示实物图安装焊接电路。

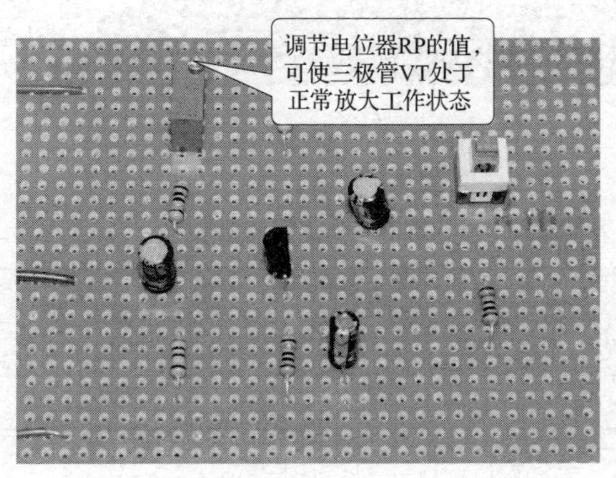

图 2—14　分压式偏置放大器安装实物图

各元器件的安装工艺要求如图 2—15 所示。

（1）电阻器及微调电位器紧贴电路板水平安装。

（2）电容器垂直安装，电容器底部离开板 5 mm，安装时要注意正负极性。

（3）三极管垂直安装，三极管底部离开电路板 10 mm，安装时要注意引脚极性。

a)

b)

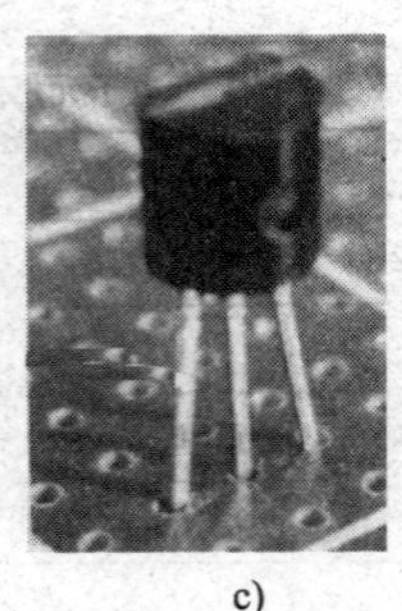
c)

图 2—15　元器件安装工艺要求

a）微调电位器紧贴电路板水平安装　b）电容器垂直安装（底部离电路板 5 mm）

c）三极管垂直安装（底部离电路板 10 mm）

4. 调试静态工作点，如图 2—16 所示。接通直流稳压电源（+12 V），用万用表直流电压挡测量三极管的 U_B、U_{CE}值，然后估算 I_C，记入表 2—3 中。

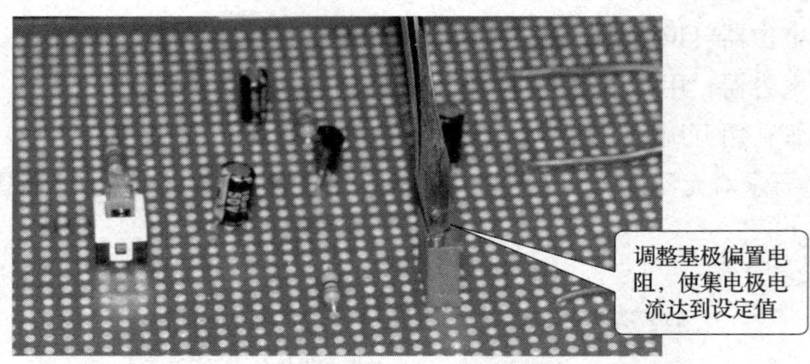

图 2—16　静态工作点调试

表 2—3　静态工作点调试记录

RP 阻值	U_B（V）	U_{CE}（V）	估算电路 $I_C = \frac{V_{CC} - U_{CE}}{R_3 + R_4}$（mA）
最大			
适当位置		6	2
最小			

5. 观察输入、输出信号波形

（1）调节电路静态工作点，使电路工作在放大状态。参考图 2—8a 连接实验板和电子仪器，给实验电路输入适当的正弦波信号，使示波器屏幕显示最大幅度不失真的信号波形。

（2）在最大不失真输出的基础上保持 u_i 不变，增大 R_P，使输出信号出现截止失真；减小 R_P，使输出信号出现饱和失真。

用示波器分别观察波形变化，将失真波形记入表 2—4。

表 2—4　　失真波形测试记录

RP 阻值	最大时	最小时
输出波形		

五、实训总结

1. 谈谈初次在电路板上焊接元器件的体会。
2. 总结使用双踪示波器同时检测输入、输出信号的要点。
3. 总结调试过程中遇到的问题及解决方法。

六、测评记录

按表 2—5 所列项目进行测评，并做好记录。

表 2—5　　测评记录表

序号	测评项目	配分（分）	得分（分）
1	根据电路原理图画出安装布线图	2	
2	元器件的检测和安装焊接	2	
3	静态工作点的调试	2	
4	电子仪器的连接和操作	2	
5	观察分析失真波形	2	

§2—2　共集放大器和共基放大器

1. 掌握共集放大器（射极输出器）的特点和应用。
2. 了解共基放大器的特点和应用。
3. 理解改进型放大器改进电路性能的原理。

放大器有共射、共集、共基三种接法，前面已经讨论过共射放大器，本节介绍共集、共基放大器，并对三种接法进行比较。

一、共集放大器

共集放大器电路如图 2—17a 所示。图 2—17b、c 分别为其直流通路和交流通路。

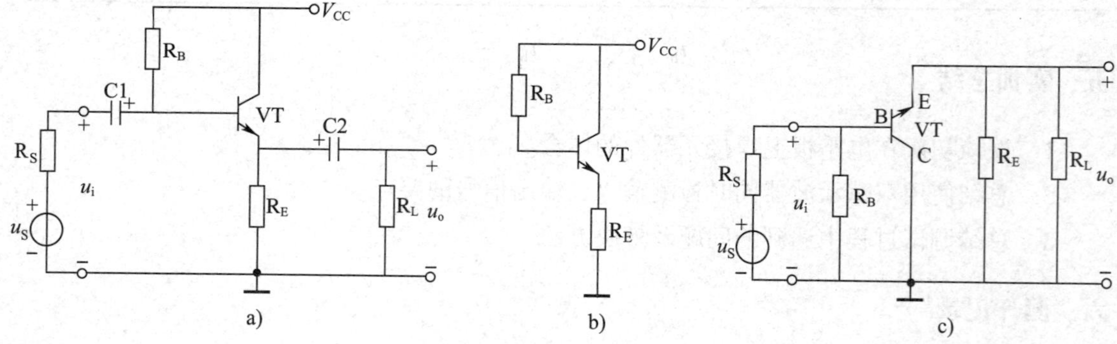

图 2—17　共集放大器
a）原理电路　b）直流通路　c）交流通路

由图 2—17 可知，输入信号是从三极管的基极与集电极之间输入，从发射极与集电极之间输出。集电极为输入回路与输出回路的公共端，故称共集放大器。由于信号从发射极输出，所以又称**射极输出器**。

1. 静态工作点的估算

分析该电路的直流通路可知

$$V_{CC}=I_{BQ}R_B+U_{BEQ}+(1+\beta)I_{BQ}R_E$$

由此可得

$$I_{BQ}=\frac{V_{CC}-U_{BEQ}}{R_B+(1+\beta)R_E}$$

$$I_{CQ}=\beta I_{BQ}$$

$$U_{CEQ}=V_{CC}-I_{EQ}R_E\approx V_{CC}-I_{CQ}R_E$$

对 I_{BQ} 计算式中的 $(1+\beta)R_E$ 也可以这样理解：把 R_E 从发射极回路折合到基极回路，电流减小到原来的 $1/(1+\beta)$，因此电阻应折合为 $(1+\beta)R_E$。

2. 电压放大倍数的估算

由交流通路可知，输出电压 u_o 和输入电压 u_i 及三极管发射结电压 u_{be} 三者之间有如下关系：

$$u_o=u_i+u_{be}$$

通常 $u_{be}\ll u_i$，可认为 $u_o\approx u_i$，所以射极输出器的电压放大倍数总是小于1而且接近于1。这表明射极输出器没有电压放大作用，但射极电流是基极电流的 $(1+\beta)$ 倍，故它有电流放大作用，同时也有功率放大作用。

3. 输入电阻和输出电阻的估算

(1) 输入电阻 r_i

在图2—17c中，若先不考虑 $\mathrm{R_B}$ 的作用，则输入电阻为

$$r'_i=\frac{u_i}{i_b}=\frac{i_b r_{be}+(1+\beta)i_b R'_L}{i_b}=r_{be}+(1+\beta)R'_L$$

式中，$R'_L=R_E/\!/R_L$。

考虑 $\mathrm{R_B}$ 的作用后，输入电阻应为

$$r_i=R_B/\!/r'_i=R_B/\!/[r_{be}+(1+\beta)R'_L]$$

显然，射极输出器的输入电阻比共射放大器的输入电阻大得多。

(2) 输出电阻 r_o

根据输出电阻的定义，由交流通路可得输出电阻为

$$r_o=R_E/\!/\frac{r_{be}+R'_S}{1+\beta}$$

式中，$R'_S=R_S/\!/R_B$，R_S 为信号源内阻，考虑到 $R_B\gg R_S$，所以 $R'_S\approx R_S$，若 $r_{be}\gg R_S$，则上式可简化为

$$r_o\approx R_E/\!/\frac{r_{be}}{1+\beta}$$

若 $R_E\gg\frac{r_{be}}{1+\beta}$，则

$$r_o\approx\frac{r_{be}}{1+\beta}$$

显然，射极输出器的输出电阻比共射放大器的输出电阻小得多。

4．射极输出器的特点

综合以上分析可知，射极输出器的特点是：

（1）电压放大倍数小于1，且接近于1。

（2）输出电压与输入电压相位相同。

（3）输入电阻大。

（4）输出电阻小。

由于射极输出器的输出电压 u_o 和输入电压 u_i 相位相同且近似相等，可近似看作 u_o 随 u_i 的变化而变化，所以射极输出器又称为**射极跟随器**，或简称**射随器**。

5．射极输出器的应用

射极输出器具有电压跟随作用和输入电阻大、输出电阻小的特点，且有一定的电流和功率放大作用，因而无论是在分立元件多级放大器还是在集成电路中，它都有十分广泛的应用。

（1）用作输入级，因其输入电阻大，可以减轻信号源的负担。

（2）用作输出级，因其输出电阻小，可以提高带负载的能力。

（3）用在两级共射放大器之间作为**隔离级**（或称**缓冲级**），因其输入电阻大，对前级影响小；因其输出电阻小，对后级的影响也小，所以可以有效地提高总的电压放大倍数。

二、共基放大器

共基放大器电路如图2—18a所示。图2—18b、c分别为其直流通路和交流通路。

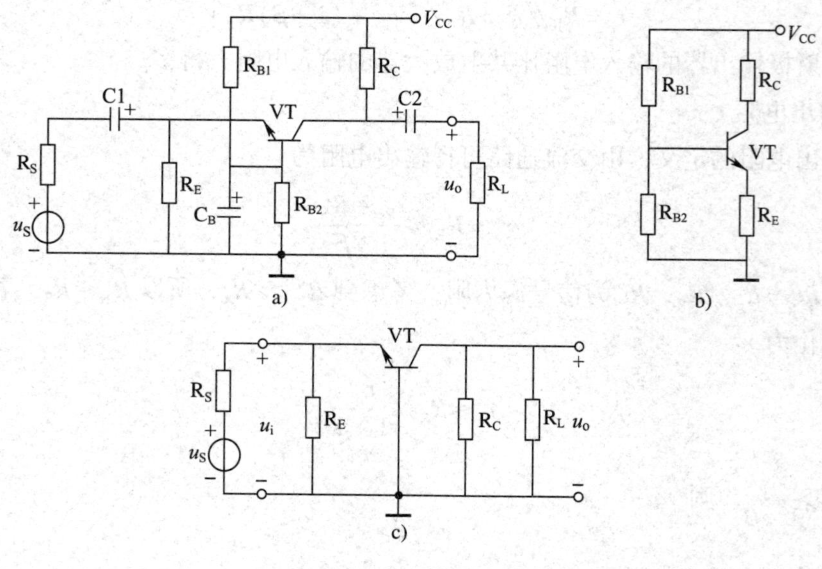

图2—18　共基放大器

a）原理电路　b）直流通路　c）交流通路

根据直流通路可以估算它的静态工作点，方法与共射放大器的分压式偏置电路相同。

由交流通路可知，基极为输入回路与输出回路的公共端。经分析推导可得，电压放大倍数

$$A_u = \frac{\beta R'_L}{r_{be}}$$

式中，$R'_L = R_C /\!/ R_L$。

输入电阻 $$r_i \approx R_E /\!/ \frac{r_{be}}{1+\beta}$$

输出电阻 $$r_o \approx R_C$$

电压放大倍数 A_u 为正值，表明共基放大器为同相放大器。从计算式来看，A_u 的数值与共射放大器相同，但这里并没有考虑信号源内阻的影响。实际上，由于共基放大器的输入电阻要比共射放大器的输入电阻小得多，因此，当考虑信号源内阻时，共基放大器的电压放大倍数也要比共射放大器的电压放大倍数小得多。共基放大器的电流放大倍数 $\alpha = \frac{\Delta I_c}{\Delta I_e}$，其值小于 1，但接近于 1；同时，由于它的输入电阻低而输出电阻高，故共基放大器又称**电流接续器**，即将低阻输入端的电流几乎无衰减地接续到高阻输入端，其功能接近于**恒流源**。

三、放大电路三种接法的比较

综合以上分析，现将共射、共集、共基三种接法放大电路的特点列于表 2—6，以供比较。

共射放大器的电压、电流和功率放大倍数都比较高，因而应用广泛；但是它的输入电阻较低，对前级的影响较大，输出电阻较高，带负载能力较差。共集放大器虽然没有电压放大作用，但由于它独特的优点，因而被广泛用作多级放大器中的输入级、输出级或隔离级。共基放大器则可用作恒流源电路。

表 2—6　　共射、共集、共基放大器的特点

	共射放大器	共集放大器	共基放大器
输入电阻	中等	大	小
输出电阻	中等	小	大
电流放大倍数	大	大	略小于 1
电压放大倍数	大	略小于 1	大
功率放大倍数	大	中等	中等

续表

	共射放大器	共集放大器	共基放大器
输出/输入相位	反相	同相	同相
高频特性	差	较好	好
适用场合	低频放大和多级放大器的中间级	多级放大器的输入级、输出级和中间缓冲级	高频电路、宽频带电路和恒流源电路

四、改进型放大器

1．组合放大器

通常电压放大器要求输入电阻高，输出电阻低；电流放大器则要求输入电阻低，输出电阻高。在三种组态的放大器中，只有共射放大器同时具有电压和电流放大作用，但它的输入和输出电阻却与上述要求存在差距，如果将它与共集或共基放大器相接，构成组合放大器，就可以改变放大器的输入和输出电阻，从而较好地解决这一问题。

前面在讨论射随器的应用时曾经介绍过，可以把射随器用作多级放大器的输入级、输出级或隔离级。例如，把它作为输入级接于共射放大器之前，就构成了图 2—19a 所示的共集—共射组合放大器，它的总电压放大倍数和单独一级共射放大器的相同，但输入电阻大大提高了。采用类似方法，还可以接成如图 2—19b、c 所示的共射—共基、共集—共基组合放大器，以满足相应的性能要求。

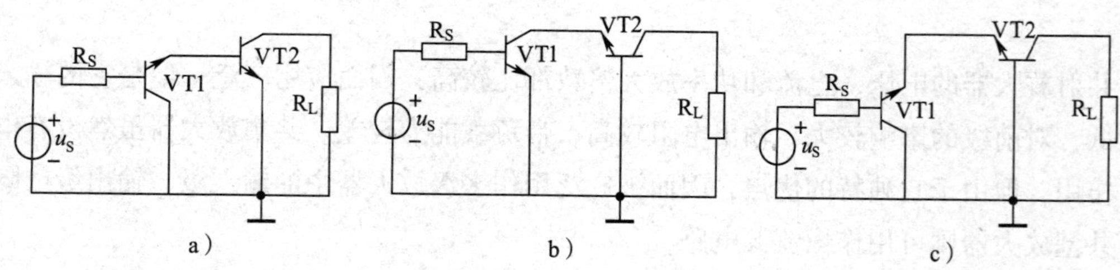

图 2—19　组合放大器

a）共集—共射组合放大器　b）共射—共基组合放大器　c）共集—共基组合放大器

此外，还可以从共射放大器的偏置电路入手，改进其性能。下面介绍的接有发射极电阻的共射放大器和采用有源负载的共射放大器，在多级放大器，特别是在集成电路中，有着很广泛的应用。

2．接有发射极电阻的共射放大器

接有发射极电阻的共射放大器电路及其交流通路分别如图 2—20a、b 所示。

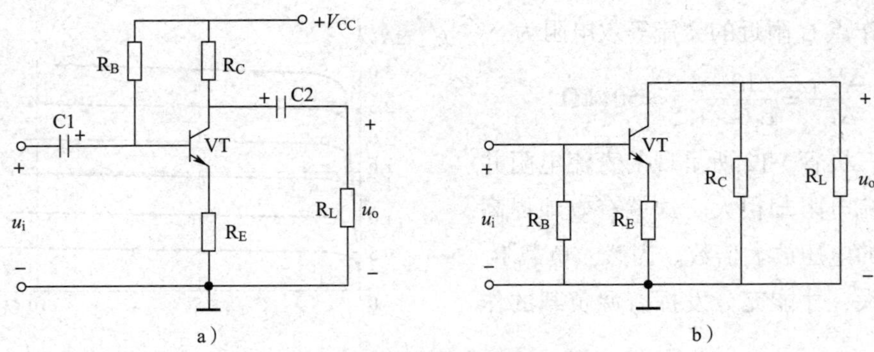

图 2—20　接有发射极电阻的共射放大器

a）原理电路　b）交流通路

分析电路可得
$$A_u \approx -\frac{R'_L}{R_E}$$

式中，$R'_L = R_C // R_L$。

空载时
$$A_u \approx -\frac{R_C}{R_E}$$

即电压放大倍数近似等于两个电阻之比，而与 β 的大小无关。其因具有这一特点恰好适合制成性能稳定的集成放大器。但由于电阻 R_C 不可能取得很大，所以电压放大倍数受到限制。采用有源负载取代共射放大器中的 R_C 是提高放大倍数的有效措施。

3. 采用有源负载的共射放大器

所谓有源负载，就是利用三极管工作在放大区时，集电极电流只受基极电流控制而与管压降无关的特性构成的电路。实际上它就是一个恒流源电路。在图 2—21 所示电路中，三极管 VT2 为 VT1 的有源负载。

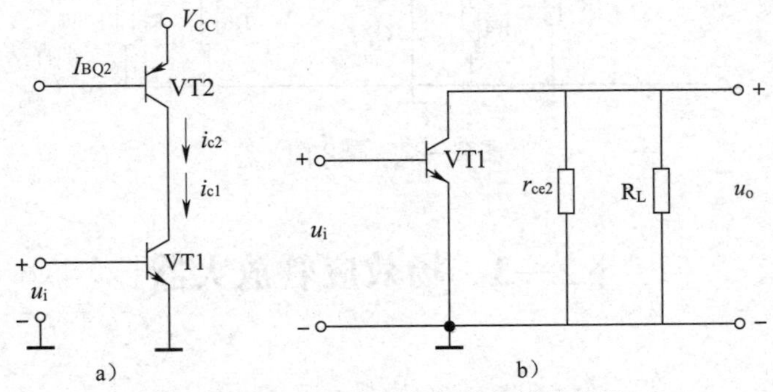

图 2—21　采用有源负载的共射放大器

a）原理电路　b）交流通路

三极管 VT2 的输出特性曲线如图 2—22 所示，在静态工作点 Q 处的直流等效电阻为

$$R_{CE2} = \frac{U_{CEQ}}{I_{CQ}} = \frac{5}{1.5} \approx 3.33(\text{k}\Omega)$$

在工作点 Q 附近的交流等效电阻为

$$r_{ce2}=\frac{\Delta U_{CE}}{\Delta I_C}=\frac{10-5}{1.6-1.5}=50(k\Omega)$$

可见三极管 VT2 所呈现的直流电阻并不大，交流电阻却很大，这就有效地提高了放大器的电压放大倍数。当然，负载 R_L 必须足够大，才能充分发挥有源负载的作用。

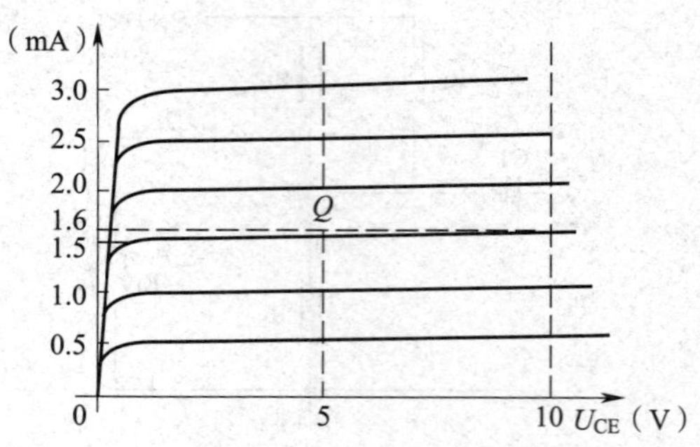

图 2—22　三极管的输出特性曲线

随堂练习

1. 判断下列说法是否正确。

（1）射极输出器的输出信号电压与输入信号电压相差 U_{BEQ}。

（2）为使射极输出器的电压放大倍数接近于 1，应尽量增大信号源内阻 R_S 和负载电阻 R_L。

2. 在图 2—23 所示电路中，将放大器通过射极输出器与负载 R_L 相接。如果放大器不通过射极输出器而直接与负载 R_L 相接，试比较哪一种连接方式的电压放大倍数大。为什么？

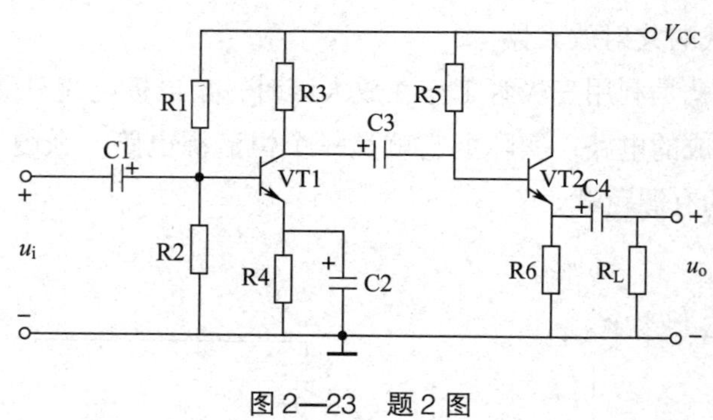

图 2—23　题 2 图

*§2—3　场效应管放大器

学习目标

1. 了解场效应管的导电特性、类型、图形符号和主要参数。
2. 了解场效应管放大器的组成和特点。
3. 掌握场效应管的安全使用常识。

在用三极管组成的放大器中，基极输入电流的大小直接影响输出电流的大小，这是一种**电流控制型**器件。场效应管则是一种**电压控制型**器件，它是利用输入电压产生的电场效应控制输出电流的。

场效应管按其结构不同分为**绝缘栅型**和**结型**两大类。其中绝缘栅型场效应管由于制造工艺简单，便于实现集成化，因而应用更为广泛。

一、场效应管

1．绝缘栅型场效应管

绝缘栅型场效应管简称 MOS 管，分为 N 沟道和 P 沟道两类，每一类又可分为**增强型**和**耗尽型**两种，因此，共有 4 种类型，其图形符号见表 2—7。三个引脚分别为源极（S）、栅极（G）、漏极（D），分别对应于三极管的发射极、基极、集电极。B 表示衬底（有时也用 U 表示），一般与源极 S 相连。衬底箭头向内表示为 N 沟道，反之为 P 沟道。D 极和 S 极之间为三段断续线表示增强型，为连续线表示耗尽型。

表 2—7　　　　绝缘栅型场效应管的分类及符号

绝缘栅型场效应管（N 沟道）		绝缘栅型场效应管（P 沟道）	
耗尽型	增强型	耗尽型	增强型
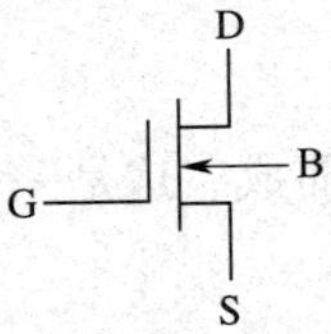 D B G S	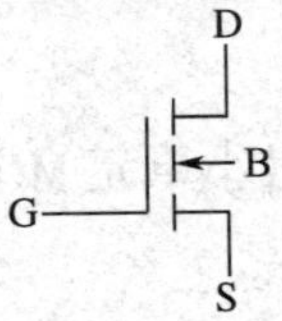 D B G S	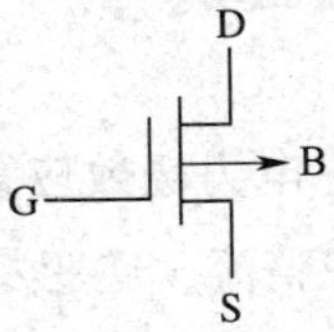 D B G S	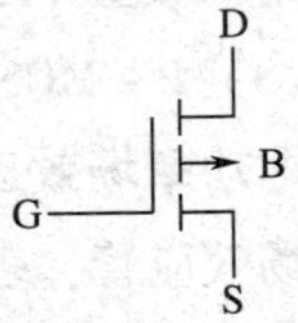 D B G S

场效应管也有三个工作区域：**可变电阻区、恒流区**和**夹断区**。当利用场效应管组成放大器时，应使它工作于恒流区。

对于增强型场效应管，必须建立一个栅—源电压，而且只有当栅—源电压值达到开启电压时，才会形成导电沟道，产生漏极电流。对于耗尽型场效应管则不加栅—源电压时已存在导电沟道，只有栅—源电压达到某一值时，才能使漏—源极之间电流为零，此时的栅—源电压称为**夹断电压**。

2．结型场效应管

结型场效应管采用的是耗尽型工作方式，也分 P 沟道和 N 沟道两种，其图形符号如图 2—24 所示。

3．特殊场效应管

（1）CMOS 管

N 沟道 MOS 管和 P 沟道 MOS 管组成互补电路，称为 CMOS 管，其结构如图 2—25 所示。CMOS 管输入电流小，功耗小，工作电源范围宽，连接方便，目前广泛应用于集成电路中。

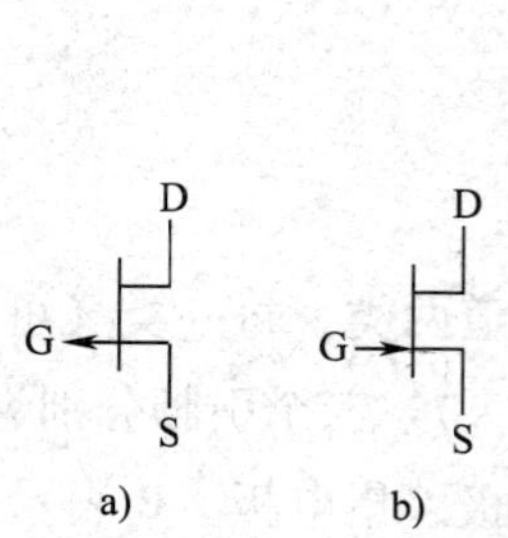

图 2—24　结型场效应管图形符号

a）P 沟道　b）N 沟道

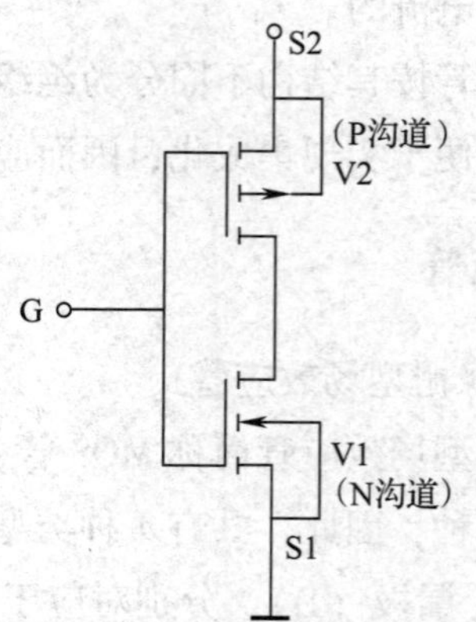

图 2—25　CMOS 管结构示意图

（2）VMOS 管和 UMOS 管

这两种 MOS 管的最大特点是耗散功率大，工作速度快，耐压高，转移特性的线性度好，是较理想的大功率器件。而且它们所需驱动功率都不大，可用 CMOS 集成电路驱动，也可用双极型 TTL 集成电路驱动。

（3）P－MOS 管

即**功率场效应管**，又称**电力场效应管**，由大量小单元 MOS 管并联而成。这是一种大功率场效应管，多用于可控整流、逆变及变频电路。

二、场效应管的主要参数

1．开启电压 U_T

开启电压指 U_{DS}为定值时，使增强型绝缘栅场效应管开始导通的栅源电压 U_{GS}值。它是增强型场效应管的重要参数。N 沟道场效应管的 U_T为正值，P 沟道场效应管的 U_T为负值。

2．夹断电压 U_P

夹断电压指 U_{DS}为定值时，使耗尽型绝缘栅场效应管漏极电流 I_D减小到近似为零时的 U_{GS}值。它是耗尽型场效应管的重要参数。N 沟道场效应管的 U_P为负值，P 沟道场效应管的 U_P为正值。

3．低频跨导 g_m

低频跨导指 U_{DS}为定值时，漏极电流的增量 ΔI_D与引起这一变化的栅源电压的增量 ΔU_{GS}之比，即

$$g_m = \frac{\Delta I_D}{\Delta U_{GS}}$$

这是表征栅源电压 U_{GS}对漏极电流 I_D控制能力的重要参数。g_m的单位是 S（西门子）或 mS。

三、场效应管放大器

与三极管组成的放大器类似，场效应管放大器也相应有**共源**、**共漏**和**共栅**三种接法。

1．共源放大器

（1）自给偏置电路

自给偏置电路如图 2—26 所示。图中采用的是 N 沟道耗尽型绝缘栅场效应管，漏极电流在 R_S上产生的电压恰好可作为栅极偏压，即 $U_{GS} = -I_D R_S$。栅极电阻 R_G将栅极和源极构成了一个回路，使 R_S上的电压能加到栅极而成为栅极偏压。电路对信号的放大作用是通过场效应管的电压控制作用实现的。经分析，电压放大倍数为

$$A_u = -g_m R'_L$$

式中，$R'_L = R_D /\!/ R_L$。

（2）分压式偏置电路

如果用增强型绝缘栅场效应管构成放大器，则不能采用自给偏置电路，而要采用分压式偏置电路，如图 2—27 所示。

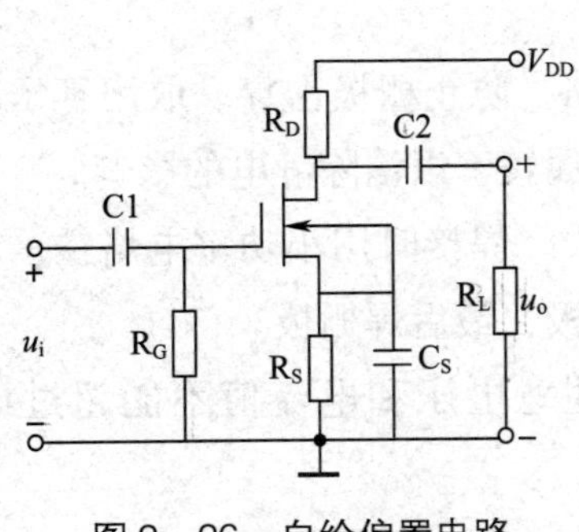

图 2—26　自给偏置电路

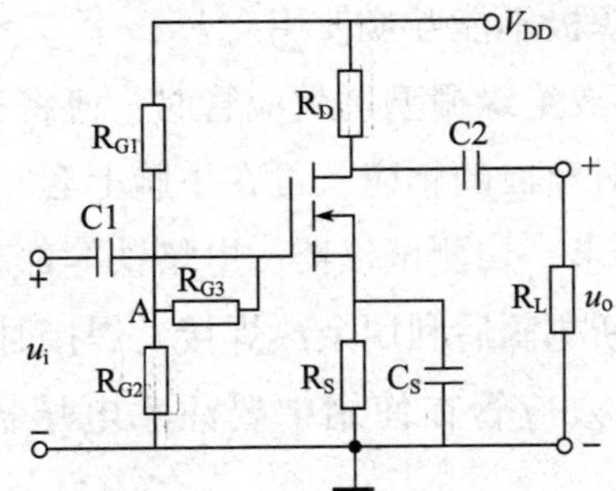

图 2—27　分压式偏置电路

2．共漏放大器

电路如图 2—28 所示。图中采用的是分压式偏置电路。其输出信号与输入信号相位相同，大小近似相等，所以它又称**源极跟随器**。

3．共栅放大器

电路如图 2—29 所示。放大器的偏置电路由电阻 R_S 和电源 V_{GG}构成。电压放大倍数为

$$A_u = g_m R'_L$$

式中，$R'_L = R_D /\!/ R_L$。

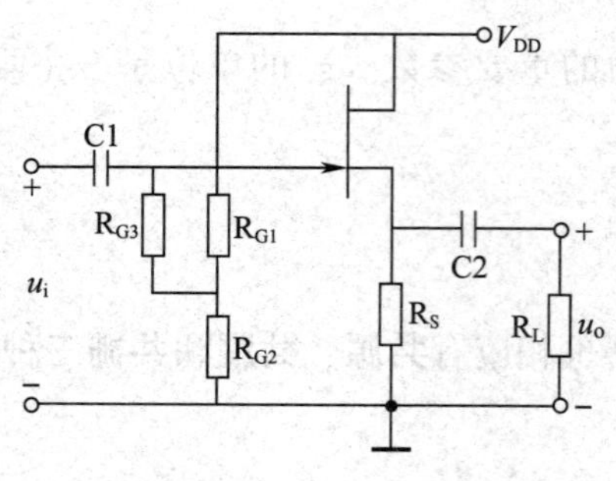

图 2—28　共漏放大器

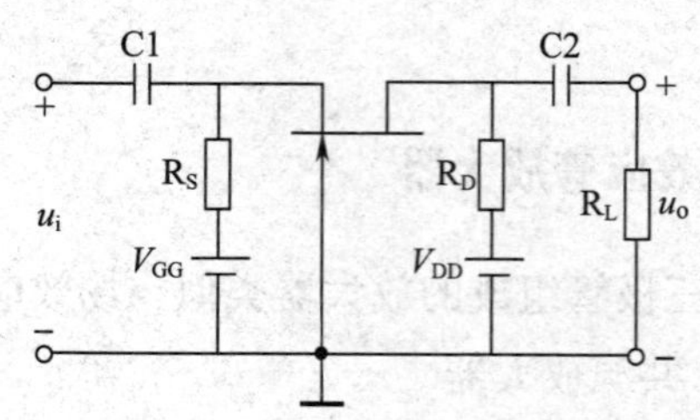

图 2—29　共栅放大器

场效应管三种接法放大器的性能特点与三极管放大器相似。但由于场效应管栅极不取电流，所以共源和共漏放大器的输入电阻都远比共射和共集放大器的大。此外，在相同静态电流下，共源和共栅放大器的电压放大倍数远比相应的共射和共基放大器的小。

四、场效应管安全使用常识

1．对绝缘栅型场效应管一般不允许用万用表检测，以防高压击穿；对结型场效应管可用判定晶体三极管基极的方法来判定栅极，但漏极和源极用此方法不能判定。

2．场效应管的漏极和源极通常可互换使用，但有些产品源极与衬底已连在一起，此时漏极和源极不能互换使用。

3．存放绝缘栅型场效应管时，应将三个极短路，防止栅极击穿。取用管子时应注意人体静电对栅极的感应，可在手腕上套一接地的金属箍，以消除静电的影响。

4．要求一切测试仪器、电烙铁等都有外接地线。焊接时用小功率电烙铁，动作要迅速，或切断电源后利用余热焊接。焊接时应先焊源极，最后焊栅极。

5．场效应管在使用中要注意电压极性，并注意电压和电流值不能超过最大允许值。

随堂练习

1．场效应管与三极管相比有何特点？

2．画出下列场效应管的图形符号。

（1）N 沟道增强型绝缘栅场效应管。

（2）P 沟道耗尽型绝缘栅场效应管。

（3）P 沟道结型场效应管。

§2—4　多级放大器

学习目标

1．了解多级放大器的级间耦合方式及其特点。

2．了解多级放大器的电压放大倍数和输入、输出电阻。

3．理解放大器的频率特性和通频带的概念。

由单个三极管组成的单级放大器，其放大能力是有限的，而实际应用的电子设备往往要将一个微弱的电信号放大到几千倍或几万倍，甚至更大。这就需要采用多级放大器。多级放大器由多个单级放大器连接而成，其组成框图如图 2—30 所示。多级放大器的第一级为输入级，也称为**前置级**，最后一级为输出级，也称为**功放级**。

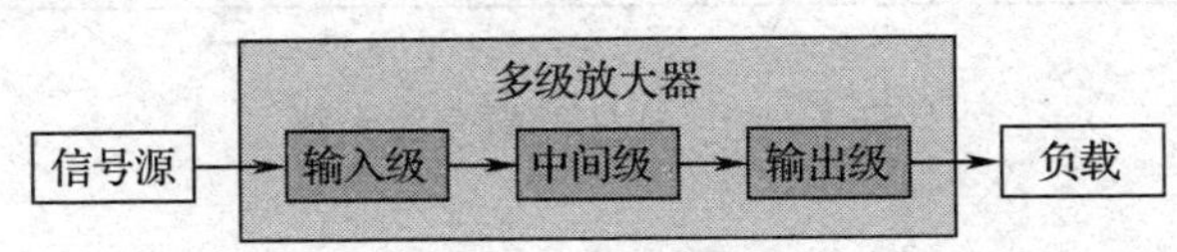

图 2—30　多级放大器的组成

一、级间耦合方式

多级放大器中各单级电路之间的连接称为**耦合**。实际应用中，应根据不同电路的要求，选择合适的级间耦合方式。

1．阻容耦合

图 2—31 所示为两级阻容耦合放大器。第一级的输出信号通过 R_{C1} 和 C2 加到第二级的输入电阻上，即信号是通过电阻和电容传递的，故称为阻容耦合。由于耦合电容的隔直作用，所以前后级放大器的静态工作点互不影响。但它不适宜传输缓慢变化的直流信号，更不能传输恒定的直流信号。

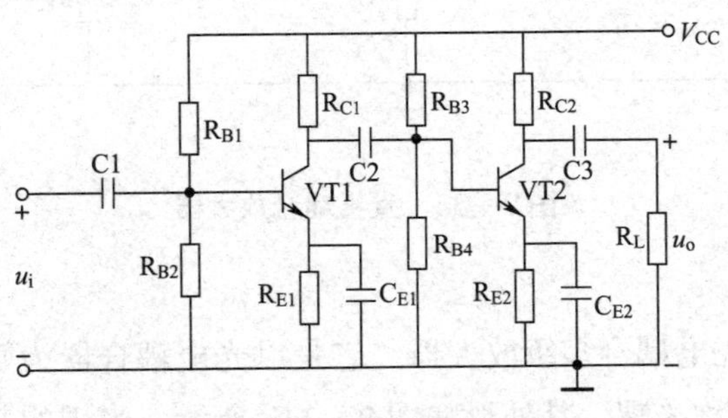

图 2—31　阻容耦合放大器

2. 变压器耦合

图 2—32 所示为变压器耦合的两级放大器。耦合变压器的作用是隔断前后级的直流联系，同时把前级输出的交流信号通过电磁感应传送到后级。此外，在某些放大器中，还利用耦合变压器在传递信号的同时实现阻抗变换。但它的低频特性较差，不能传输直流信号，而且体积较大，主要应用于调谐放大器或由分立元件组成的功率放大器中。

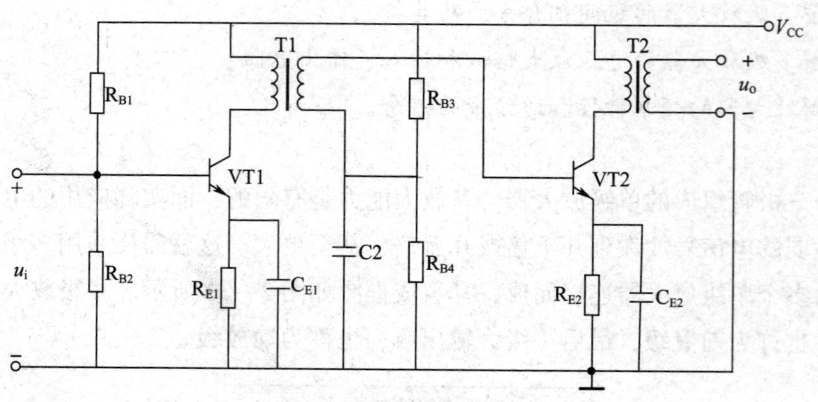

图 2—32　变压器耦合放大器

3. 直接耦合

所谓直接耦合，就是把前一级放大器的输出端直接连接到后一级放大器的输入端，如图 2—33 所示。前后级之间没有隔直流的耦合电容或变压器，信号直接传递，因此，它可以放大变化缓慢的信号。但前后级静态工作点相互影响，这给电路的设计、调试带来一定困难。直接耦合便于电路集成化，故在集成电路中得到了广泛应用。

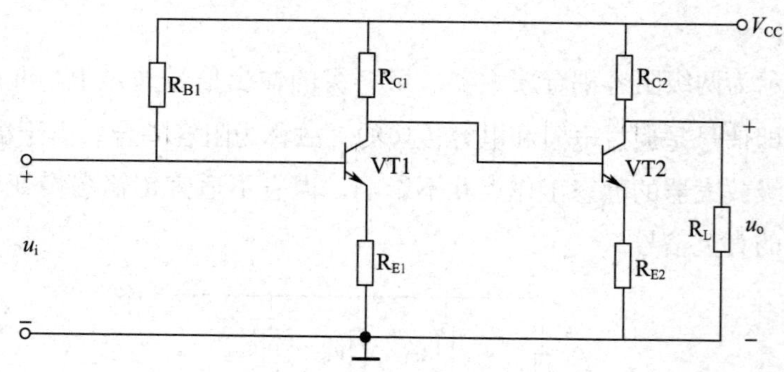

图 2—33　直接耦合放大器

4. 光电耦合

图 2—34a 所示为光电耦合多级放大器。它是以光电耦合器为媒介来实现信号耦合和传输的。光电耦合器简称**光耦**，其外形如图 2—34b 所示。光耦的基本结构是将光发射器

（红外发光二极管）和光敏器（光敏三极管）的芯片封装在同一外壳内。当输入端加电信号时，光发射器发出光信号，光敏器接收后又转换成电信号输出，从而实现了电→光→电信号的转换和传输，并在电气上完全隔离。光电耦合既可传输交流信号，又可传输直流信号，而且抗干扰能力强，易于实现集成化。

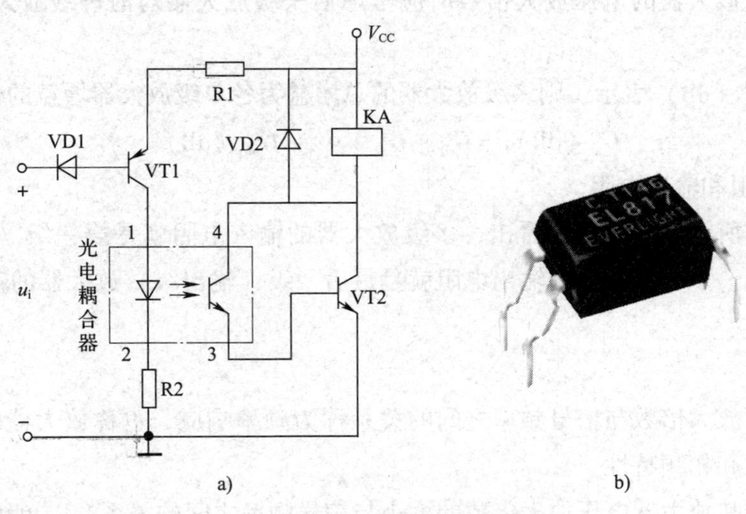

图 2—34　光电耦合放大器

a）电路原理图　b）光电耦合器实物图

二、电压放大倍数和输入、输出电阻

1．电压放大倍数

下面以三级放大器为例，用图 2—35 所示方框图来说明总的电压放大倍数与各级电压放大倍数的关系。

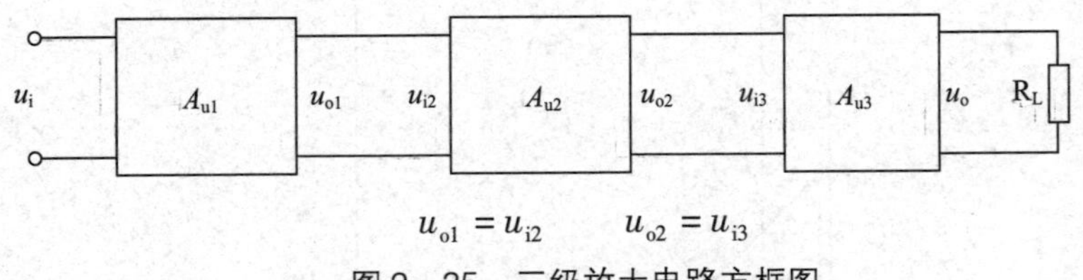

图 2—35　三级放大电路方框图

第一级电压放大倍数　　$A_{u1}=\dfrac{u_{o1}}{u_i}$

第二级电压放大倍数　　$A_{u2}=\dfrac{u_{o2}}{u_{o1}}$

第三级电压放大倍数　　$A_{u3}=\dfrac{u_o}{u_{o2}}$

多级放大电路总的电压放大倍数

$$A_u = \frac{u_o}{u_i} = \frac{u_o}{u_{o2}} \frac{u_{o2}}{u_{o1}} \frac{u_{o1}}{u_i} = A_{u1} A_{u2} A_{u3}$$

即多级放大器总的电压放大倍数等于各单级放大器电压放大倍数的乘积。但必须注意，计算各单级放大器的电压放大倍数时应考虑**后一级放大器对前一级放大器的负载效应**。

如果用增益（dB）表示，则多级放大器的总增益为各单级放大器增益的代数和。即

$$G_u\ (\mathrm{dB}) = G_{u1} + G_{u2} + \cdots + G_{un}\ (\mathrm{dB})$$

2. 输入电阻和输出电阻

由图 2—35 所示方框图可以看出，多级放大器的输入电阻就是第一级（输入级）放大器的输入电阻，多级放大器的输出电阻就是最后一级（输出级）放大器的输出电阻。

三、频率特性

放大器电压放大倍数与信号频率之间的关系称为频率响应，也称放大器的频率特性。它包括幅频特性和相频特性。

幅频特性反映放大器电压放大倍数的大小与信号频率之间的关系，以单级阻容耦合放大器为例，其特性曲线如图 2—36a 所示。

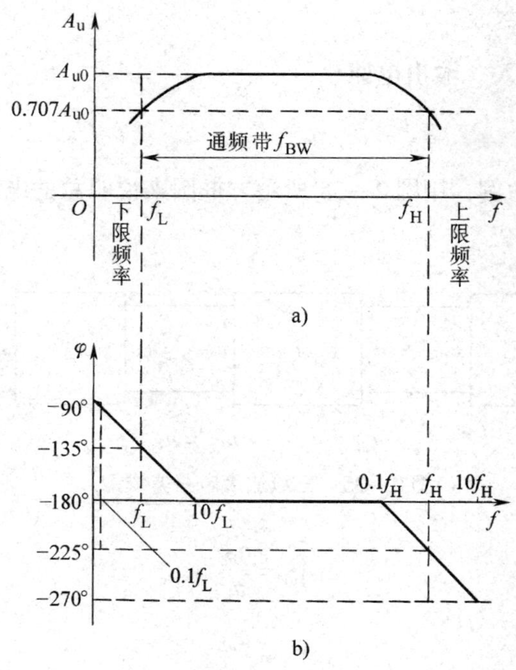

图 2—36　阻容耦合放大电路的频率特性

a）幅频特性　b）相频特性

放大倍数基本相同的一段频率范围称为**中频段**。频率过高或者过低都会使放大倍数下降，当放大倍数下降到中频段的$\frac{1}{\sqrt{2}}$（约0.707）倍时所对应的低端频率称为**下限频率**，用f_L表示；所对应的高端频率称为**上限频率**，用f_H表示。在f_H和f_L之间的频率范围称为**通频带**（简称**通带**），用f_{BW}表示，即

$$f_{BW}=f_H-f_L$$

在集成电路中，一般都采用直接耦合方式，其下限频率趋于零，因此通频带即为f_H。

放大器输出电压与输入电压之间的相位差也与信号频率有关，称为**相频特性**，其特性曲线如图2—36b所示。

当两级单级放大器连接成一个多级放大器后，根据$A_u=A_{u1}\times A_{u2}$的关系可知，中频段电压放大倍数的$\frac{1}{\sqrt{2}}$倍所对应的下限频率f_L将升高，上限频率f_H将降低，因此通频带变窄（图2—37）。

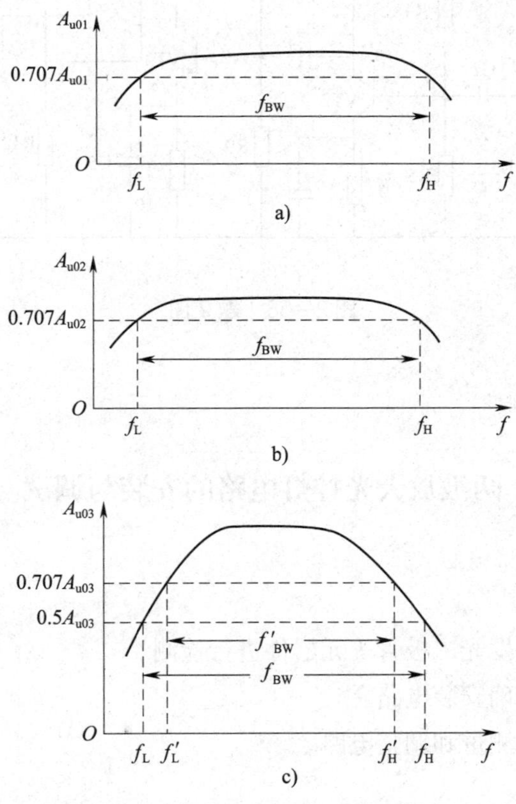

图2—37　单级和两级共射放大器的幅频特性

由于放大器对不同频率分量放大倍数不同而引起输出信号波形失真，称为**幅度失真**；由于不同频率分量产生不同附加相移而引起的失真称为**相位失真**。幅度失真和相位失真总称为**频率失真**。为了避免频率失真，放大器必须有与信号频率相适应的通频带。

随堂练习

1. 阻容耦合和直接耦合各有什么优缺点？

2. 分析图2—38所示电路图，回答下列问题：

(1) 电路由几级放大器构成？

(2) 各级之间采用何种耦合方式？

(3) 各级采用哪类偏置电路？

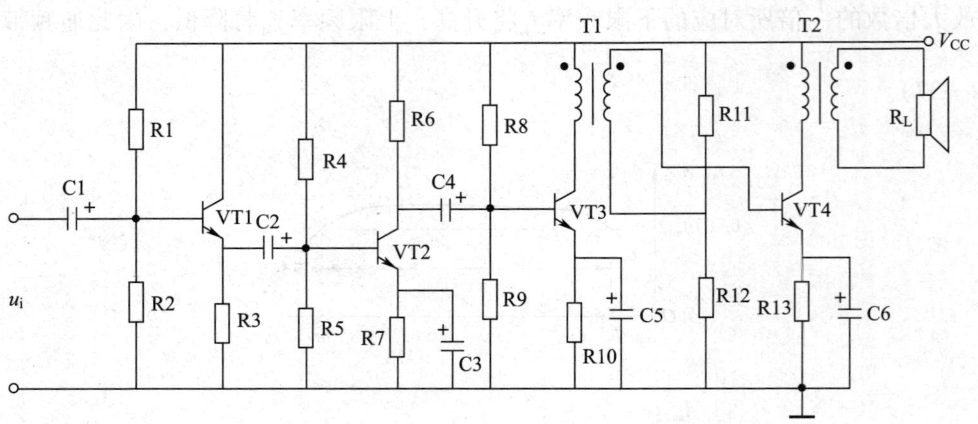

图2—38 题2图

实训项目2

两级放大光控灯电路的安装与调试

一、实训目的

1. 能对光敏电阻、发光二极管等元器件进行检测。

2. 能按工艺要求正确安装电路。

3. 能使用电子仪器测量和调整电路。

二、实训电路

两级放大光控灯电路如图2—39所示。

该电路为采用直接耦合方式的两级放大电路，而且都是采用的分压式偏置方式。电路中 R_G 为光敏电阻，有光照时电阻值小，无光照时电阻值大。

当有光照射在光敏电阻上时，R_G 的阻值小（约几千欧），R_G 上分得电压少，R1 上分得电压多，VT1 管饱和导通，导致 VT2 管基极电位较低，VT2 管处于截止状态，发光二极管不亮。

当无光照射在光敏电阻上时，R_G 的阻值增大（达几百千欧），VT1 管的基极电位低，VT1 趋向截止状态，集电极电位升高，VT2 基极电位也升高，从而进入放大工作状态，使发光二极管点亮。

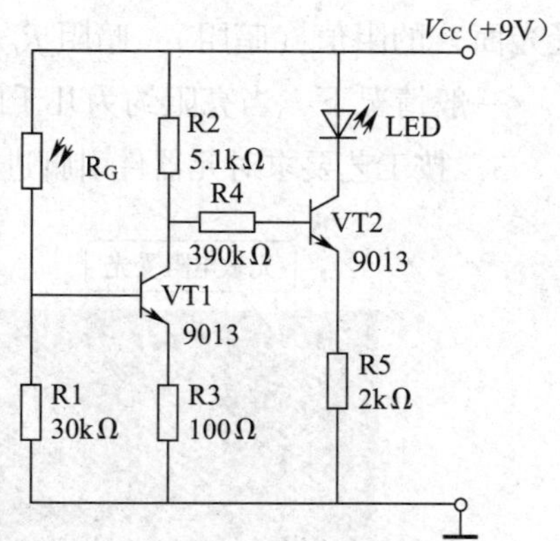

图 2—39　两级放大光控灯电路

三、器材准备

直流稳压电源 1 台、万用表 1 只、常用电子组装工具 1 套。

元器件型号规格见表 2—8。

表 2—8　　元器件明细表

代号	名称	型号规格	检测结果
VT1、VT2	三极管	9013 或 3DG6	质量：
R_G	光敏电阻	5516	质量：
R1	电阻器	30 kΩ	实测值：
R2	电阻器	5. 1 kΩ	实测值：
R3	电阻器	100 Ω	实测值：
R4	电阻器	390 kΩ	实测值：
R5	电阻器	2 kΩ	实测值：
LED	发光二极管	ϕ3 mm，红色	质量：

四、安装调试

1. 按图 2—39 所示电路原理图，在通用电路板上画出安装布线图。

2. 对电路中使用的元器件进行检测，并将检测结果记入表 2—8。

以下着重介绍光敏电阻的检测方法：

(1) 将万用表置于“R×1 k”挡，测光敏电阻有光照时的阻值（亮阻），亮阻 R_G = ________ kΩ。

(2) 将万用表置于“R×10 k”挡，测光敏电阻无光照时（可用黑胶布套住光敏电阻受光面）的阻值（暗阻），暗阻 R_G = ________ kΩ。

一般情况下，当亮阻约为几千欧，暗阻大于几百千欧时，该光敏电阻视为正常。

3．按工艺要求对元器件引脚进行成形加工，并参考图 2—40 所示实物图安装焊接电路。

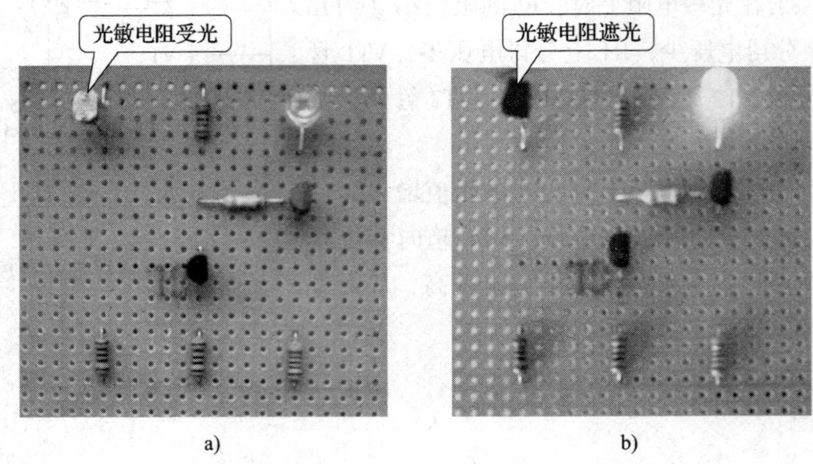

图 2—40　两级放大光控灯电路安装实物图

a）光敏电阻受光时　b）光敏电阻遮光时

4．在电路板安装焊接完成，并经检查确认无误后，接通 9 V 直流电源。

5．在光敏电阻 R_G 有光照的情况下：

（1）观察发光二极管 LED 的工作状态。

（2）检测电路相应的电压值，并根据所测电压值，判断 VT1、VT2 的工作状态，估算 R_G 两端电压值，记入表 2—9。

6．在光敏电阻 R_G 无光照的情况下：

（1）观察发光二极管 LED 的工作状态。

（2）检测电路相应的电压值，并判断三极管的工作状态，估算 R_G 两端电压值，记入表 2—9。

（3）将 R4 短接，重复第（2）步。

表 2—9　光控灯电路测试记录

电路状态	U_{B1}(V)	U_{CE1}(V)	VT1	U_{B2}(V)	U_{CE2}(V)	VT2	R_G 两端电压
有光照							
无光照 （R_4 = 390 kΩ）		6					
无光照 （R_4 = 0）							

五、实训总结

1. 分析两级放大光控电路工作原理。
2. 总结检测光敏电阻的方法和步骤。
3. 总结安装调试过程中遇到的问题及解决方法。
4. 该电路还可以移植应用于哪些场合？

六、测评记录

按表 2—10 所列项目进行测评，并做好记录。

表 2—10　　测评记录表

序号	测评项目	配分（分）	得分（分）
1	光敏电阻的检测	2	
2	电路板的安装焊接	2	
3	电路的调试和检测	2	
4	详细完成书面实训总结	4	

职业能力培养

1. 按照下述要求，结合此前完成的实验和实训项目，进行个人阶段性总结。

（1）能识别和检测电阻、电容、二极管、三极管、光敏电阻、发光二极管等元器件，并按工艺要求对引脚进行成形加工。

（2）元器件在电路板上的布设合理、整齐、美观。

（3）能正确完成电路的安装、检测和调试。

2. 选择一些简单实用而有趣味性的电子电路（如音乐门铃、遥控开关、报警器等），以小组为单位进行安装制作，并进行展示和评比。

§2—5　差分放大器和集成运算放大器

学习目标

1. 理解零漂的概念及差分放大器抑制零漂的原理。
2. 理解共模信号、差模信号和共模抑制比的概念。
3. 了解集成运算放大器的结构和主要参数。
4. 掌握集成运算放大器的电压传输特性。

放大直流信号和变化缓慢的信号必须采用直接耦合方式，但在多级直接耦合放大器中，常会发生输入信号为零而输出信号不为零的现象，即**零点漂移**现象（简称**零漂**）。

合理采用差分放大器，可以在放大信号的同时有效抑制零漂。

集成运算放大器从外特性看，可以将其等效为一个特殊的高性能的差分放大器。

一、差分放大器

1．对称的电路结构

图 2—41 所示为带有公共射极电阻的差分放大器，它由两个对称的共射放大器组合而成，一般采用正、负两个极性的电源供电。R_E 为公共射极电阻，RP 为调零电位器。

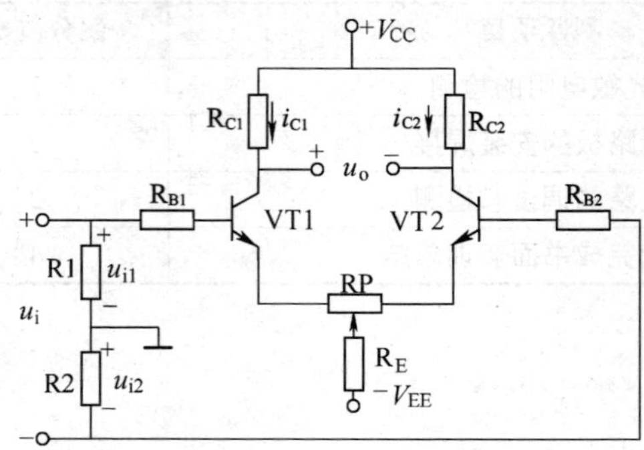

图 2—41　带有公共射极电阻的差分放大器

2．灵活的输入、输出方式

差分放大器分别有两个输入和输出端，因此具有灵活的输入、输出方式。

（1）输入方式

1）差模输入方式。从差分放大器的两个输入端分别输入一对大小相等、极性相反的信号。例如，$u_{i1}=3$ mV，$u_{i2}=-3$ mV。

2）共模输入方式。从差分放大器的两个输入端分别输入一对大小相等、极性相同的信号。例如，$u_{i1}=7$ mV，$u_{i2}=7$ mV。

3）任意输入方式（比较输入方式）。从差分放大器的两个输入端输入的信号既非差模又非共模，这时可将其分解为一对共模信号和一对差模信号。例如，$u_{i1}=10$ mV，$u_{i2}=4$ mV，可分解如下：

$$u_{i1}=(7+3)\ \text{mV}$$

$$u_{i2}=(7-3)\ \text{mV}$$

其中，共模输入成分为 7 mV，差模输入成分为 ±3 mV。

如果采用单端输入形式，如 $u_{i1}=10$ mV，$u_{i2}=0$，仍然可以将其分解为 $u_{i1}=(5+5)$ mV，

u_{i2} = （5 -5）mV。这说明单端输入可以等效为双端输入。

（2）输出方式

可以单端输出，也可以双端输出。

3．理想差分放大电路的工作原理

（1）静态分析

当 $u_{i1}=u_{i2}=0$ 时，由于 VT1 和 VT2 管特性相同，$R_{B1}=R_{B2}$，$R_{C1}=R_{C2}$，$-V_{EE}$ 为 VT1 和 VT2 管提供偏置电流 I_{B1} 和 I_{B2}。$I_{B1}=I_{B2}$，$I_{C1}=I_{C2}$，这时，$U_o=U_{C1}-U_{C2}=0$，静态时输出电压为零。

（2）动态分析

1）对零漂的抑制作用。多级直接耦合放大器产生零漂的主要原因是：当温度发生变化或电源电压发生波动时，这一影响会逐级传递放大，从而使输出偏离零点。但在差分放大器中，情况就不同了。

在差分放大器中，由于其电路结构的对称性，无论是温度变化还是电源电压波动，都会使两管的电流及电压发生相同的变化，其效果相当于在两个输入端加入了一对共模信号。

例如，温度升高，两管集电极产生相同的变化电流，设 I_{C1} 和 I_{C2} 增大，它们共同流过 R_E 时，流过 R_E 的电流 $I_E=I_{E1}+I_{E2}$ 也增大，这时射极电位 U_E 必然跟着提高，使得三极管 U_{BE1}、U_{BE2} 均下降，于是 I_{B1}、I_{B2} 将同时减小，两管集电极电流 I_{C1}、I_{C2} 也同时减小，两只三极管集电极电压 U_{C1}、U_{C2} 保持等量变化，这时 $u_o=u_{C1}-u_{C2}=0$。其过程如下：

$$T\,(\text{温度})\uparrow \begin{matrix} \nearrow I_{C1}\uparrow \searrow \\ \searrow I_{C2}\uparrow \nearrow \end{matrix} I_E\uparrow \rightarrow U_E\uparrow \begin{matrix} \nearrow U_{BE1}\downarrow \rightarrow I_{B1}\downarrow \rightarrow I_{C1}\downarrow \rightarrow U_{C1}\uparrow \searrow \\ \searrow U_{BE2}\downarrow \rightarrow I_{B2}\downarrow \rightarrow I_{C2}\downarrow \rightarrow U_{C2}\uparrow \nearrow \end{matrix} u_o=u_{C1}-u_{C2}=0$$

由上述过程可见，电阻 R_E 取值越大，则稳流效果越好，克服零点漂移作用也越显著。

差分放大器对共模信号的放大倍数，称为**共模放大倍数**，用 A_C 表示。当电路对称时，两管共模输出电压相互抵消，所以共模放大倍数 $A_C=0$。实际上，电路不可能完全对称，因此希望 A_C 尽可能小。

2）对差模信号的放大作用。图 2—40 中的输入信号 u_i 被两个分压电阻 R1 和 R2 分为大小相等、方向相反的差模信号（u_{i1}、u_{i2}），分别加到 VT1 和 VT2 基极。在差模信号作用下，两管的集电极产生等值而相反的电流变化，它们共同流过 R_E 时相互抵消，因而对差模信号而言，R_E 不会产生影响，可视为短路。

差模信号的输入，在两个三极管的集电极产生分别为 $u_{o1}(+)$ 和 $u_{o2}(-)$ 的电压，负载上输出的电压为

$$u_o=u_{o1}-u_{o2}=2u_{o1}=2u_{o2}$$

上式表明，在差模信号作用下，差分放大器可以有效地放大差模信号。

差分放大器对差模信号的放大倍数，称为**差模放大倍数**，用 A_d 表示。

$$A_d=\frac{u_o}{u_i}=\frac{2u_{o1}}{2u_{i1}}=\frac{u_{o1}}{u_{i1}}=\frac{u_{o2}}{u_{i2}}=A_{d1}=A_{d2}$$

式中，A_{d1} 和 A_{d2} 分别为差模输入时三极管 VT1 和 VT2 的单管放大倍数，由于两边电路对称，差模放大倍数与单管放大器的放大倍数相同。虽然差分放大器用两只放大管对输入信号进行放大，其放大能力仅相当于一个单管放大器，但换来的是对共模信号的抑制作用，有效地克服了零点漂移。

4．共模抑制比

共模抑制比用 K_{CMR} 表示，其定义为差分放大器的差模电压放大倍数 A_{ud} 与共模电压放大倍数 A_{uc} 之比，即

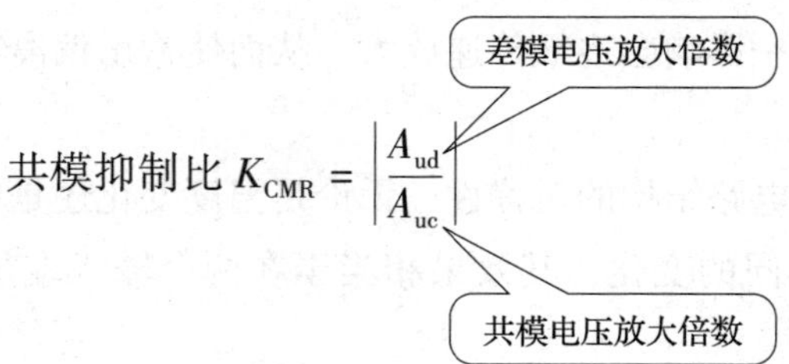

共模抑制比 K_{CMR} 的大小反映了差分放大器对差模信号的放大能力和对共模信号的抑制能力。K_{CMR} 的数值越大，表明抑制零漂的能力越强，理想差分放大器的共模电压放大倍数为零，所以 $K_{CMR}=\infty$ 。

K_{CMR} 同样也是衡量集成运放性能的一个重要指标。抑制输入级的零漂对于提高多级放大电路的温度稳定性至关重要，所以集成运放的输入级都采用一种能有效抑制零漂的差分放大电路。

5．差分放大器的四种连接方式

差分放大器的四种连接方式及其特点见表 2—11。

表 2—11 差分放大器的四种连接方式及其特点

接法	电路原理图	特点
双端输入 双端输出	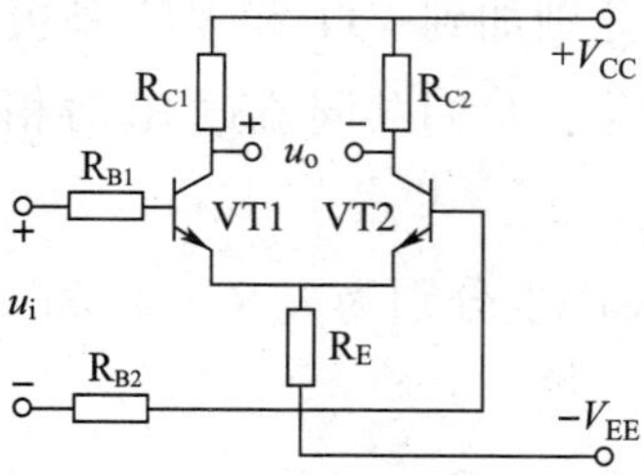 R_{C1}，R_{C2}，$+V_{CC}$，u_o，R_{B1}，VT1，VT2，u_i，R_E，R_{B2}，$-V_{EE}$	（1）放大倍数与单管放大器相同 （2）当电路对称时，共模抑制比 $K_{CMR}=\infty$ （3）适用于对称输入、对称输出情况

续表

接法	电路原理图	特点
双端输入 单端输出	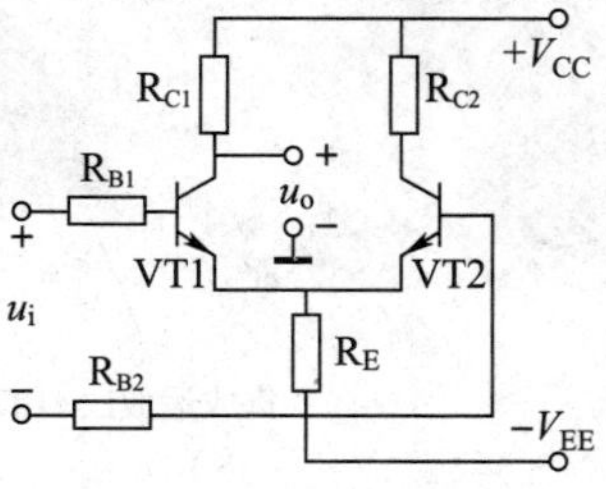	（1）放大倍数为单管放大器的一半 （2）由于 R_E 的共模负反馈作用，K_{CMR} 仍很大 （3）适用于将差分信号转换成单端输出情况
单端输入 双端输出	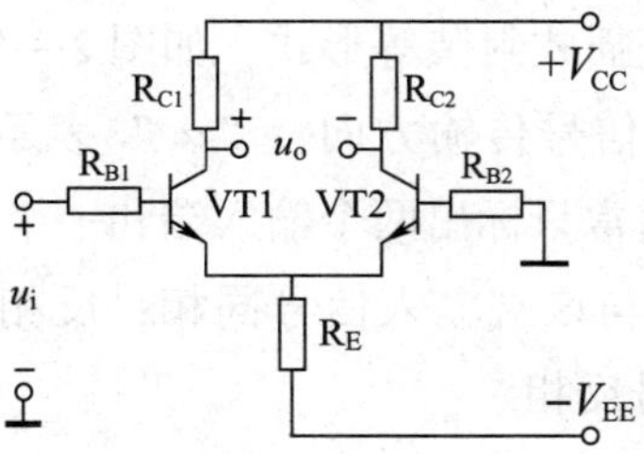	（1）放大倍数与单管放大器相同 （2）当电路对称时，共模抑制比 $K_{CMR}=\infty$ （3）适用于将单端输出转换成双端输出的场合
单端输入 单端输出	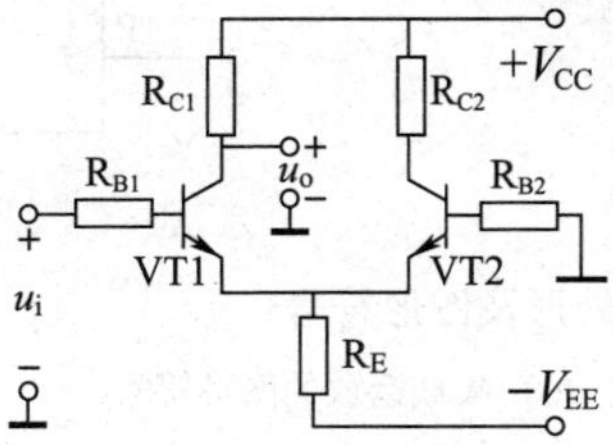	（1）放大倍数为单管放大器的一半 （2）有较高的共模抑制能力 （3）适用于输入输出均要接地的情况

二、集成运算放大器

集成运算放大器简称**集成运放**，它是一种多级直接耦合高增益的集成放大电路，从外特性看，可以将其等效为一个双端输入、单端输出的差分放大器。因其最初多用于模拟信号的数字运算而得名，现已作为一种通用的高性能的放大器件，广泛应用于信号产生、信号处理、自动控制等各个方面，在许多情况下已经取代了分立元件放大器。图 2—42 所示为集成运放的应用电路示例。

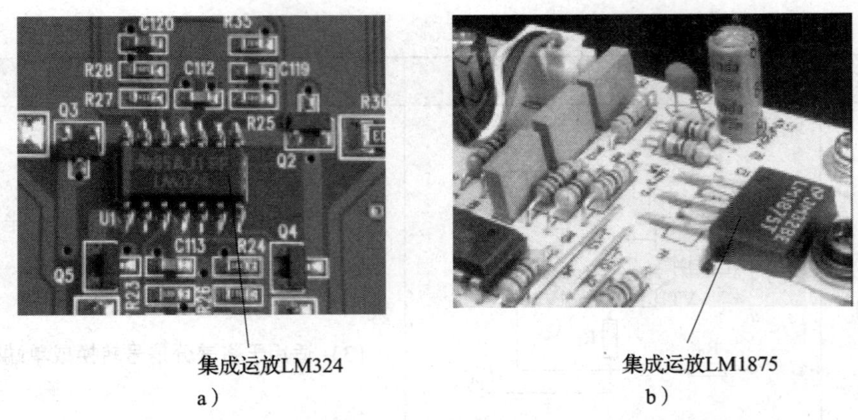

a）　b）

图 2—42　集成运放的应用电路示例

1. 集成运放的外形与图形符号

集成运放主要有金属圆壳式封装、双列直插式封装等形式，如图 2—43a、b 所示。其图形符号如图 2—43c 所示，框内“▷”表示信号传输方向，“∞”表示开环增益极高。虽然集成运放有多个引脚，但在图形符号上通常只标出两个输入端和一个输出端。同相输入端标“+”（或 P），表示相应的输出信号与该端输入信号同相；反相输入端标“-”（或 N），表示相应的输出信号与该端输入信号反相。

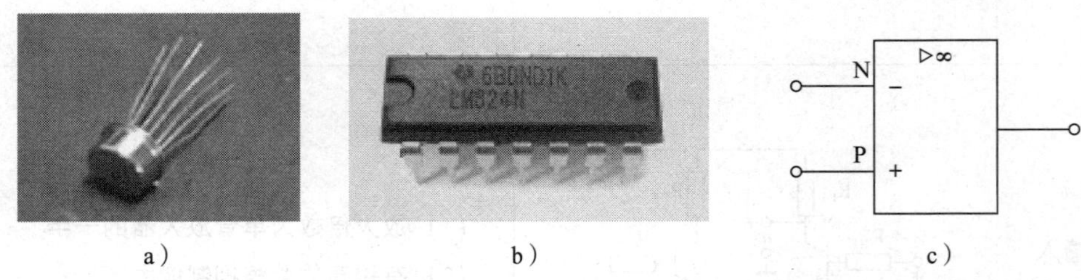

a）　b）　c）

图 2—43　集成运放外形及图形符号

a）金属圆壳式　b）双列直插式　c）集成运放的图形符号

2. 集成运放的内部结构

集成运放的内部结构如图 2—44 所示。

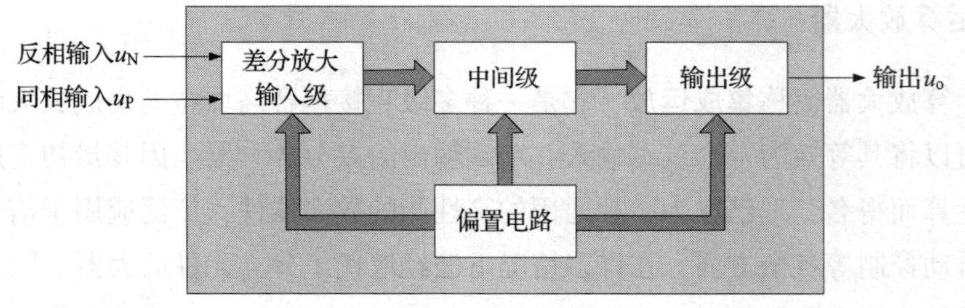

图 2—44　集成运放内部结构框图

（1）输入级

采用差分放大电路，输入电阻高，静态电流小，并能有效抑制零漂，这对于提高集成运放的温度稳定性至关重要。

（2）中间级

主要进行电压放大，要求有较高的电压放大倍数，通常由多级放大器构成，并经常采用复合管。

（3）输出级

为了降低输出电阻，提高带负载能力，通常采用复合管射极输出。

（4）偏置电路

为集成运放各级放大器提供稳定的偏置电流，从而确定合适而稳定的静态工作点。

3．集成运放的电压传输特性

集成运放的输出电压与输入电压（即同相输入端与反相输入端之间的差值电压）之间的关系曲线称为电压传输特性。对于正、负两路电源供电的集成运放，其电压传输特性如图 2—45 所示。

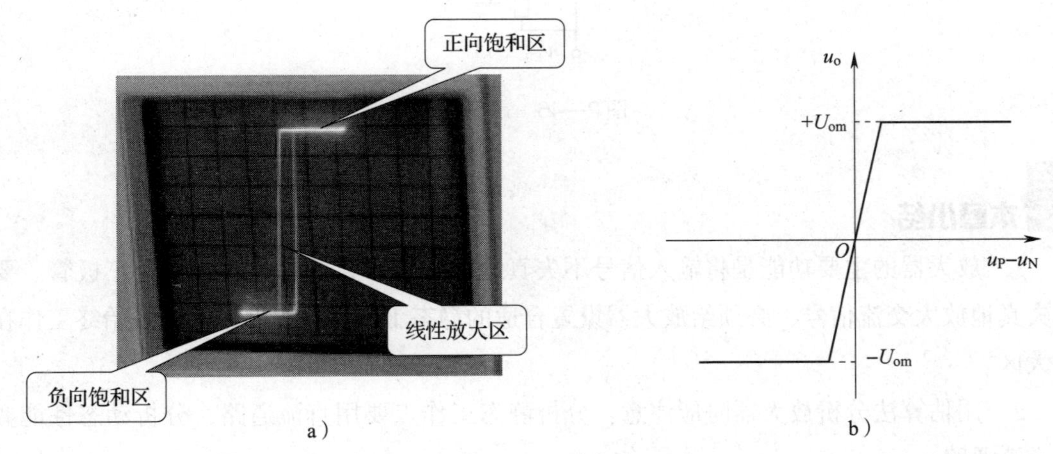

图 2—45　集成运放的电压传输特性

a）实测图形　b）理论图形

可以看到特性曲线中间呈现很陡的斜线部分，上面有一平坦部分，下面也有一平坦部分。中间斜线部分称为**线性放大区**，在此区域内，输出电压随输入电压线性变化。斜线部分很陡，可见电压放大倍数极大。

图 2—45 中斜线以外的部分称为**非线性饱和区**。在非线性区，输出电压只有两种情况，或是正向饱和电压 $+U_{om}$，或是负向饱和电压 $-U_{om}$。

随堂练习

1. 什么是共模信号和差模信号？

2. 差分放大器为什么能抑制零漂？

3. 根据图 2—46 回答下列问题：

(1) 电路采用的是何种输入、输出方式？

(2) 输出电压与输入电压是同相还是反相？

(3) 三极管 VT3 起什么作用？

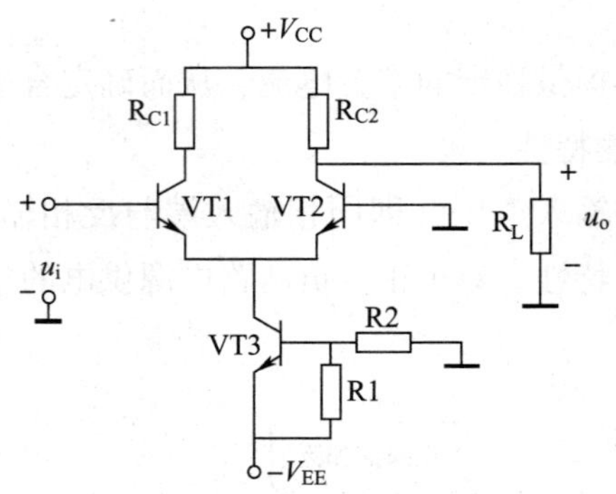

图 2—46　题 3 图

本章小结

1. 放大器的主要功能是将输入信号不失真地放大。放大器的核心元件是三极管。要不失真地放大交流信号，必须给放大器设置合适的静态工作点，以保证三极管始终工作在放大区。

2. 用估算法分析放大器时应注意：分析静态工作点要用直流通路，分析动态性能要用交流通路。

3. 由于温度、电源电压及元件参数变化会使放大器静态工作点参数变动，因此，在实际应用的放大器中必须采取措施稳定静态工作点。分压式偏置放大器是最常用的稳定静态工作点的偏置电路。

4. 用三极管组成的基本放大器有共射、共基、共集三种接法（又称组态）。

共射电路既有电流放大作用又有电压放大作用，但是它的输入电阻较低，在多级放大器中对前级的影响较大；输出电阻较高，带负载能力较差。

共集电路只有电流放大作用，没有电压放大作用。因其输入电阻高而常作为多级放大器的输入级，因其输出电阻低而常作为多级放大器的输出级，因其电压放大倍数接近于 1 而用于信号的跟随。

共基电路只有电压放大作用，没有电流放大作用。因其输入电阻低、输出电阻高，可用于恒流源电路；因其高频特性好，常用于高频振荡器和宽频带放大器。

5．场效应管是一种电压控制型器件，它是利用输入电压产生的电场效应控制输出电流的。场效应管放大器有共源、共漏和共栅三种接法。由于场效应管栅极基本不取电流，所以共源和共漏放大器的输入电阻远比三极管共射、共集放大器的大，而且噪声低，适用于作为多级放大器的输入级。

6．在基本放大器不能满足性能要求时，可采用两种不同接法的放大器构成组合放大器，使电路兼有两种接法的优点。接有发射极电阻或采用有源负载的共射放大器则是从改进偏置电路入手改进其性能。

7．多级放大器的级间耦合方式有阻容耦合、变压器耦合、直接耦合和光电耦合四种。多级放大器的电压放大倍数 A_u 和电压增益 G_u 分别为

$$A_u = A_{u1}A_{u2}\cdots A_{un}$$

$$G_u = G_{u1} + G_{u2} + \cdots + G_{un}$$

多级放大器的输入电阻为第一级的输入电阻，输出电阻为末级的输出电阻。

8．放大器的通频带由上限频率和下限频率之差决定，放大器对通频带范围内的信号实现正常放大。多级放大器的通频带比组成它的每个单级放大器的通频带窄。

9．直接耦合多级放大器的零点漂移主要由温度变化引起。抑制零漂较有效的方法是采用差分放大器。从差分放大器的两个输入端分别输入一对大小相等、极性相反的信号称为差模信号。从差分放大器的两个输入端分别输入一对大小相等、极性相同的信号称为共模信号。差模放大倍数 A_d 反映电路放大差模信号的能力，共模放大倍数 A_c 反映电路抑制共模信号的能力，共模抑制比 K_{CMR} 为 A_d 与 A_c 之比的绝对值。

10．集成运放实际上是一种高性能的直接耦合放大器，从外特性看，可以将其等效成一个双端输入、单端输出的差分放大器。集成运放的电压传输特性分线性区和非线性区两部分。由于集成运放开环电压增益很高，所以线性区范围很窄。非线性区输出电压只有两种情况：$+U_{om}$ 或 $-U_{om}$。

第三章　放大器中的负反馈

反馈是改善放大器性能的重要手段，也是自动控制系统的一个基本概念。实用的放大器几乎没有不采用反馈的，因此，掌握反馈的基本概念和分析方法是研究实用电路的基础。

本章着重讨论放大器中的负反馈。

§3—1　反馈的基本概念

学习目标

1. 理解反馈的概念和反馈的类型。
2. 能判断电路中有无反馈及反馈的类型。

一、反馈的定义

前面已经讨论过分压式偏置放大器（图 3—1），其工作点稳定过程如下：

温度 $T\uparrow\rightarrow I_{CQ}\uparrow\rightarrow I_{EQ}\uparrow\rightarrow U_{EQ}\uparrow\rightarrow U_{BEQ}\downarrow$

$I_{CQ}\downarrow\leftarrow I_{BQ}\downarrow\leftarrow$

当放大器的输出量 I_C 发生变化时，发射极电阻 R_E 将电流 I_E（$I_E\approx I_C$）的变化量转换成电压 U_E 的变化，并回送到输入回路，影响输入量 U_{BE}，导致 I_B 向相反的方向变化，从而使 I_C 趋于稳定。

像这样将输出量（电压或电流）的一部分或全部通过一定的电路形式送回到输入回路，并对输入量产生影响的过程称为**反馈**。

引入了反馈的放大器称为反馈放大器，它由**基本放大器**和**反馈电路（反馈网络）**两部分组成。图 3—2 所示为反馈放大器的方框图，图中⊗称为**比较环节**，输入信号与反馈信号相加，形成基本放大器的**净输入量**，加到基本放大器的输入端，而反馈信号则是由基本放大器的输出端取出，经过**反馈网络**回送到输入端。基本放大器可以是单级，也可以是多级，或是集成放大器；反馈网络可以由电阻、电容、电感等元件组成。反馈网络与基

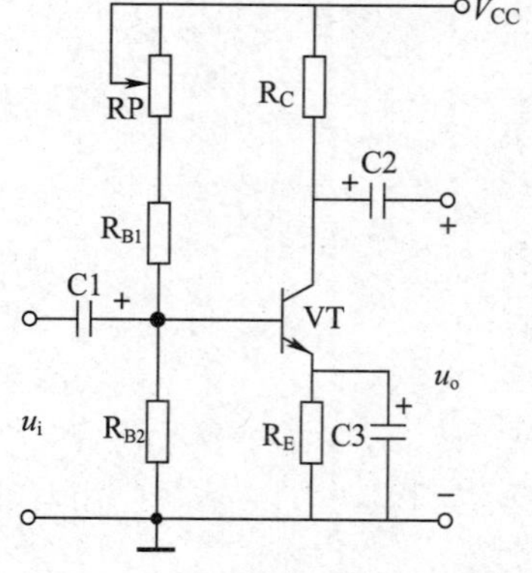

图 3—1　分压式偏置放大器

本放大器组成一个闭环系统，所以把引入反馈的放大器称为**闭环放大器**，而未引入反馈的放大器称为**开环放大器**。

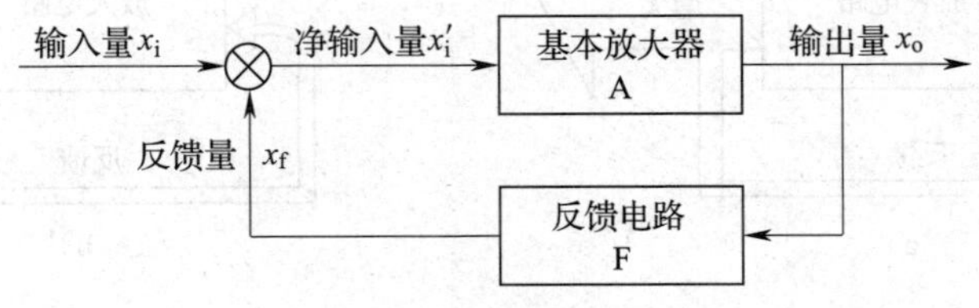

图 3—2 反馈放大器框图

反馈放大器的特征是存在反馈元件，反馈元件联系着放大器的输出与输入，并影响放大器的输入。因此，能否从电路中找到反馈元件是判断有无反馈的依据。在图 3—3a 所示电路中，电阻 R_f跨接在集成运放的输出端与反相输入端之间，使集成运放的净输入量不仅取决于输入信号，还与输出信号有关，所以该电路中引入了反馈。图 3—3b 所示电路中虽然在输出端与同相输入端之间也接有电阻 R，但由于同相输入端接地，所以 R 只不过是集成运放的负载，而不能影响输入，可见 R 不是反馈元件，电路中没有引入反馈。

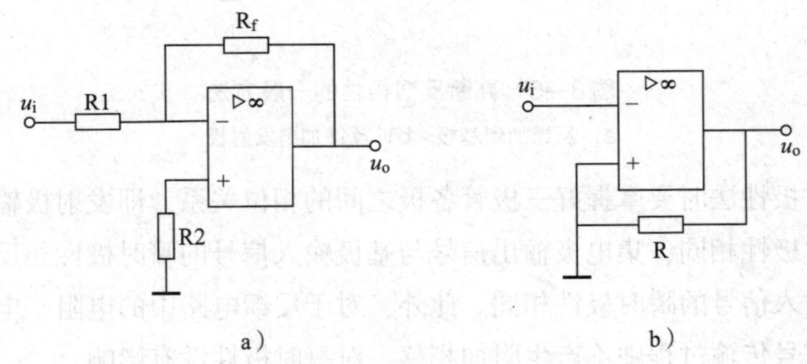

图 3—3 判别有无反馈

a）有反馈 b）无反馈

二、反馈的类型

1. 正反馈和负反馈

根据反馈极性的不同，可将反馈分为正反馈和负反馈。使放大器净输入量增大的反馈称为正反馈，使放大器净输入量减小的反馈称为负反馈，如图 3—4 所示。放大器中主要采用负反馈，正反馈多用于振荡电路中。

判断反馈极性通常采用**瞬时极性法**。假设加到三极管基极的输入信号瞬时极性为“+”，若送回基极的反馈信号瞬时极性为“-”，则为负反馈；反之，则为正反馈，如图 3—5a 所示。若送到发射极的反馈信号瞬时极性为“+”，则为负反馈；反之，则为正反馈，如图 3—5b 所示。

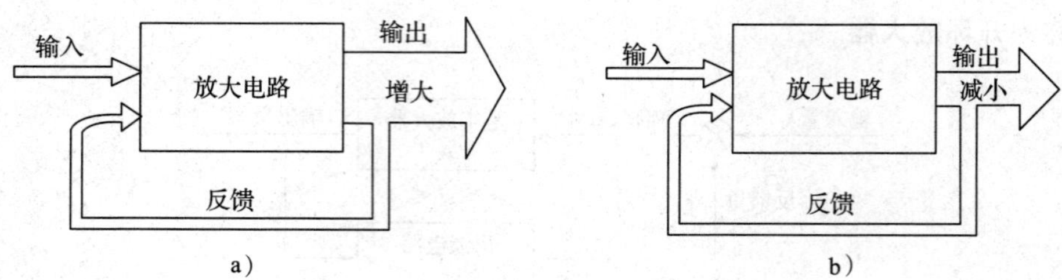

图 3—4　正反馈和负反馈

a）正反馈　b）负反馈

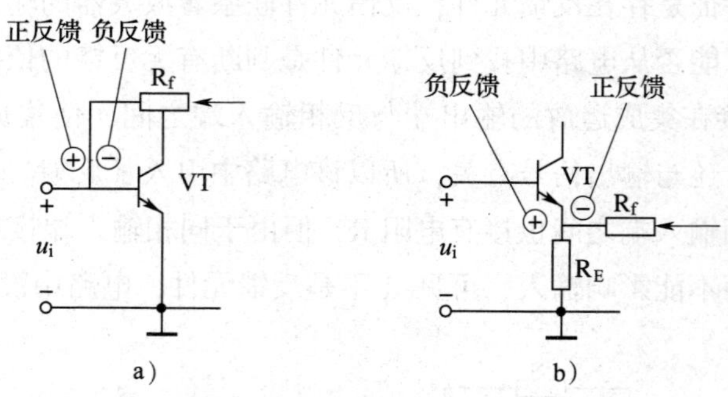

图 3—5　判断反馈极性的一般方法

a）反馈加到基极　b）反馈加到发射极

在运用瞬时极性法时要掌握好三极管各极之间的相位关系，即发射极输出信号与基极输入信号的瞬时极性相同，集电极输出信号与基极输入信号的瞬时极性相反，集电极输出信号与发射极输入信号的瞬时极性相同。此外，对于反馈电路中的电阻、电容等元件，一般认为它们的信号传输过程中不产生附加相移，对瞬时极性没有影响。

【例 3—1】　在图 3—6 所示电路中，设基极输入信号瞬时极性为“＋”，则加到发射极的反馈信号瞬时极性也为“＋”，净输入信号 $u_{be}=u_i-u_f$，可见反馈导致放大器净输入信号减小，故为负反馈。

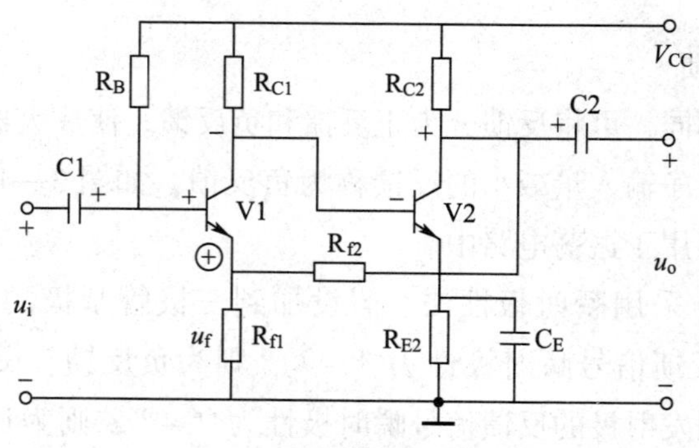

图 3—6　判断反馈极性（一）

【例 3—2】 在图 3—7a 所示电路中，净输入信号 $u'_{i}=u_{P}-u_{N}=u_{i}-u_{f}$，运用瞬时极性法可知，反馈信号 u_{f} 导致净输入信号 u'_{i} 减小，说明电路引入了负反馈。而在图 3—7b 所示电路中，反馈信号却使输入信号增大，说明电路引入的是正反馈。

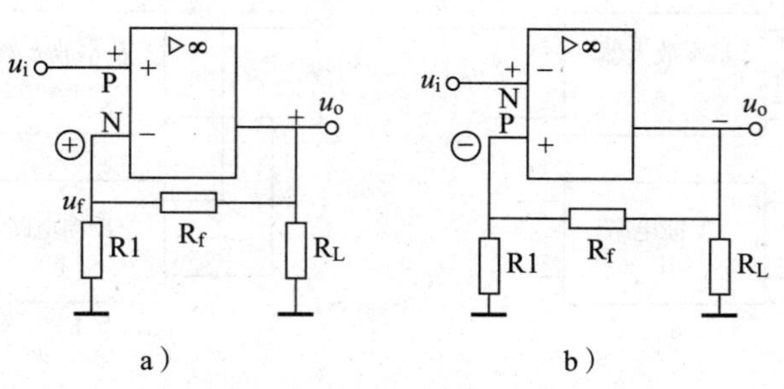

图 3—7　判断反馈极性（二）

a）负反馈　b）正反馈

2. 电压反馈和电流反馈

根据反馈信号从输出端取样方式的不同，可分为电压反馈与电流反馈。如果反馈信号取自放大器的输出电压，则称为电压反馈；如果反馈信号取自放大器的输出电流，则称为电流反馈。电压反馈的取样环节与放大器输出端并联，电流反馈的取样环节与放大器输出端串联，如图 3—8 所示。

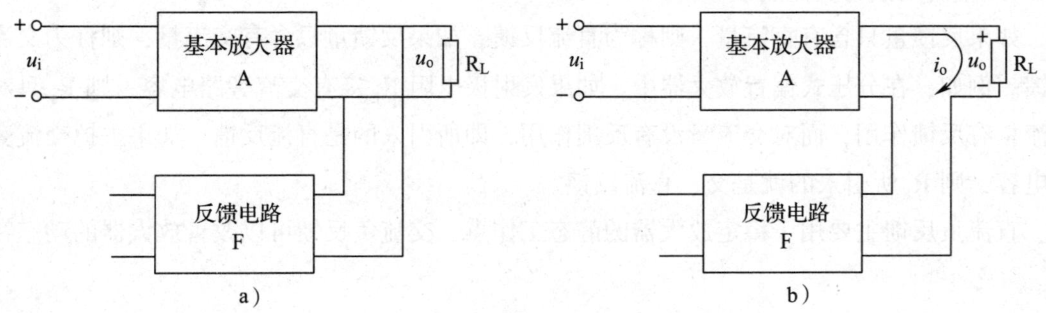

图 3—8　反馈电路在输出端的取样分析

a）电压反馈　b）电流反馈

判别电压反馈与电流反馈可采用**输出短路法**，即将负载短路，使输出电压为零，若反馈信号也为零，则为电压反馈，否则便是电流反馈。

3. 串联反馈和并联反馈

根据反馈信号与输入信号连接方式（也称比较方式）的不同，可分为串联反馈与并联反馈。如果反馈信号在输入端是与信号源串联的，称为串联反馈；如果反馈信号在输入端是与信号源并联的，称为并联反馈，如图 3—9 所示。在串联反馈中，反馈信号以电压形式出现，净输入电压 $u'_{i}=u_{i}-u_{f}$；在并联反馈中，反馈信号以电流形式出现，净输入电流$i_i' = i_i - i_f$。一般当放大器的输入信号由内阻很低的电压源提供时，应采用串联反馈；当放大器的输入信号由内阻很高的电流源提供时，应采用并联反馈。

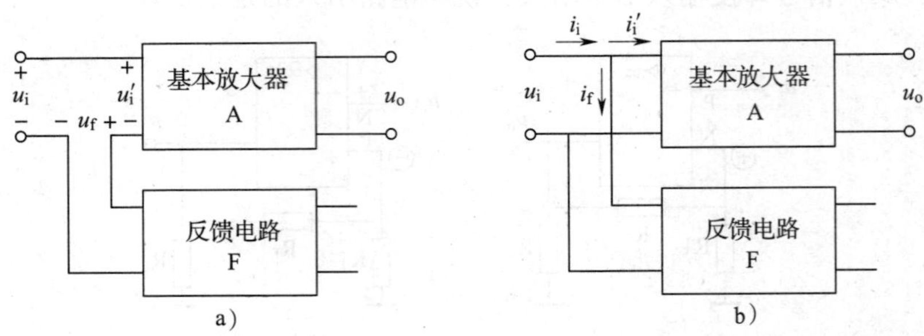

图 3—9　反馈信号与输入信号的连接方式

a）串联反馈　b）并联反馈

判断串联反馈与并联反馈可采用**输入短路法**，即将输入端短路，如反馈信号同时被短路，即净输入信号为零，则为并联反馈；否则为串联反馈。也可以从反馈电路在输入端的连接方式来判别，若输入信号和反馈信号分别从不同端引入，为串联反馈；若二者从同一端引入，则为并联反馈。例如，图 3—9a 所示为串联反馈，图 3—9b 所示则为并联反馈。

4．直流反馈与交流反馈

如果反馈量只含有直流量，则称为直流反馈；如果反馈量只含有交流量，则称为交流反馈。例如，在分压式偏置放大器中，如果发射极电阻 R_E 接有交流旁路电容，则 R_E 只对直流量有反馈作用，而对交流量没有反馈作用，即所引入的是直流反馈。如果去掉交流旁路电容，则 R_E 所引入的就是交、直流反馈。

直流负反馈主要用于稳定放大器的静态工作点，交流负反馈可以改善放大器的动态特性。

三、反馈类型的判断

根据反馈网络与基本放大器连接方式的不同，负反馈放大电路有四种基本类型，即电压串联负反馈、电流串联负反馈、电压并联负反馈和电流并联负反馈。

【例 3—3】　判断图 3—10 所示电路的反馈类型。

解：

（1）先看输出端，判断是电压反馈还是电流反馈。

当输出端被分别短路后，图 3—10a 电路中 u_f 即消失，图 3—10b 电路中 i_{e2} 和 i_f 却依然存在，所以图 3—10a 电路是电压反馈，图 3—10b 电路是电流反馈。

（2）再看输入端，判断是串联反馈还是并联反馈。

图 3—10a 电路中，净输入 $u'_i = u_i - u_f$，当输入端被短路后，u_f 依然存在，所以是串联反馈。图 3—10b 电路中，净输入 $i'_i = i_i - i_f$，当输入端被短路后，净输入即为零，所以是并联反馈。

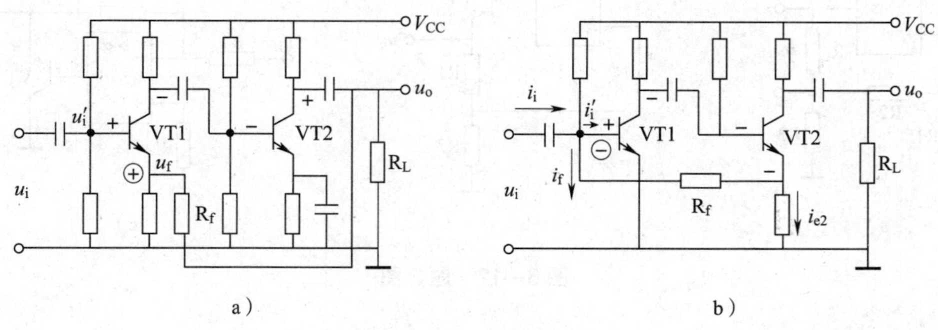

图 3—10　判断反馈类型

（3）最后用瞬时极性法判断反馈极性。

假设输入信号 u_i 瞬时极性为“＋”，依信号流向标出各点极性，可知图 3—10a 电路中反馈到发射极的信号 u_f 极性为“＋”，净输入 u'_i 为 u_i 与 u_f 同极性相减，即 $u'_i = u_i - u_f$，净输入量减小，所以是负反馈。在图 3—10b 电路中，反馈到基极的信号极性为“－”，i_f 增大，净输入 i'_i 减小，所以也是负反馈。

综上所述，图 3—10a 电路中 R_f 引入的是电压串联负反馈，图 3—10b 电路中 R_f 引入的是电流并联负反馈。

随堂练习

1．判断图 3—11 所示各电路的反馈类型（只判断级间反馈类型）。假设图中所有电容对交流信号均可视为短路。

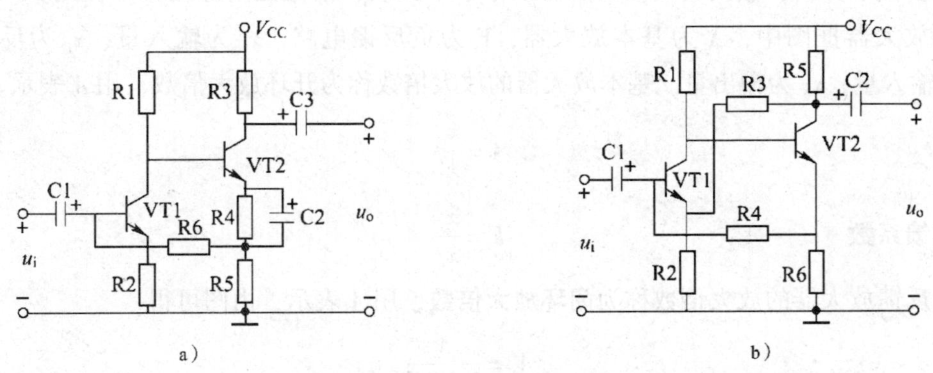

图 3—11　题 1 图

2. 判断图 3—12 所示各电路的反馈类型。

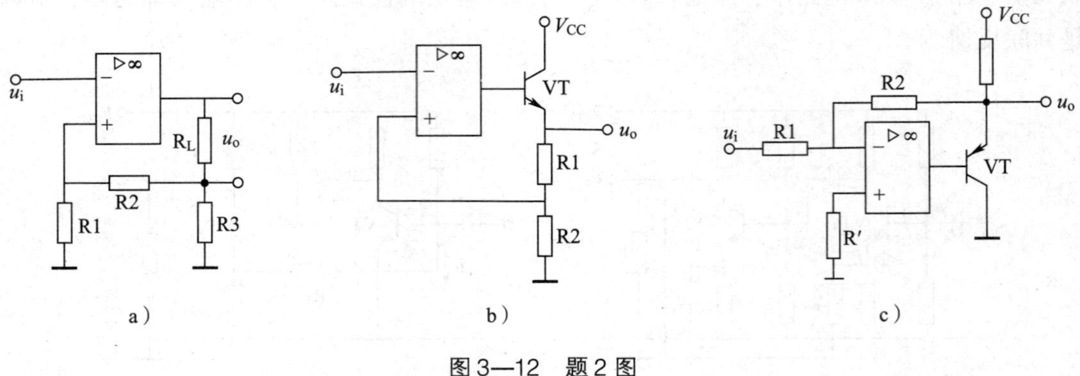

图 3—12　题 2 图

§3—2　负反馈对放大器性能的影响

学习目标

1. 理解负反馈对放大器性能的影响。
2. 掌握深度负反馈条件下闭环放大倍数的估算方法。
3. 理解“虚断”和“虚短”的概念。
4. 能安装、检测和分析负反馈放大器。

一、负反馈对放大器性能的影响

1. 放大倍数下降，但稳定性能提高

为了便于分析，假设负反馈放大器工作于中频段，信号无附加相移。在图 3—2 所示负反馈放大器框图中，A 为基本放大器，F 为负反馈电路，x_i 为输入量，x_f 为反馈量，x_i'为净输入量，x_o 为输出量。基本放大器的放大倍数称为开环放大倍数，用 A 表示。

$$A=\frac{x_o}{x_i'}$$

反馈系数

$$F=\frac{x_f}{x_o}$$

负反馈放大器的放大倍数称为**闭环放大倍数**，用 A_f表示，由图可得

$$A_f=\frac{A}{1+AF}$$

由上式可知，引入负反馈后，放大器的闭环放大倍数衰减为开环放大倍数的 $1/(1+AF)$。通常将 $(1+AF)$ 称为**反馈深度**。当 $(1+AF)\gg 1$ 时，称为**深度负反馈**。此时，闭

环放大倍数为

$$A_f \approx \frac{1}{F}$$

上式表明，在深度负反馈条件下，放大器的闭环放大倍数与开环放大倍数无关，它不再受放大器各种参数的影响，而只由反馈系数 F 决定。此时，只要采用高稳定性的反馈元件，闭环放大倍数 A_f 也就能获得很高的稳定性。

2. 减小了非线性失真

当放大器输入正弦信号时，由于三极管的输入与输出特性，有可能使放大器输出信号的波形正、负半周幅度不一致，即产生非线性失真。例如，图 3—13a 中输出的失真波形正半周大，负半周小。

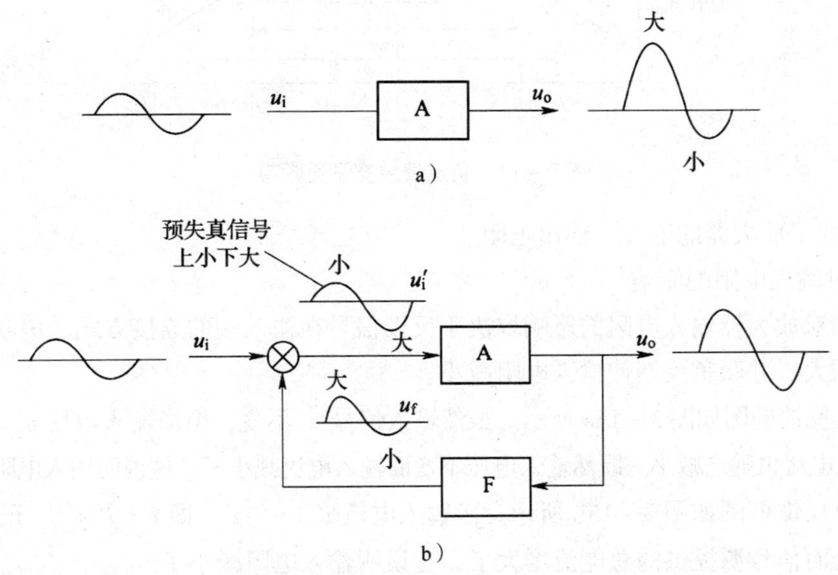

图 3—13　负反馈减小非线性失真

a）无负反馈时的非线性失真　b）负反馈减小了非线性失真

引入负反馈后，如图 3—13b 所示，负反馈信号 u_f 与输入信号 u_i 进行叠加后使净输入信号 u_i' 正半周小，负半周大。这样的**预失真信号**经过放大后恰好得到补偿，使输出信号正、负半周幅度接近相等，从而减小了非线性失真。应当注意的是，引入负反馈并不能彻底消除非线性失真。此外，如果输入信号本身就有失真，引入负反馈也无法改善，因为负反馈所能改善的只是放大器本身所引起的非线性失真。

3. 展宽了通频带

放大器引入负反馈后，放大倍数下降，但放大倍数的稳定性得以提高，由于频率不同而引起的放大倍数的变化也因此而减小。在不同频段放大倍数的下降幅度不同，中频段原放大倍数最大，反馈信号也相应较大，所以放大倍数下降较多；而在高频段和低频段，由于原放大倍数较小，反馈信号也相应较小，所以放大倍数下降较小，结果使放大器的幅频特性趋于平缓，即通频带展宽了，如图 3—14 所示。设放大器原通频带为 f_{BW}，引入负反馈后通频带为 f_{BWf}，可以证明：

$$f_{BWf}=(1+AF)\ f_{BW}$$

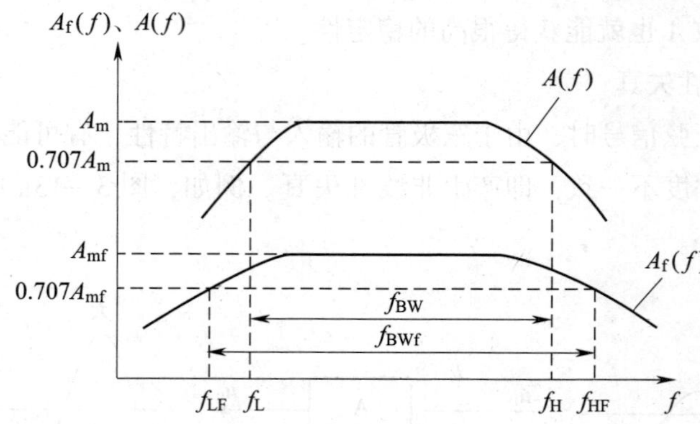

图 3—14　负反馈展宽了通频带

4. 改变了放大器的输入、输出电阻

（1）对输入电阻的影响

负反馈对放大器输入电阻的影响取决于反馈信号在输入端的连接方式。串联负反馈使输入电阻增大，并联负反馈使输入电阻减小。

串联负反馈框图如图 3—15a 所示。虽然输入信号 u_i 不变，但净输入电压 $u_i'=u_i-u_f$ 减小了，输入电流也随之减小。既然输入电压不变而输入电流减小了，这说明输入电阻增大了。

并联负反馈框图如图 3—15b 所示。净输入电流 $i_i'=i_i-i_f$，即 $i_i=i_i'+i_f$。既然输入信号电压不变而信号源提供的总电流增大了，这说明输入电阻减小了。

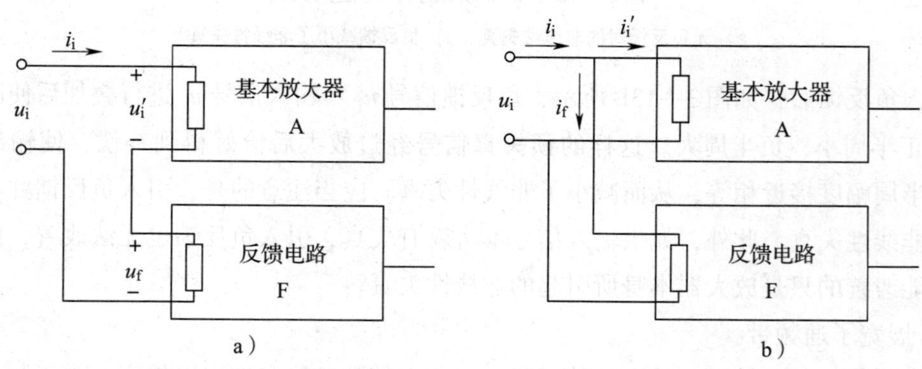

图 3—15　负反馈对输入电阻的影响

a）串联负反馈　b）并联负反馈

(2) 对输出电阻的影响

负反馈对放大器输出电阻的影响取决于反馈信号从输出端的取样方式。电压负反馈使输出电阻减小，电流负反馈使输出电阻增大。

电压负反馈具有稳定输出电压的作用，即当负载变化时，输出电压的变化很小，这相当于输出等效电源的内阻减小了，也就是输出电阻减小了。

电流负反馈具有稳定输出电流的作用，即当负载变化时，输出电流的变化很小，这相当于输出等效电源的内阻增大了，也就是输出电阻增大了。

二、深度负反馈

放大器中所引入的负反馈大多为深度负反馈，掌握深度负反馈的特点，会对负反馈放大器的分析和计算带来很大方便。

如前所述，当 $(1+AF)\gg 1$ 时，称为深度负反馈，此时闭环放大倍数为

$$A_f \approx \frac{1}{F}$$

由于

$$F \approx \frac{x_f}{x_o}$$

所以

$$A_f \approx \frac{1}{F} = \frac{x_o}{x_f}$$

又由于

$$A_f = \frac{x_o}{x_i}$$

所以 $x_i \approx x_f$，并有 $x_i' = x_i - x_f \approx 0$。

可见深度负反馈的实质是在近似分析中可忽略净输入量。当引入深度串联负反馈时，可忽略净输入电压 u_i'，即

$$u_i \approx u_f$$

当引入深度并联负反馈时，可忽略净输入电流 i_i'，即

$$i_i \approx i_f$$

通常将忽略净输入电压称为虚拟短路，简称“**虚短**”；忽略净输入电流称为虚拟断路，简称“**虚断**”。利用“虚短”和“虚断”特性，可以大大简化对深度负反馈放大器放大倍数的计算。

随堂练习

简述负反馈对放大器性能的影响。

职业能力培养

在电子电路中，负反馈可以用来提高放大器工作的稳定性；而在自动控制系统中，负

反馈技术同样也可以用来稳定系统的工作状态。具体地说，就是将控制系统的输出量与参考输入量进行比较，再利用偏差量进行调节，从而使自动控制系统按照给定的参考输入变化。因此，可以在没有人直接参与的情况下，利用控制装置使整个生产过程或工作机械自动地按预先规定的规律运行，达到要求的指标，或使它的某些物理量按预定的要求变化。试以空调器为例，应用负反馈原理，说明当温度变化时，空调器通过自动控制稳定温度的过程。也可列举其他生产和生活中的应用实例来进行分析。

实训项目 3

负反馈对放大器性能的影响

一、实训目的

1. 能安装和测试负反馈放大器。
2. 通过测试分析，加深理解负反馈对放大器性能的影响。

二、实训电路

负反馈放大器电路如图 3—16 所示。

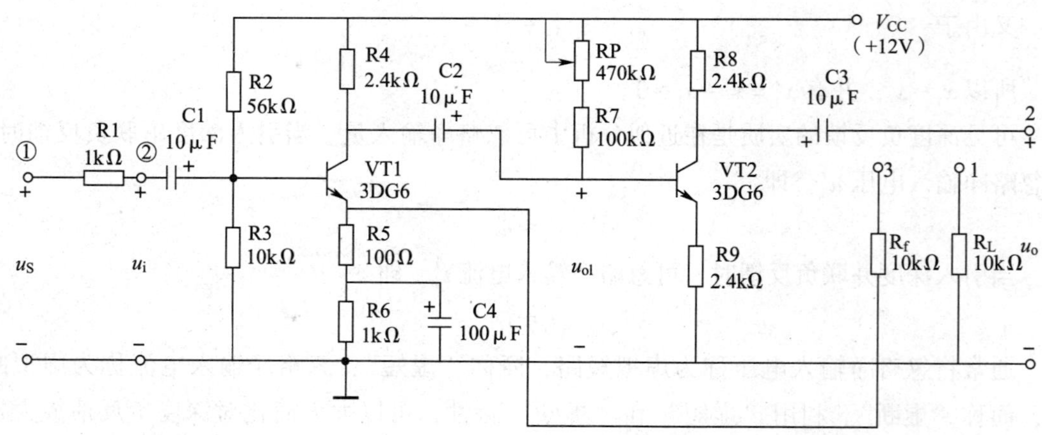

图 3—16　负反馈放大器

三、器材准备

低频信号发生器、示波器、直流稳压电源各 1 台，常用电子组装工具 1 套。

元器件型号规格见表 3—1。

表 3—1　　元器件明细表

代号	名称	型号规格	检测结果
R1、R6	电阻器	1 kΩ	实测值：
R2	电阻器	56 kΩ	实测值：
R3、R_f、R_L	电阻器	10 kΩ	实测值：
R4、R8、R9	电阻器	2.4 kΩ	实测值：
R5	电阻器	100 Ω	实测值：
R7	电阻器	100 kΩ	实测值：
RP	微调电位器	470 kΩ	质量：
C1、C2、C3	电解电容器	10 μF/16 V	质量：
C4	电解电容器	100 μF/16 V	质量：
VT1、VT2	三极管	3DG6	质量：

四、安装调试

1．按图 3—16 所示电路原理图，在通用电路板上画出安装布线图。

2．对电路中使用的元器件进行检测，并将检测结果记入表 3—1。

3．按工艺要求对元器件引脚进行成形加工，并参考图 3—17 安装焊接电路。经检查无误后，接通 12 V 直流稳压电源。

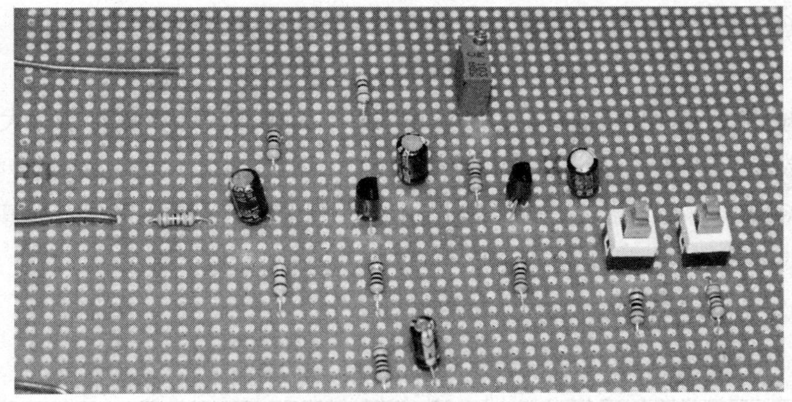

图 3—17　负反馈放大器安装实物图

4．调整静态工作点

调节电位器 RP，使 VT2 管集电极电流为 1.5 mA。然后测量 VT1、VT2 管的静态工作点电压，记入表 3—2 中。

表 3—2　　VT1、VT2 管的静态工作点电压

	U_B	U_E	U_C	I_E
VT1				
VT2				

5. 观测负反馈对放大器放大倍数的影响

设置低频信号发生器，给电路输入幅度为 50 mV、频率为 1 kHz 的正弦信号。按如下实验步骤进行操作，并将实验结果记录在表 3—3 中。

（1）测量没有反馈时的输入电压、输出电压，并计算得出此时的放大倍数。

（2）用短路线连接 2 端与 3 端，测量有负反馈时的输入、输出电压，并计算得出此时的放大倍数。

（3）比较两种不同情况下放大倍数的变化。

表 3—3　　负反馈对放大器放大倍数的影响

	输入电压	输出电压	放大倍数
无反馈			
有负反馈			

6. 通过变动负载，观测负反馈对放大倍数稳定性的影响

按如下实验步骤进行操作，并将实验结果记录在表 3—4 中。

（1）测量没有反馈时的输入、输出电压。计算无负反馈、负载开路时的放大倍数。

（2）用短路线连接 2 端与 1 端，测量输入、输出电压。计算无负反馈、带负载时的放大倍数。

（3）用短路线连接 2 端与 3 端，测量输入、输出电压。计算负反馈放大器负载开路时的放大倍数。

（4）用短路线连接 2 端与 3 端、2 端与 1 端，测量输入、输出电压。计算负反馈放大器带负载时的放大倍数。

（5）比较以上不同情况下放大倍数的相对变化量。

表 3—4　　负反馈对放大倍数稳定性的影响

		输入电压	输出电压	放大倍数	放大倍数相对变化
无反馈	负载开路				
	带负载				
有负反馈	负载开路				
	带负载				

7．观测负反馈对输入电阻的影响

（1）不带负反馈，在实验电路的①端加入频率为 1kHz 的正弦信号 u_S，调节电位器 RP 的大小，用示波器观察放大器输出电压波形，在波形不失真的条件下，用毫伏表测量信号源电压 u_S，再测量基本放大器输入电压 u_i，通过计算可得出无负反馈时电路的输入电阻。

（2）用短路线连接 2 端与 3 端，重复上述步骤，通过计算可得出有负反馈时电路的输入电阻。将实验结果记入表 3—5 中，并做比较。

表 3—5　负反馈对输入电阻的影响

	输入信号源电压 U_S	输入电压 U_i	输入电阻 $\left(\frac{U_i}{U_S-U_i}R_1\right)$
无反馈			
有负反馈			

8．观测负反馈对输出电阻的影响

（1）不带负载与反馈，在实验电路的①端加入频率为 1kHz 的正弦信号 u_S，调节电位器 RP 的大小，用示波器观察放大器输出电压波形，在波形不失真的条件下，用毫伏表测量无负载时的输出电压，再用短路线连接 2 端与 1 端，用毫伏表测量有负载时的输出电压，通过计算可得出无负反馈时电路的输出电阻。

（2）用短路线连接 2 端与 3 端，重复上述步骤，通过计算可得出有负反馈时电路的输出电阻。将实验结果记入表 3—6 中，并做比较。

表 3—6　负反馈对输出电阻的影响

	无负载时的输出电压 U_o	有负载时的输出电压 U_L	输出电阻 $\left[\left(\frac{U_o}{U_L}-1\right)R_L\right]$
无反馈			
有负反馈			

五、实训总结

1．整理、分析测试数据。

2．撰写详细的实训总结报告。

六、测评记录

按表 3—7 所列项目进行测评，并做好记录。

表 3—7　　测评记录表

序号	测评项目	配分（分）	得分（分）
1	按工艺要求安装焊接电路	2	
2	调整静态工作点	2	
3	整理、分析测试数据	2	
4	完成详细的实训总结报告	4	

§3—3　四种负反馈放大器性能分析

学习目标

1. 了解四种负反馈放大器的连接方式和性能特点。
2. 理解信号源内阻与放大器反馈类型的关系。

根据基本放大器与反馈电路之间的连接方式不同，负反馈放大器可分为电压串联负反馈、电压并联负反馈、电流串联负反馈和电流并联负反馈四种。反馈类型不同，它们对放大器性能的影响也各不相同。

一、电压串联负反馈

图 3—18a 所示为射极输出器，它和图 3—18b 所示电路都属于电压串联负反馈电路。

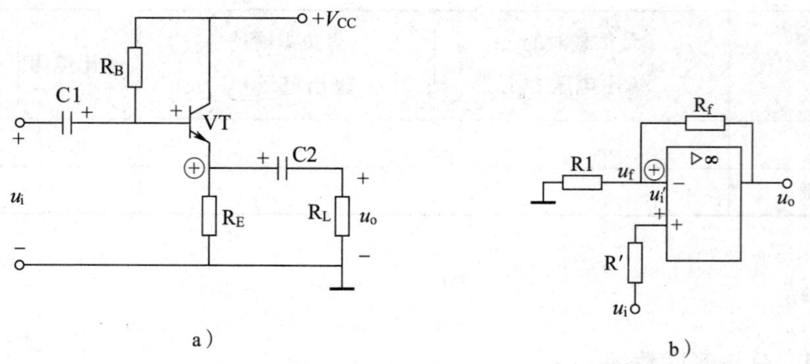

图 3—18　电压串联负反馈放大器

a）分立元件电路　b）集成运放组成的电路

该电路的特点如下所述。

1．能稳定输出信号电压。例如，由于某种原因使输出电压减小时，就会产生如下调节过程：

$$u_o\downarrow\rightarrow u_f\downarrow\rightarrow u_{BE}\ (u_i')\uparrow\rightarrow u_o\uparrow$$

2. 在图 3—18a 所示电路中，反馈系数 $F=\frac{u_f}{u_o}=1$，输出电压全部反馈到输入回路，属于深度负反馈，故闭环电压放大倍数为

$$A_f\approx\frac{1}{F}=1$$

3. 输入电阻高，输出电阻低。

4. 信号源内阻较小时，反馈效果好。因为信号源内阻越小，其内阻压降对输入信号 u_i 的影响越小，净输入信号主要受反馈信号 u_f 的影响，所以反馈效果好。

二、电压并联负反馈

图 3—19 所示为电压并联负反馈放大器。

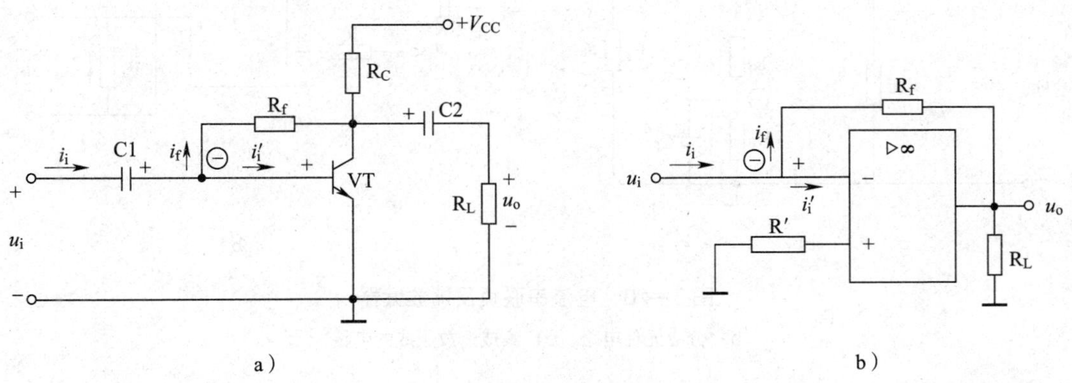

图 3—19　电压并联负反馈放大器

a）分立元件电路　b）集成运放组成的电路

该电路的特点如下所述。

1. 能稳定输出信号电压。例如，当输出电压增大时，图 3—19a 所示电路的自动调节过程如下：

$$u_o\uparrow\rightarrow i_f\uparrow\rightarrow i_i'\downarrow\rightarrow i_C\downarrow\rightarrow u_o\downarrow$$

2. 输入和输出电阻都较低。

3. 信号源内阻较大时，反馈效果好。因为信号源内阻越大，越接近恒流源，反馈电

流对净输入电流的影响越大，反馈效果越明显。如果信号源内阻为零，净输入电流恒定不变，则无论反馈电流多大，也无法调节净输入电流的大小，反馈就不起作用了。

在图 3—19b 所示电路中，若集成运放的 A_{ud}和 r_i趋于无穷大，则其净输入电压和净输入电流均可忽略不计，可得输出电压为

$$u_o \approx -R_f i_i$$

由上式可知，在 i_i一定的情况下，u_o 的大小只和 R_f的阻值有关，当 R_L变化时，u_o 基本不变，电路近似为恒压源，其输出电阻趋于零。

有关集成运放电路的工作特点，将在下一章详细讨论。

三、电流串联负反馈

图 3—20 所示为电流串联负反馈放大器。

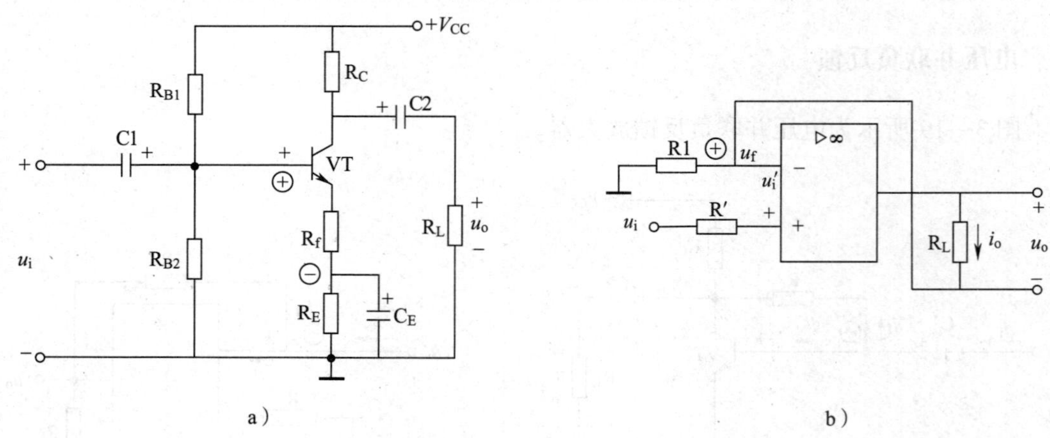

图 3—20　电流串联负反馈放大器

a）分立元件电路　b）集成运放组成的电路

该电路的特点如下所述。

1. 能稳定输出信号电流。例如，当 i_C（i_o）减小时，电路的自动调节过程如下：

$$i_C(i_o)\downarrow \rightarrow u_f \downarrow \rightarrow u_{BE}(u_i')\uparrow \rightarrow i_C(i_o)\uparrow$$

2. 输入和输出电阻都较高。
3. 信号源内阻较小时，反馈效果好。

四、电流并联负反馈

图 3—21 所示为电流并联负反馈放大器。

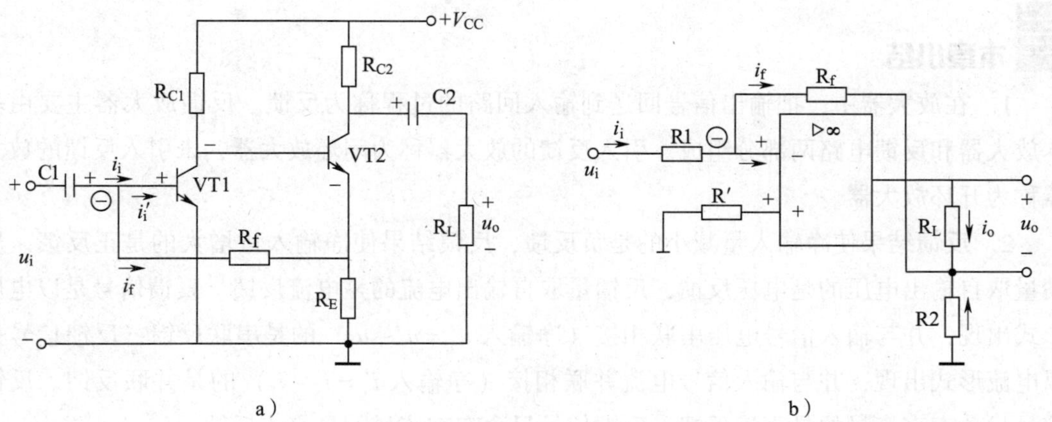

图3—21 电流并联负反馈放大器

a）分立元件电路 b）集成运放组成的电路

该电路的特点如下所述。

1. 能稳定输出信号电流。例如，当 i_{C2} 增大时，图3—21a 所示电路的自动调节过程如下：

$$i_{C2}\uparrow\rightarrow i_f\downarrow\rightarrow i'_i\uparrow\rightarrow i_{C1}\uparrow\rightarrow u_{B2}\downarrow$$

$$i_{C2}\downarrow\longleftarrow i_{B2}\downarrow\longleftarrow$$

在图3—21b 所示电路中，$i_i\approx i_f=-\dfrac{R_2}{R_f+R_2}i_o$，可得输出电流为

$$i_o\approx-\left(1+\frac{R_f}{R_2}\right)i_i$$

由上式可知，在 i_i 一定的情况下，i_o 的大小只和 R_f、R2 的阻值有关，当 R_L 变化时，i_o 基本不变。

2. 输入电阻低，输出电阻高。

3. 信号源内阻大时，反馈效果好。

随堂练习

1. 如果需要实现下列要求，交流放大电路中应引入哪种类型的负反馈？

（1）要求输出电压基本稳定，并能提高输入电阻。

（2）要求输出电流基本稳定，并能提高输入电阻。

（3）要求提高输入电阻，减小输出电阻。

2. 为获得一个电压控制的电流源，应采用何种类型的负反馈？为获得一个电流控制的电流源，又应采用何种类型的负反馈？

本章小结

1．在放大器中，把输出信号回送到输入回路的过程称为反馈。反馈放大器主要由基本放大器和反馈电路两部分组成。引入反馈的放大器称为闭环放大器，未引入反馈的放大器称为开环放大器。

2．反馈结果使净输入量减小的是负反馈，反馈结果使净输入量增大的是正反馈。反馈量取自输出电压的是电压反馈，反馈量取自输出电流的是电流反馈。反馈信号是以电压形式出现，并与输入信号电压串联相接（净输入 $u_i' = u_i - u_f$）的是串联反馈；反馈信号是以电流形式出现，并与输入信号电流并联相接（净输入 $i_i' = i_i - i_f$）的是并联反馈。反馈信号只含有直流量的是直流反馈，反馈信号只含有交流量的是交流反馈。

3．判断反馈极性采用瞬时极性法，根据反馈信号对净输入信号起削弱还是增强作用来判断是负反馈还是正反馈。判断是电压反馈还是电流反馈可采用输出短路法，设输出电压等于零，若反馈量随之为零，则为电压反馈；若反馈量依然存在，则为电流反馈。判断是串联反馈还是并联反馈可采用输入短路法，若输入端短路后反馈量依然存在，则为串联反馈，否则为并联反馈。

4．负反馈对放大器的性能有多方面的影响，可以提高放大倍数的稳定性、减小非线性失真、展宽通频带、改变输入和输出电阻等。在实用电路中应根据不同要求引入合适的反馈。

表 3—8 列出了四种不同类型负反馈放大器的特点。

表 3—8　　四种不同类型负反馈放大器的特点

反馈类型	输入电阻	输出电阻	电路功能
电压串联负反馈	大	小	输入电压→输出电压
电压并联负反馈	小	小	输入电流→输出电压
电流串联负反馈	大	大	输入电压→输出电流
电流并联负反馈	小	大	输入电流→输出电流

5．负反馈放大器闭环放大倍数的一般表达式为

$$A_f = \frac{A}{1 + AF}$$

式中，$(1 + AF)$ 称为反馈深度，当 $(1 + AF) \gg 1$ 时，称为深度负反馈。此时的闭环放大倍数为

$$A_f \approx \frac{1}{F}$$

即 $x_i \approx x_f$。若电路引入深度串联负反馈，可忽略净输入电压 u_i'，则 $u_i \approx u_f$，称为“虚短”；若电路引入深度并联负反馈，可忽略净输入电流 i_i'，则 $i_i \approx i_f$，称为“虚断”。

第四章　集成运算放大器的应用

第二章已对集成运放做了初步介绍，本章将进一步介绍集成运放的主要参数和类型，并着重讨论集成运放在线性和非线性状态下的典型应用。

§4—1　集成运放的主要参数和工作特点

1. 了解集成运放的主要参数。
2. 掌握理想集成运放工作于线性状态的特点。
3. 掌握理想集成运放两种基本放大器的组成和工作特点。
4. 能安装和调试用集成运放组成的比例运算电路。

一、集成运放的主要参数

1. 开环差模电压放大倍数 A_{ud}

开环差模电压放大倍数指集成运放在无反馈情况下的差模电压放大倍数，一般为 $1\times10^3\sim1\times10^7$（60 ~ 140 dB）。高增益的集成运放 A_{ud} 可达 170 dB 以上。

2. 开环差模输入电阻 r_i

开环差模输入电阻指差模输入时，集成运放的开环输入电阻，一般在几十千欧到几十兆欧之间。国产高输入阻抗集成运放的 r_i 目前可达 1×10^{12} Ω 以上。

3. 开环输出电阻 r_o

开环输出电阻指集成运放无反馈情况下的输出电阻，一般在 20 ~ 200 Ω 之间，r_o 越小，带负载能力越强。如集成运放 μA741 的 r_o 为 75 Ω。

4. 共模抑制比 K_{CMR}

共模抑制比定义为开环差模电压放大倍数与闭环共模电压放大倍数之比的绝对值。因为集成运放的共模抑制比数值很大，故通常用分贝表示。即

$$K_{CMR}=20\lg\left|\frac{A_{ud}}{A_{uc}}\right|\ \text{(dB)}$$

K_{CMR} 越大，表明集成运放对共模信号的抑制能力越强。一般应在 80 dB 以上。

5. 最大输出电压 U_{OPP}

最大输出电压指集成运放在空载情况下，最大不失真输出电压的峰—峰值。如集成运

放 μA741 的电源电压为 ±15 V，U_{OPP}为 ±(13～14) V。

6．最大差模输入电压 U_{IDM}

最大差模输入电压指集成运放两个输入端之间所能承受的最大差模输入电压，一般为 ±(5～30) V。如集成运放 μA741 的 U_{IDM}为 ±30 V。

7．最大共模输入电压 U_{ICM}

最大共模输入电压指集成运放两个输入端之间所能承受的最大共模输入电压。若超出此值，集成运放的共模抑制性能将明显下降，甚至造成器件损坏。如集成运放 μA741 的 U_{ICM}为 ±13 V。

8．输入失调电压 U_{IO}

输入失调电压指当输入信号为零时，为使输出电压为零，在输入端所加的补偿电压值。它反映集成运放输入级差分放大部分参数的不对称程度，U_{IO}越小越好，一般为毫伏级。

9．静态功耗 P_D

静态功耗指集成运放在输入端短路、输出端开路时所消耗的功率。

集成运放除了以上介绍的参数以外，还有输入失调电流、开环带宽、转换速度、输入失调电压温漂等，具体可查阅产品手册。

二、集成运放的理想化

图 4—1 所示为集成运放等效电路，图中 A_{ud}表示开环差模电压放大倍数，r_i表示开环差模输入电阻，r_o表示开环输出电阻。

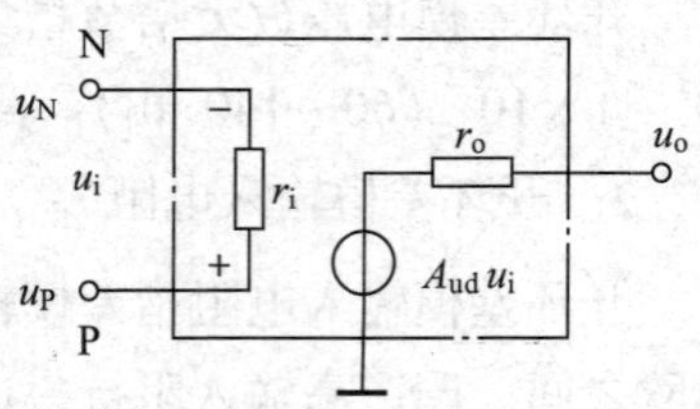

图 4—1　集成运放等效电路

在分析各种具体的集成运放应用电路时，为了使问题简化，通常把集成运放看成是一个理想器件，其理想特性主要有以下几点：

(1) 开环差模电压放大倍数 $A_{ud}\to\infty$。

(2) 开环差模输入电阻 $r_i\to\infty$。

(3) 开环输出电阻 $r_o\to 0$。

(4) 共模抑制比 $K_{CMR}\to\infty$。

(5) 没有失调现象，即当输入信号为零时，输出信号也为零。

虽然实际的集成运放不可能达到理想的要求，但在分析估算集成运放应用电路时，将实际的集成运放当作理想器件而带来的误差，通常不超出工程允许的范围。

三、理想集成运放工作于线性状态的特点

由于理想集成运放的开环电压放大倍数趋于无穷大，因此电路中必须引入负反馈才能

保证集成运放工作于线性状态。这时输出电压与输入电压满足线性放大关系，即

$$u_o = A_{ud}\ (u_P - u_N)$$

式中，u_o为有限值，而理想集成运放$A_{ud}\to\infty$，因而净输入电压$u_P - u_N = 0$，即$u_P = u_N$。

这一特性称为“**虚短**”，如果有一输入端接地，则另一输入端也非常接近地电位，称为“**虚地**”。

又因为理想集成运放输入电阻$r_i\to\infty$，所以两个输入端输入电流也均为零，即$i_P = i_N = 0$，这一特性称为“**虚断**”。

显然，利用理想条件所得结论与上一章讨论深度负反馈时所得结论一致，这是因为用集成运放组成的负反馈放大器一般都满足深度负反馈的条件。

四、集成运放组成的两种基本放大器

1. 反相放大器（反相比例运算放大器）

反相放大器的电路如图4—2所示，其特点是输入信号和反馈信号都加在集成运放的反相输入端。图中，R_f为反馈电阻，R′为**平衡电阻**，取值为$R' = R_1 // R_f$。接入R'是为了使集成运放输入级的差分放大电路对称，有利于抑制零漂。

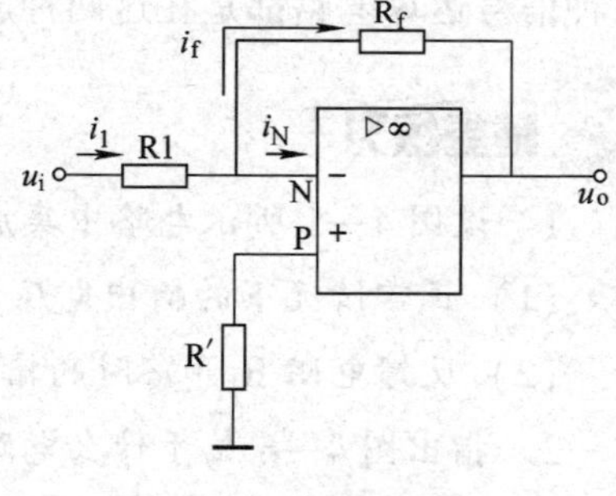

图4—2　反相放大器

由于同相输入端接地，故输入端为“虚地”点，即$u_P = u_N = 0$，又根据“虚断”特性，净输入电流也为零，故有$i_1 = i_f$。由图4—2可得

$$\frac{u_i - u_N}{R_1} = \frac{u_N - u_o}{R_f}$$

放大器的电压放大倍数为$A_{uf} = \frac{u_o}{u_i} = -\frac{R_f}{R_1}$

式中，负号表示u_o与u_i反相，故称为反相放大器。又由于u_o与u_i成比例关系，故又称**反相比例运算放大器**。若取$R_f = R_1 = R$，则比例系数为−1，电路便成为**反相器**。电路中R_f引入的反馈是深度电压并联负反馈，输出电阻小，但输入电阻却也因此而降低。

2. 同相放大器（同相比例运算放大器）

同相放大器的电路如图4—3所示，利用“虚短”特性（**注意：同相输入时无“虚地”特性**）可得

$$u_P = u_N = u_i$$

又根据“虚断”特性，$i_N = 0$，可得

$$u_N = \frac{R_1}{R_1 + R_f} u_o$$

所以
$$A_{uf}=\frac{u_o}{u_i}=1+\frac{R_f}{R_1}$$

u_o 与 u_i 同相，故称为同相放大器，又称**同相比例运算放大器**。若令 $R_f=0$，$R_1=\infty$（即开路状态），如图 4—4 所示，则比例系数为 1，电路称为**电压跟随器**。电路中 R_f 引入的反馈是深度电压串联负反馈。

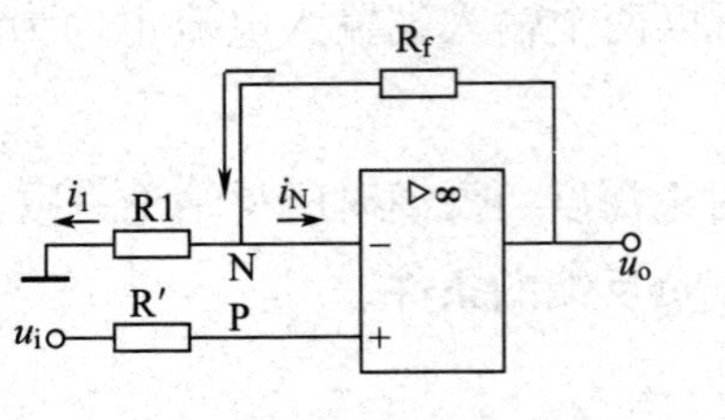

图 4—3　同相放大器

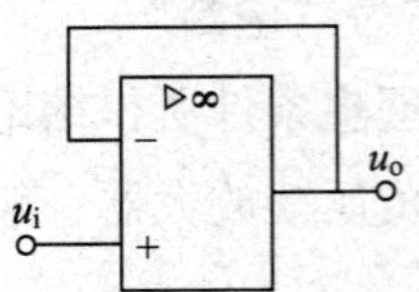

图 4—4　电压跟随器

反相放大器和同相放大器是由集成运放所构成的最基本的运算电路，下一节所介绍的各种信号运算电路都是在这两种放大器的基础上演变而来的。

随堂练习

1. 设图 4—5 所示电路中集成运放的最大输出电压为 ±10 V，u_i 为 10 mV，求：

(1) 正常情况下的输出电压。

(2) 反馈电阻 R_f 开路时的输出电压。

2. 指出图 4—6 属于什么电路，并计算 R1 的阻值。

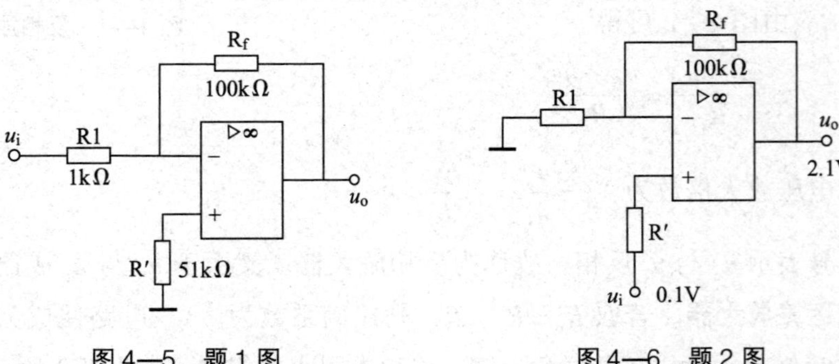

图 4—5　题 1 图　　图 4—6　题 2 图

3. 在图 4—7 所示电路中，已知 $R_f=2R_1$，$u_i=2$ V，求输出电压 u_o。

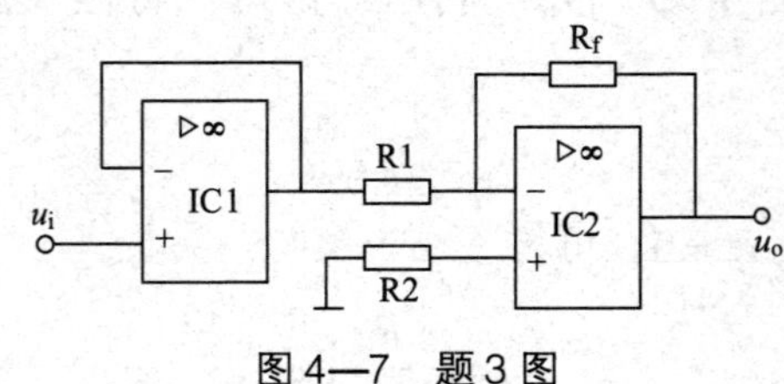

图 4—7　题 3 图

职业能力培养

1. 查阅相关手册或说明书，识别集成运放 CF741 各引脚的功能，并记入表 4—1。

表 4—1　　CF741 各引脚的功能

引脚	功能	引脚	功能
1		5	
2		6	
3		7	
4		8	

2. 集成运放不仅可以构成多种运算电路，而且在物理量的测量、自动控制系统等方面也得到了广泛应用，试查阅相关资料或通过互联网检索，列举一些相关的应用实例。

实训项目 4

比例运算电路的安装与调试

一、实训目的

1. 熟悉集成运放的引脚排列和简易测试。
2. 能正确使用集成运放。
3. 能用集成运放组成比例运算电路。

二、实训电路

多级比例运算电路如图 4—8 所示。

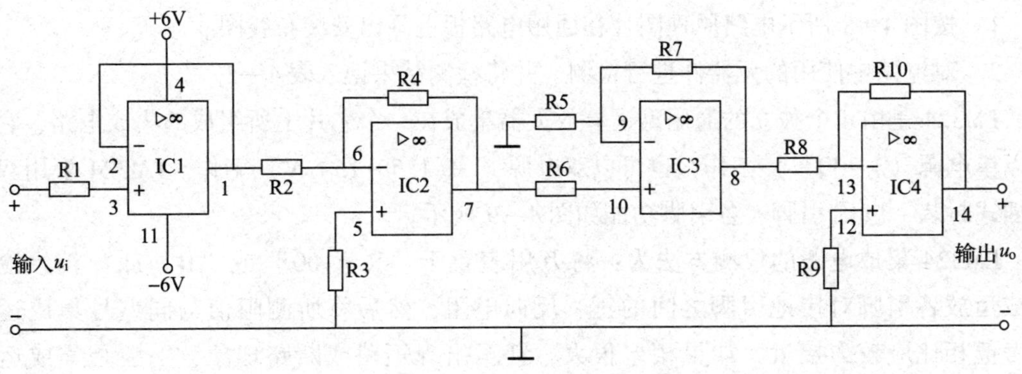

图 4—8　多级比例运算电路

第一级为电压跟随器，用作输入级，具有输入电阻大、输出电阻小的特点。

第二级为反相比例运算电路，起电压放大作用。

第三级为同相比例运算电路，也起电压放大作用。

第四级为反相器，用作输出级，具有输出电阻小，输入、输出信号反相的特点。

三、器材准备

双踪示波器、函数信号发生器、双路直流稳压电源各 1 台，常用电子组装工具 1 套。元器件型号规格见表 4—2。

表 4—2　　元器件明细表

代号	名称	型号规格	检测结果
R1	电阻器	510 Ω	实测值：
R2	电阻器	1 kΩ	实测值：
R3	电阻器	1 kΩ	实测值：
R4	电阻器	10 kΩ	实测值：
R5	电阻器	1 kΩ	实测值：
R6	电阻器	750 Ω	实测值：
R7	电阻器	5. 1 kΩ	实测值：
R8	电阻器	1 kΩ	实测值：
R9	电阻器	51 kΩ	实测值：
R10	电阻器	1 kΩ	实测值：
IC	集成电路	LM324	质量：
	插座	14 脚	质量：

四、安装调试

1. 按图 4—8 所示电路原理图，在通用电路板上画出安装布线图。

2. 对电路中使用的元器件进行检测，并将检测结果记入表 4—2。

LM324 是由 4 个独立的通用型运算放大器集成在一个芯片上所组成的集成电路，它既可以单电源（3 ~ 30 V）工作，也可以双电源［±(1. 5 ~ 15) V］工作。LM324 采用双列直插式封装，14 个引脚，各引脚功能如图 4—9 所示。

LM324 集成电路的检测方法为：将万用表置于“R × 100”或“R × 1k”挡，检测集成运放各引脚对接地引脚之间的正、反向电阻，然后将所测阻值与同型号集成运放参考值相比应较为接近，如果相差很大，甚至出现短路或断路现象，一般是集成运放已损坏。

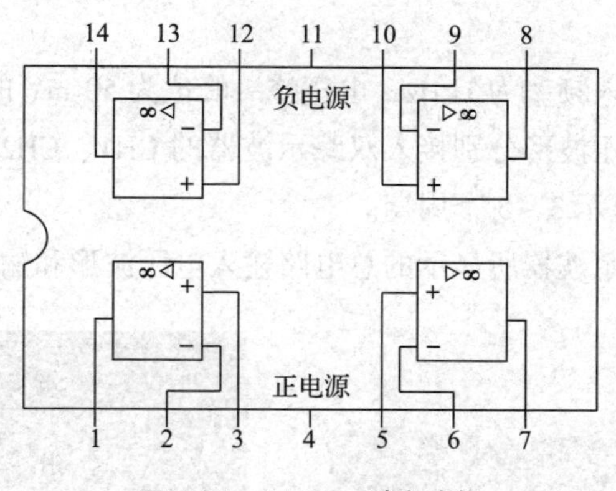

图 4—9　LM324 引脚功能

3. 按工艺要求对元器件引脚进行成形加工，并参考图 4—10 所示实物图安装焊接电路。

图 4—10　多级比例运算电路实物图

集成运放插座要紧贴电路板安装，装配完成后将 LM324 装入插座中，注意引脚次序不能插错，并保证将引脚全部平整地插入插座，如图 4—11 所示。

图 4—11　集成运放的安装

4. 检查电路正确无误后，接通 ±6 V 直流稳压电源，参照图 4—12a 连接双踪示波器、函数信号发生器等仪表。将第一级两个输入端对地短路，用示波器观测输出电压 u_o，如有自激振荡现象，可在电源正、负端与地之间分别并联几千微法电解电容和 0.01 ~

0. 1 μF 的陶瓷电容。

5. 在电路输入端接入频率为 1kHz、电压峰—峰值为 50 mV 的正弦波信号。

6. 将输入、输出电压波形分别接入双踪示波器的 CH1、CH2 通道，调整示波器使输入、输出电压波形稳定显示 3 ~ 5 个周期。

如图 4—12b 所示为示波器所显示的总电路输入电压波形和输出电压波形。

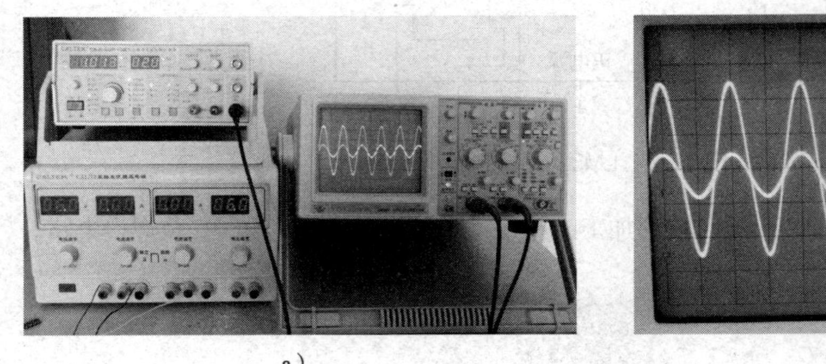

a）

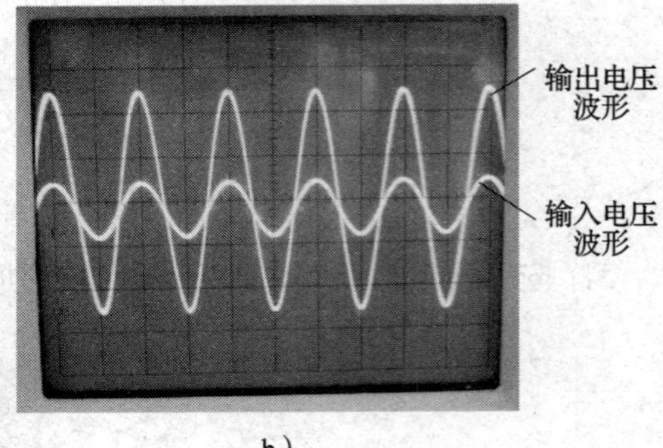

b）

图 4—12　多级比例运算电路测试

a）仪表的连接　b）示波器实测波形

7. 测量每一级输入、输出电压波形的峰—峰值，计算各级电压放大倍数，并将结果记入表 4—3 中。

表 4—3　测试记录表

测量电路	输入电压（mV）	输出电压（mV）		电压放大倍数（实测值）	相位关系
		实测值	计算值		
电压跟随器					
反相比例运算器					
同相比例运算器					
反相器					
总电路					

五、实训总结

1. 谈谈识别、检测和使用集成运放的体会。

2. 总结在电路中同时使用正、负双电源的接线方法。

3. 整理实验数据，比较运算电路的实测值与计算值，分析产生偏差的原因。

六、测评记录

按表 4—4 所列项目进行测评，并做好记录。

表 4—4　　　　测评记录表

序号	测评项目	配分（分）	得分（分）
1	集成运放的引脚识别	2	
2	集成运放的简易检测	2	
3	电路安装焊接	2	
4	电路测试	2	
5	整理分析测试记录	2	

§4—2　信号运算电路

学习目标

1. 掌握反相加法运算电路的组成和运算关系。
2. 掌握减法运算电路的组成和运算关系。
3. 了解积分运算、微分运算电路的组成和运算关系。

一、反相加法运算电路

反相加法运算电路实质上是在反相比例运算电路的基础上，增加几个输入支路而得到的，如图 4—13 所示。图中，同相输入端所接电阻 R′必须满足平衡要求，取 $R' = R_1 /\!/ R_2 /\!/ R_3 /\!/ R_f$。

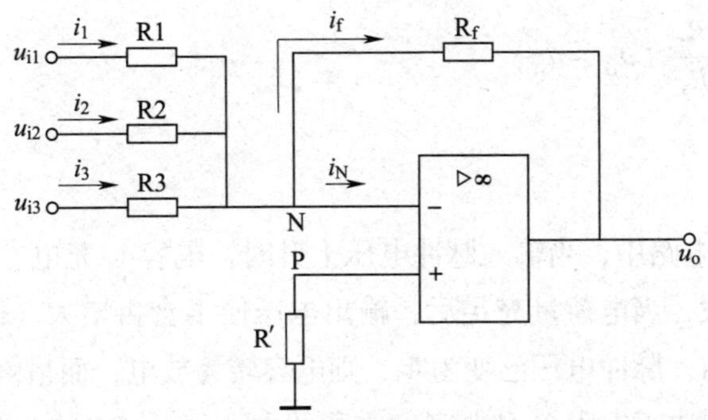

图 4—13　反相加法运算电路

根据理想特性有　　　　$i_1 + i_2 + i_3 = i_f$

集成运放反相输入端为虚地点，故有

$$\frac{u_{i1}}{R_1}+\frac{u_{i2}}{R_2}+\frac{u_{i3}}{R_3}=-\frac{u_o}{R_f}$$

当 $R_1=R_2=R_3=R_f$ 时，可得 $u_o=-(u_{i1}+u_{i2}+u_{i3})$

上式表明，输出电压为各输入电压之和，实现了加法运算。式中负号表示输出电压与输入电压相位相反。

在同相比例运算电路的基础上，增加几个输入支路也可以组成同相加法运算电路，但在调整某一路输入端电阻时会对其他各路输出信号产生影响，调节不便，所以应用不广。而反相加法运算电路由于其反相输入端为虚地点，各输入信号电压之间相互影响极小，便于调节，所以应用广泛。

二、减法运算电路（差分输入比例运算电路）

减法运算电路如图 4—14 所示。由于采用的是差分输入形式，即反相端和同相端都输入信号，所以也称为差分输入比例运算电路。按外接电阻的平衡要求，应满足 $R_1/\!/R_f=R_2/\!/R_3$。

根据叠加原理，先求 u_{i1} 单独作用时的输出电压 u_{o1}，即

$$u_{o1}=-\frac{R_f}{R_1}u_{i1}$$

再求 u_{i2} 单独作用时的 u_{o2}，即

$$u_{o2}=\left(1+\frac{R_f}{R_1}\right)\left(\frac{R_3}{R_2+R_3}\right)u_{i2}$$

则 u_{i1} 与 u_{i2} 共同作用时的输出电压为

$$u_o=u_{o1}+u_{o2}=\left(1+\frac{R_f}{R_1}\right)\left(\frac{R_3}{R_2+R_3}\right)u_{i2}-\frac{R_f}{R_1}u_{i1}$$

当 $R_1=R_2$，且 $R_f=R_3$ 时，上式可化简为

$$u_o=\frac{R_f}{R_1}\ (u_{i2}-u_{i1})$$

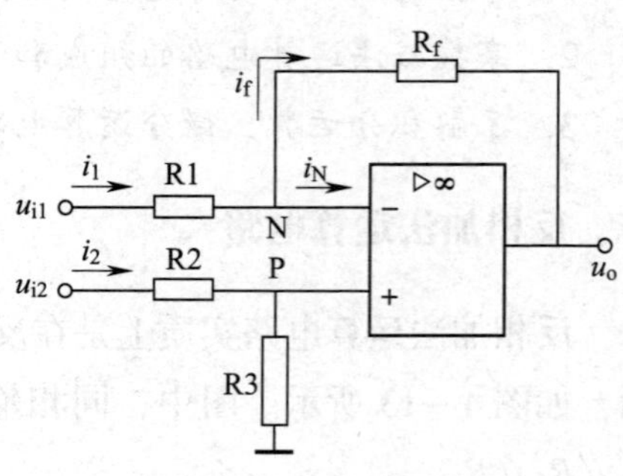

图 4—14　减法运算电路

三、积分运算电路

在图 4—15a 所示电路中，当输入脉冲电压上升时，电容 C 充电，输出电压 u_o（即 u_C）随时间增大而逐渐增大，当电荷量充足后，输出电压便不会再增大。但如果脉冲宽度较小，在输出达到稳定值之前，脉冲电压已变为零，则电容转为放电，而最终电压也变为零。电容充放电速度的快慢，取决于电阻 R 和电容 C 乘积的大小（$\tau=RC$ 称为时间常数）。

电容两端的电压 u_C 与流过电容的电流 i_C 之间存在积分的关系，即

$$u_C=\frac{1}{R}\int i_C\mathrm{d}t$$

它反映了 u_C 在输入脉冲宽度时间内的累积变化情况。

若将反相放大器中的反馈电阻 R_f 用电容 C 代替，便构成积分运算电路，如图 4—16 所示。

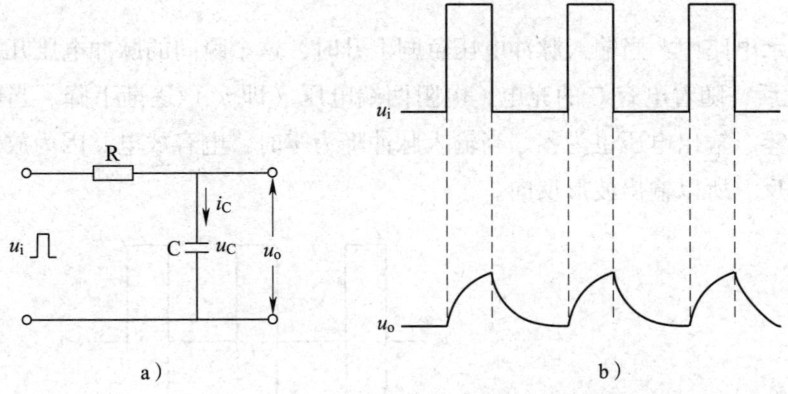

图 4—15　积分电路及其波形

a）原理电路　b）输入、输出信号波形

根据“虚地”的特性，可得

$$u_P = u_N = 0$$

所以

$$u_o = -u_C$$

且

$$i_R = \frac{u_i}{R}$$

根据“虚断”的特性，又有　$i_R = i_C$

而电容两端电压等于其电流的积分。故

$$u_o = -u_C = -\frac{1}{C}\int i_C \mathrm{d}t = -\frac{1}{RC}\int u_i \mathrm{d}t$$

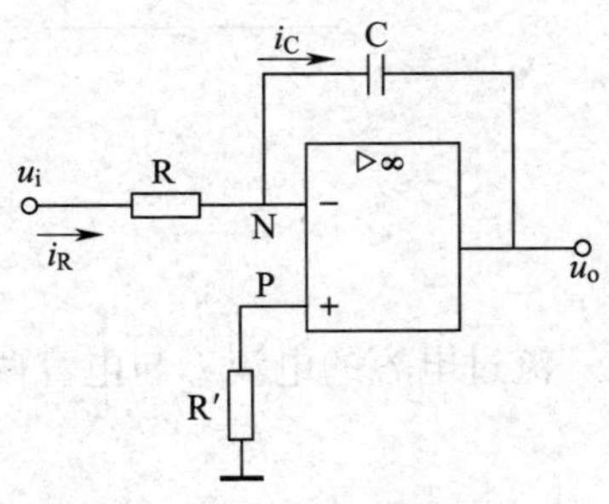

图 4—16　积分运算电路

设电容 C 上初始电压为零，当输入阶跃信号时输出电压波形如图 4—17a 所示，当输入方波信号时输出电压波形如图 4—17b 所示，图 4—17c 所示为输入、输出信号的实测波形。利用积分运算电路可实现延时、定时和变换，在自动控制系统中可以减缓电压急剧变化所形成的冲击，使外加电压缓慢上升，避免机械损坏。

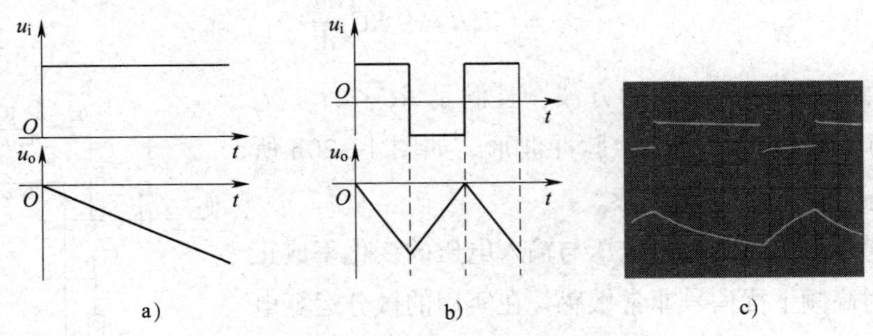

图 4—17　积分运算电路输入、输出波形

a）输入阶跃信号　b）输入方波信号　c）输入、输出信号实测波形

四、微分运算电路

在图 4—18 所示电路中，当输入脉冲电压急剧上升时，这个瞬间的脉冲电压几乎全部加在电阻 R 上。此后，随着电容 C 的充电，电阻两端电压（即 u_o）逐渐下降。当电容充足后，充电电流为零，输出电压也为零。当输入脉冲降为零时，电容放电。因为放电电流的方向与充电时相反，所以输出波形反向。

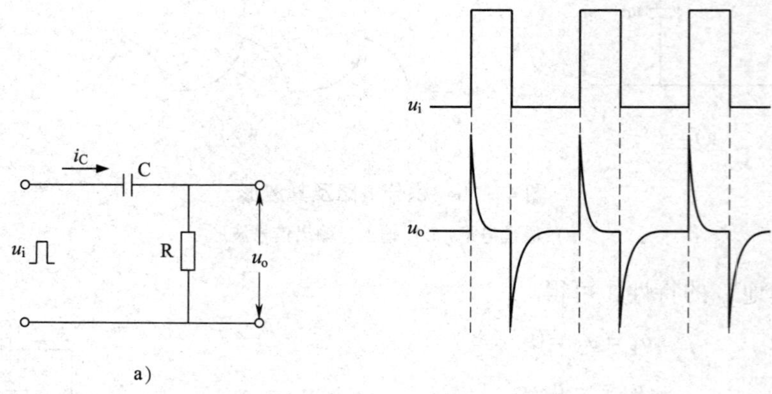

图 4—18　微分电路及其波形

a）原理电路　b）输入、输出波形

流过电容的电流 i_C 与电容两端的电压 u_C 之间存在微分关系，即

$$i_C = C\frac{\mathrm{d}u_C}{\mathrm{d}t}$$

它反映了 i_C 在输入脉冲突变时短时间内的变化情况。

将积分运算电路中的电容 C 和电阻 R 的位置互换，便可构成微分运算电路，如图 4—19 所示。理想情况下，有

$$i_R = i_C = C\frac{\mathrm{d}u_i}{\mathrm{d}t}$$

所以

$$u_o = -i_R R = -RC\frac{\mathrm{d}u_i}{\mathrm{d}t}$$

若输入如图 4—20a 所示的方波，且满足 $RC \ll t_p$（t_p 为脉冲宽度），则输出信号为尖脉冲波形。如图 4—20b 所示为输入、输出信号的实测波形。

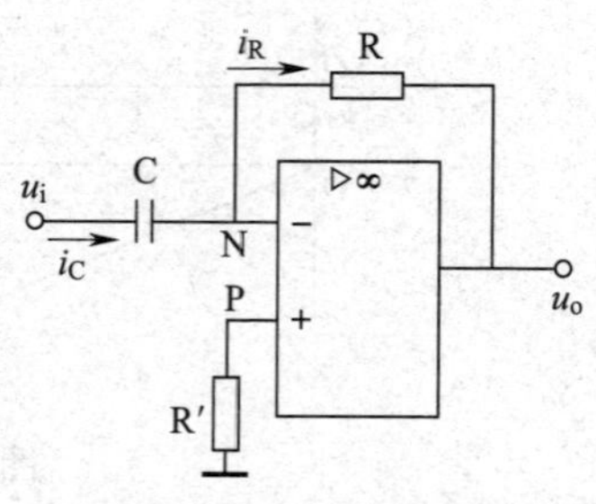

图 4—19　微分运算电路

由于微分运算电路的输出电压与输入电压的变化率成正比，所以它对高频干扰信号非常敏感。在实用的微分运算电路中，为了提高其工作稳定性，常在输入回路中串联一个小电阻 R1，以限制输入电流；在反馈电阻两端并联双向稳压

管，以限制输出幅度；并且在反馈电阻两端再并联一个小电容 C2，以加强对高频噪声的负反馈。电路如图 4—21 所示。

在自动控制电路中，微分运算电路常用于产生控制脉冲。

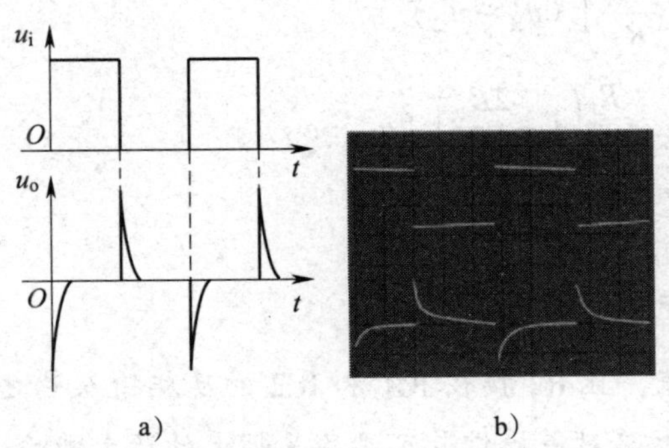

图 4—20　微分运算电路波形

a）输入、输出波形　b）实测波形

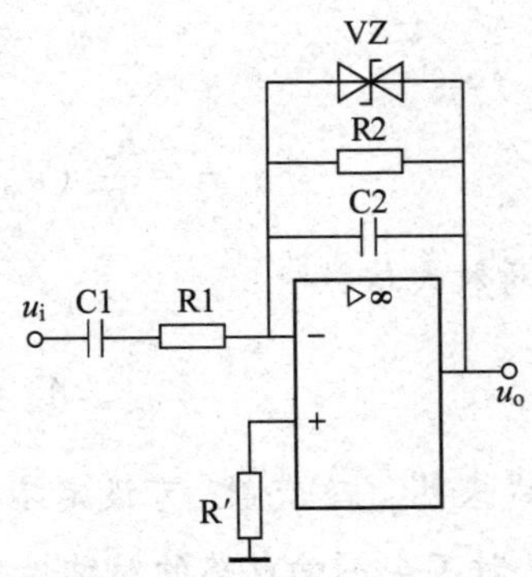

图 4—21　实用的微分运算电路

应用举例

精密仪表用放大器

如图 4—22 所示为用三个集成运放构成的精密仪表用放大器。其中，集成运放 IC1 和 IC2 组成对称的同相放大器，IC3 接成差分放大器。

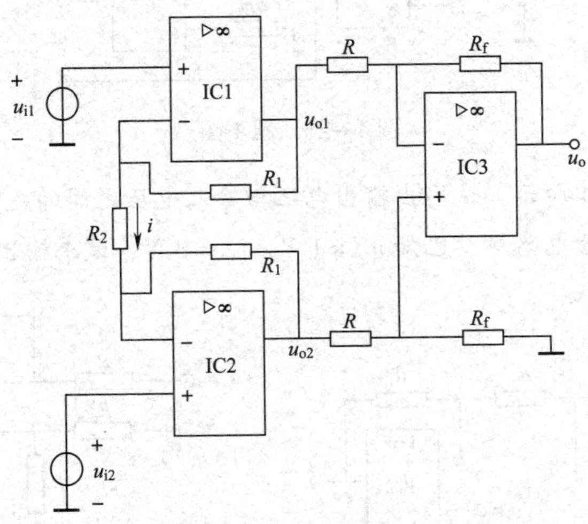

图 4—22　精密仪表用放大器

利用“虚断”和“虚短”特性可知，加在 R2 两端的电压为 $u_{i1}-u_{i2}$，相应通过 R2 的电流 $i=\dfrac{u_{i1}-u_{i2}}{R_2}$，由此可得

$$u_{o1} = iR_1 + u_{i1}$$
$$u_{o2} = -iR_1 + u_{i2}$$

所以

$$u_{o1} - u_{o2} = \left(1 + \frac{2R_1}{R_2}\right)(u_{i1} - u_{i2})$$

$$u_o = -\frac{R_f}{R}(u_{o1} - u_{o2}) = -\frac{R_f}{R}\left(1 + \frac{2R_1}{R_2}\right)(u_{i1} - u_{i2})$$

总的电压放大倍数

$$A_u = \frac{u_o}{u_{i1} - u_{i2}} = -\frac{R_f}{R}\left(1 + \frac{2R_1}{R_2}\right)$$

上式表明，改变 R2 可设定不同的 A_u 值，且 R2 接在 IC1 和 IC2 的反相输入端之间，调节 R2 时不会影响电路的对称性，因此该电路对差模信号可具备足够大的放大能力。而当 $u_{i1} = u_{i2}$时，$i = 0$，$u_o = 0$，可见当输入信号中含有共模噪声时也能被有效地抑制。

随堂练习

1．在图 4—23 所示电路中，已知 $R_1 = 1\ \text{k}\Omega$，$R_f = 2\ \text{k}\Omega$，$R = 10\ \text{k}\Omega$，$u_i = 3\ \text{V}$，试求输出电压 u_o。

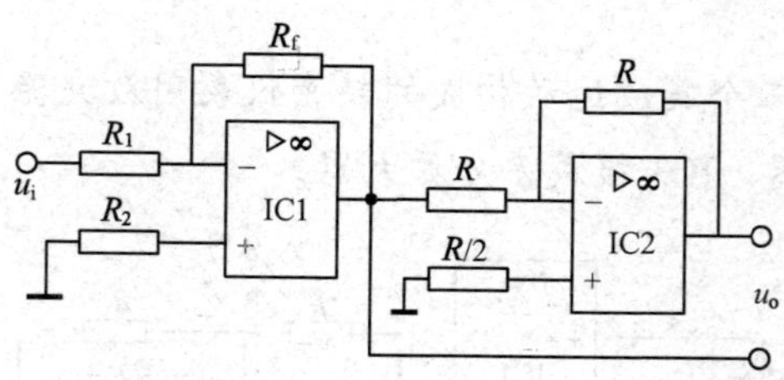

图 4—23　题 1 图

2．电路如图 4—24 所示，试写出输出电压与输入电压之间的关系式。

3．在图 4—25 所示电路中，已知 $u_{i1} = 1\ \text{V}$，$u_{i2} = 3\ \text{V}$，试求输出电压 u_o。

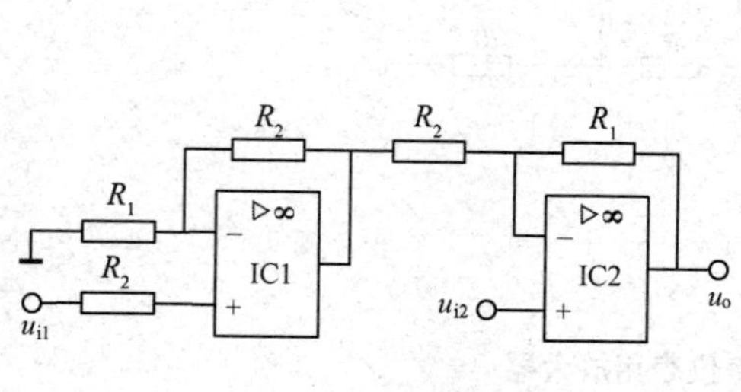

图 4—24　题 2 图

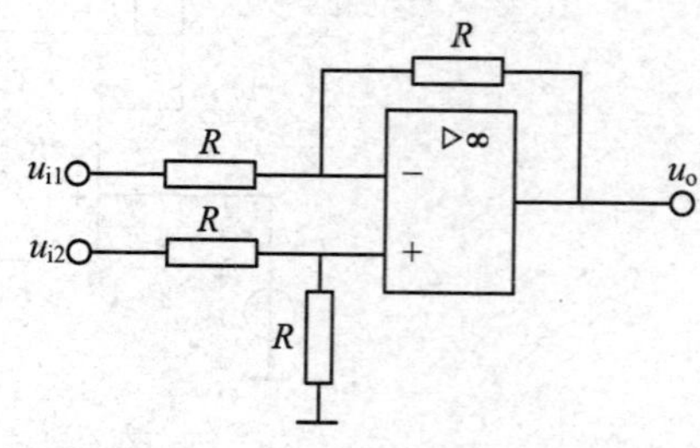

图 4—25　题 3 图

§4—3　集成运放的非线性应用

学习目标

1. 掌握理想集成运放工作在非线性区的特点。
2. 掌握单门限电压比较器的组成、功能和应用。
3. 掌握迟滞比较器的组成、功能和应用。
4. 了解窗口比较器的组成和功能。

一、理想集成运放工作在非线性区的特点

当集成运放处于开环状态或电路引入了正反馈时，集成运放工作于非线性区。由于理想集成运放的开环电压放大倍数无穷大，所以只要输入无穷小的差值电压，输出电压就会达到正的最大值或负的最大值，其特点是：

当 $u_P > u_N$ 时，$u_o = +U_{om}$

当 $u_P < u_N$ 时，$u_o = -U_{om}$

可见，$u_P \neq u_N$，理想集成运放工作在非线性区时电路不再有“虚短”特性。

又由于理想集成运放开环输入电阻 $r_i = \infty$，故净输入电流为零，即 $i_P = i_N = 0$。可见，理想集成运放工作在非线性区时仍具有“虚断”特性。

二、单门限电压比较器

电压比较器的作用是将两个模拟信号电压进行比较，然后将比较结果以高电平（$+U_{om}$）或低电平（$-U_{om}$）的形式输出。一般情况下，在两个输入信号中，一个是**参考电压**（或固定电压），另一个则是变化的输入电压。所谓单门限电压比较器就是只与一个**门限电压**相比较的电压比较器。

在图4—26a所示单门限电压比较器中，U_R 为已知的参考电压（即门限电压），加在集成运放的同相输入端，输入电压 u_i 加在反相输入端。

若 $U_R > 0$，则比较器的传输特性曲线如图4—26b所示。即当输入电压 u_i 大于参考电压 U_R 时，集成运放输出电压为 $-U_{om}$；当输入电压 u_i 小于参考电压 U_R 时，集成运放输出电压为 $+U_{om}$。

若 $U_R < 0$，则比较器的传输特性曲线如图4—26c所示。

若 $U_R = 0$，则比较器称过零比较器，其传输特性曲线如图4—26d所示。

利用比较器可以实现波形变换。例如，当单门限电压比较器输入正弦波时，相应的输出电压便是矩形波，如图4—27所示。

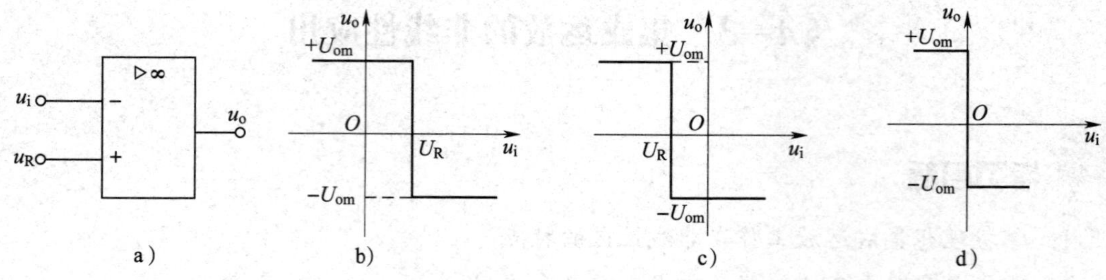

图 4—26 单门限电压比较器

a）原理电路 b）$U_R>0$ 时的传输特性曲线 c）$U_R<0$ 时的传输特性曲线 d）$U_R=0$ 时的传输特性曲线

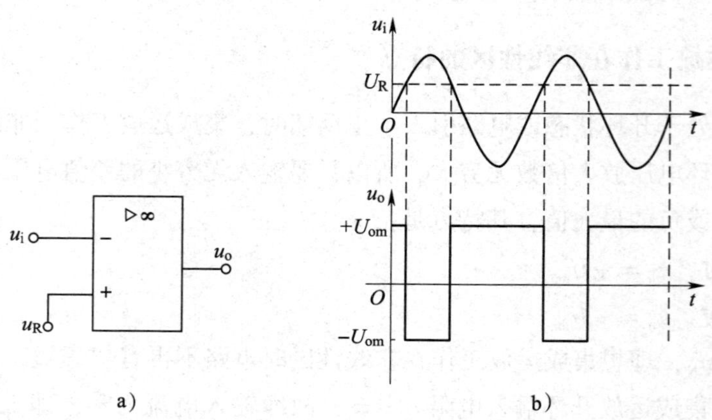

图 4—27 利用电压比较器实现波形变换

a）电压比较器 b）波形变换

三、迟滞比较器

单门限电压比较器的输入电压只跟一个参考电压 U_R 相比较，这种比较器虽然电路结构简单，灵敏度高，但抗干扰能力较差，当输入电压 u_i 因受干扰在参考值附近反复发生微小变化时，输出电压也会频繁地反复跳变。采用迟滞电压比较器进行波形变换可以较好地解决这一问题。

迟滞比较器又称**施密特触发器**，它是一种双门限电压比较器，其原理电路与传输特性曲线如图 4—28 所示。

输出电压 u_o 经 R_f 和 R1 分压后加到集成运放的同相输入端，形成正反馈。由于输出有两种可能的电压值，所以门限电压也有两个相应的值。

当 $u_o=+U_{om}$时，门限电压用 U_{P1} 表示，根据叠加原理可得

$$U_{P1}=\frac{R_f}{R_f+R_1}U_R+\frac{R_1}{R_f+R_1}U_{om}$$

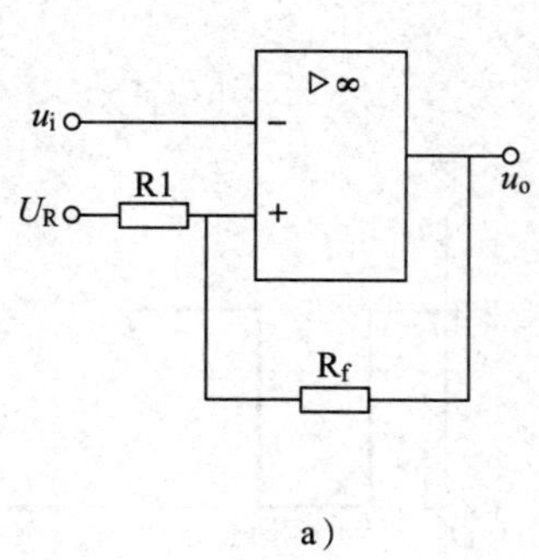

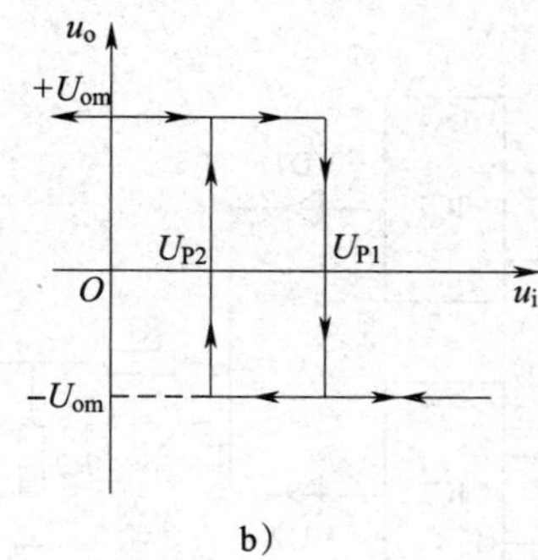

图 4—28　迟滞比较器

a）原理电路　b）传输特性曲线

当输入电压 u_i 逐渐增大直至 $u_i = U_{P1}$ 时，输出电压 u_o 发生翻转，由 $+U_{om}$ 跳变为 $-U_{om}$，门限电压随之变为

$$U_{P2} = \frac{R_f}{R_f + R_1}U_R - \frac{R_1}{R_f + R_1}U_{om}$$

当 u_i 逐渐减小，直至 $u_i = U_{P2}$ 时，输出电压再度翻转，由 $-U_{om}$ 跳变为 $+U_{om}$。

两个门限电压之差称为**回差电压**，用 ΔU_P 表示，可得

$$\Delta U_P = U_{P1} - U_{P2} = \frac{2R_1}{R_f + R_1}U_{om}$$

上式表明，回差电压 ΔU_P 与参考电压 U_R 无关。

利用双门限电压比较器可以大大提高抗干扰能力。例如，当输入信号受到干扰或含有噪声信号时，只要其变化幅度不超过回差电压，输出电压就不会在此期间来回变化，而仍然保持为比较稳定的输出电压波形，如图 4—29 所示。

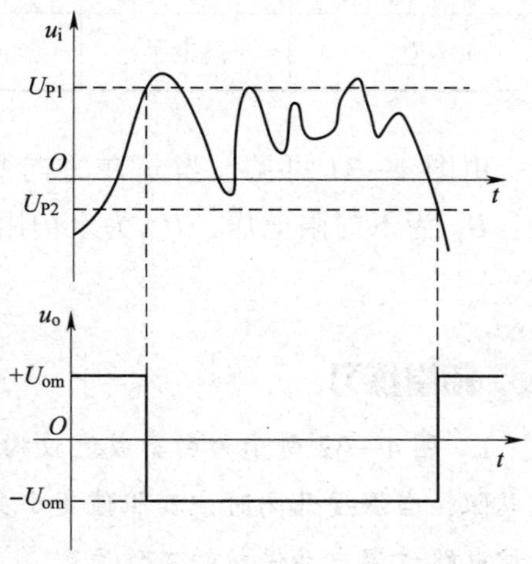

图 4—29　迟滞比较器的抗干扰作用

四、窗口比较器

无论是单门限电压比较器还是迟滞比较器，当输入电压在单一方向变化时，输出电压只跳变一次，因而不能检测出输入电压是否在两个给定电压之间，窗口比较器则具有这一功能。图 4—30 所示为利用两个集成运放组成的窗口比较器。外加参考电压 $U_{R1} > U_{R2}$。其电压传输特性如图 4—31 所示。

现将输入电压 u_i 由小变大时，集成运放和二极管的工作情况及输出电压 u_o 的变化情况列于表 4—5 中。

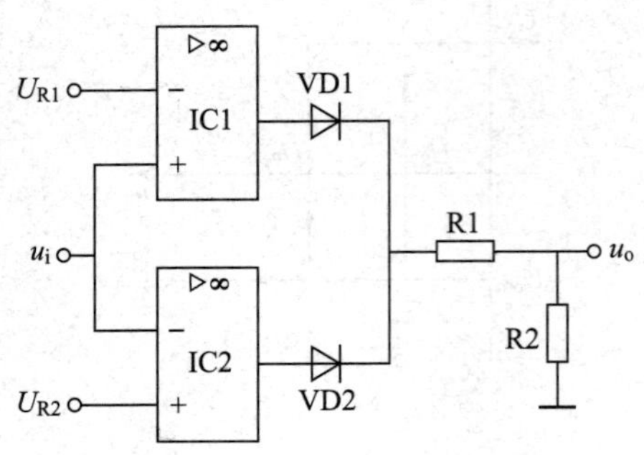

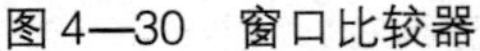

图 4—30　窗口比较器

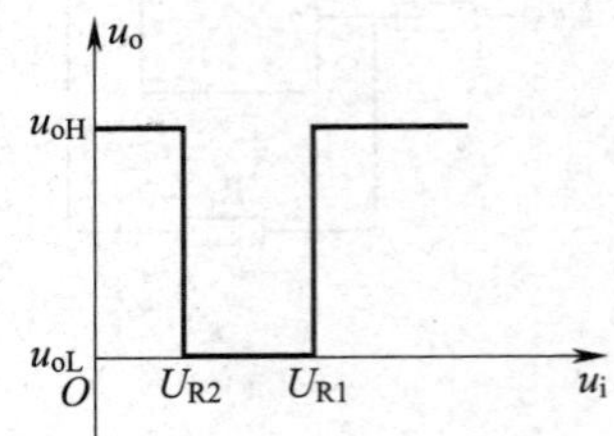

图 4—31　窗口比较器电压传输特性

表 4—5　　窗口比较器工作情况（条件：$U_{R1} > U_{R2}$）

	IC1 输出	VD1	IC2 输出	VD2	输出电压 u_o
$u_i < U_{R2}$	低电平	截止	高电平	导通	高电平
$U_{R2} < u_i < U_{R1}$	低电平	截止	低电平	截止	低电平
$u_i > U_{R1}$	高电平	导通	低电平	截止	高电平

由图 4—31 可见，当 u_i 单方向变化时，u_o 发生了两次跳变。电路有两个门限电压：U_{R2} 为下门限电压，U_{R1} 为上门限电压，所以窗口比较器也是一种双门限电压比较器。

随堂练习

1. 图 4—32 所示为由集成运放构成的过温保护电路。电路中，RT 为负温度系数的热敏电阻，当温度升高时，其阻值变小；KA 是继电器，继电器得电后，可切断电源。试分析该电路过温自动保护的工作原理。

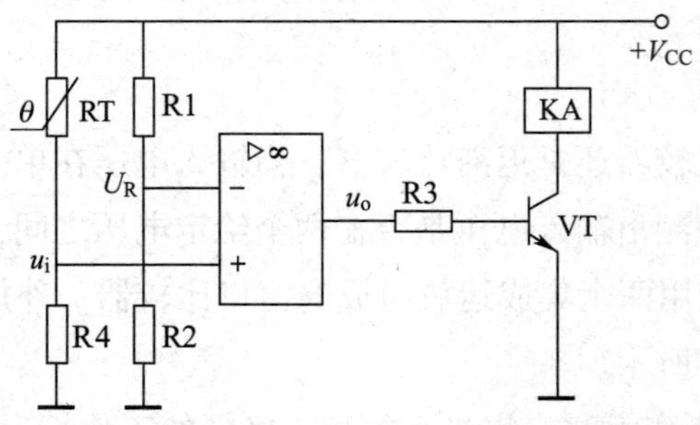

图 4—32　题 1 图

2. 单门限电压比较器及其输入信号波形如图 4—33 所示，试画出输出信号波形。

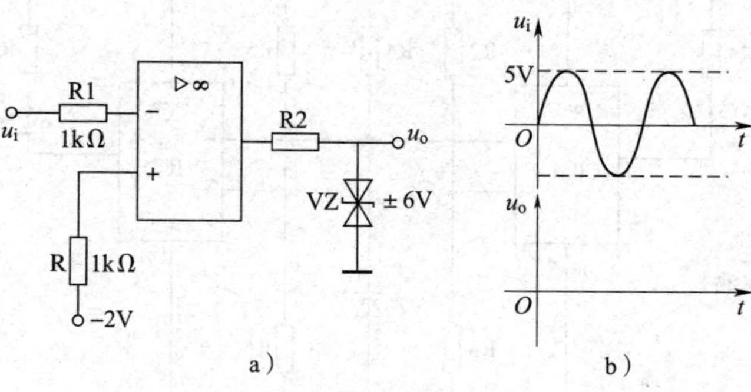

图 4—33　题 2 图

3. 图 4—34 所示是利用集成运放挑选三极管的电路，当被测管的穿透电流不大于规定值时，集成运放的输出电压为 $+U_{om}$，二极管发光指示合格。试求三极管穿透电流的规定值。

4. 迟滞比较器如图 4—35 所示，求上、下门限电压，并画出电压传输特性。

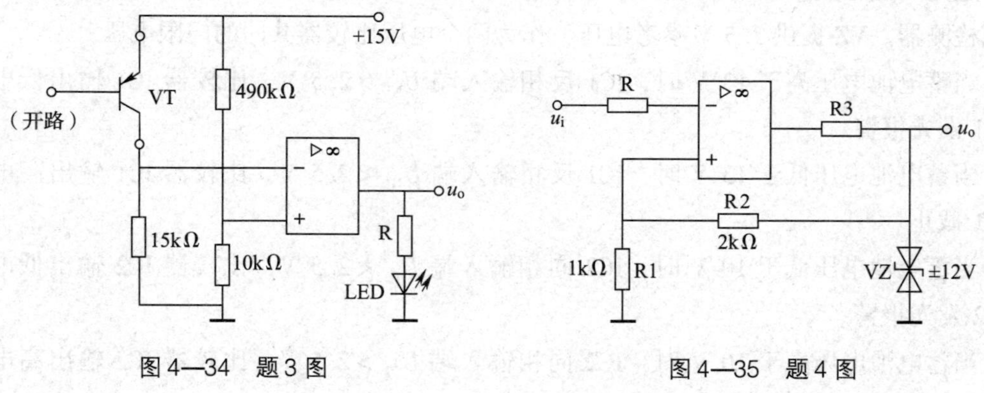

图 4—34　题 3 图　　　图 4—35　题 4 图

实训项目 5

蓄电池过压、欠压报警电路的安装与调试

一、实训目的

1. 了解集成运放非线性应用的特点。
2. 能安装与调试用集成运放组成的蓄电池过压、欠压报警电路。

二、实训电路

蓄电池过压、欠压报警电路如图 4—36 所示。当蓄电池电压高于 13 V 时，LED1（黄色）发光报警；当蓄电池电压低于 10 V 时，LED2（红色）发光报警。

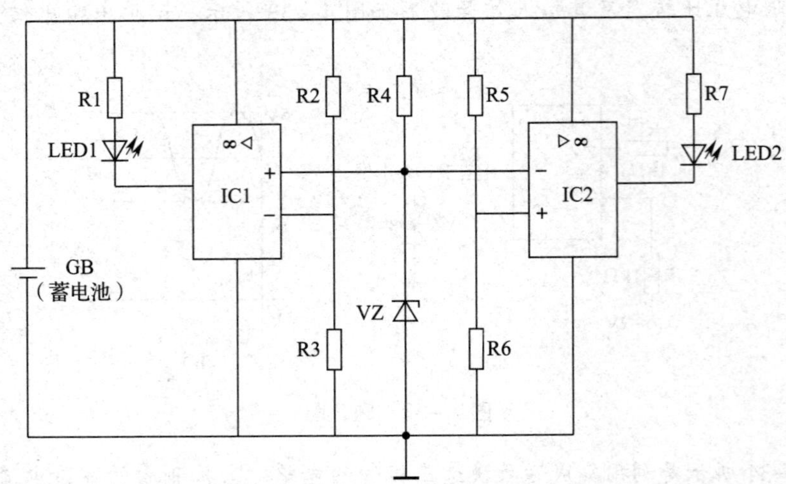

图 4—36　蓄电池过压、欠压报警电路

选用集成运放 LM324 构成两个电压比较器，其中 IC1 构成过电压检测器，IC2 构成欠电压检测器。VZ 提供 2.5 V 参考电压，作为两个电压比较器共同的门限电压。

当蓄电池电压高于 13 V 时，IC1 反相输入端 $U_{N1}>2.5$ V，比较器 IC1 输出低电平，LED1 发光报警。

当蓄电池电压低于 13 V 时，IC1 反相输入端 $U_{N1}<2.5$ V，比较器 IC1 输出高电平，LED1 截止。

当蓄电池电压低于 10 V 时，IC2 同相输入端 $U_{P2}<2.5$ V，比较器 IC2 输出低电平，LED2 发光报警。

当蓄电池电压高于 10 V 时，IC2 同相输入端 $U_{P2}>2.5$ V，比较器 IC2 输出高电平，LED2 截止。

三、器材准备

双踪示波器、直流稳压电源各 1 台，常用电子组装工具 1 套。

元器件型号规格见表 4—6。

表 4—6　元器件明细表

代号	名称	型号规格	检测结果
R1	电阻器	5.6 kΩ	实测值：
R2	电阻器	43 kΩ	实测值：
R3、R4、R6	电阻器	10 kΩ	实测值：
R5	电阻器	30 kΩ	实测值：
R7	电阻器	3.9 kΩ	实测值：

续表

代号	名称	型号规格	检测结果
LED1	发光二极管	ϕ3 mm 黄色	质量：
LED2	发光二极管	ϕ3 mm 红色	质量：
IC1、IC2	集成运放	LM324	质量：
VZ	稳压二极管	2.5 V	质量：
	插座	14 脚	质量：

?想一想

R1 和 R7 都是发光二极管的限流电阻，为什么 $R_1 > R_7$？

四、安装调试

1. 按图 4—36 所示电路原理图，在通用电路板上画出安装布线图。

2. 对电路中使用的元器件进行检测，并将检测结果记入表 4—6。

3. 对元器件进行检测与筛选后，按工艺要求对元器件管脚进行成形加工，并参考图 4—37 所示实物图安装焊接电路。

4. 检查电路无误后，接通 +12 V 电源。

5. 调节直流稳压电源电压略大于 13 V，LED1 应发光；调节直流稳压电源电压略小于10 V，LED2 应发光。将调试结果记入表 4—7。

图 4—37 蓄电池过压、欠压报警电路实物图

表 4—7 调试结果记录

	设计值（V）	实际值（V）
LED1 发光	13	
LED1、LED2 都不发光	10 ~ 13	
LED2 发光	10	

五、实训总结

1. 结合本电路，说明集成运放非线性应用具有什么特点。

2. 比较实测值和设计值，分析为什么有偏差。

六、测评记录

按表4—8所列项目进行测评，并做好记录。

表4—8　　测评记录表

序号	测评项目	配分（分）	得分（分）
1	检测元器件的质量	2	
2	按工艺要求安装焊接电路	2	
3	直流电源电压略大于13 V时，LED1应发光	2	
4	直流电源电压略小于10 V时，LED2应发光	2	
5	直流电源电压在10～13 V之间，LED1、LED2都不发光	2	

§4—4　使用集成运放应注意的问题

学习目标

1. 了解集成运放的选择和简易检测方法。
2. 了解集成运放使用中的保护措施。

一、合理选择集成运放

集成运放种类很多，按用途可分为通用型和专用型两大类。通用型又可分为低增益、中增益、高增益三种。通用型运放适合在一般条件下使用，特点是电源电压的适用范围广，不需要外接补偿电容，输入电压较大。专用型运放有高阻型、低温漂型、低功耗型和高压大功率型等多种。集成运放的主要类型及其特点和型号举例详见表4—9。

表4—9　　集成运放的主要类型及其特点和型号举例

类型	特点	型号举例
通用型	价格低廉、应用广泛，性能指标适合于一般性应用	LM741、LM358、LM324等
高阻型	差模输入阻抗非常高，输入偏置电流非常小	LF356、LF355、LF347、CA3130、CA3140等
低温漂型	失调电压小且温度稳定性高	OP－07、OP－27、AD508、ICL7650等

续表

类型	特点	型号举例
低功耗型	功耗低，可以用低电源电压供电	TL－022C、TL－060C、ICL7600（功耗仅有微瓦级）等
高压大功率型	可输出高的电压值或大的功率	D41（电源电压可达 ±150 V）、MA791（输出电流可达 1 A）等

选用集成运放时，应根据电路要求，从集成运放的技术指标、外形尺寸、价格等方面综合考虑。例如，对输入电阻要求高的电路，要选用以场效应管为输入级的高阻型集成运放；要求工作频带宽的电路应选用宽带型集成运放；对于一般电路，可优先选用通用型集成运放。

二、熟悉管脚

集成运放引脚排列与其他常用集成电路引脚排列规律相同，均通过外形标记进行识别。常用集成电路引脚排列如图 4—38 所示。

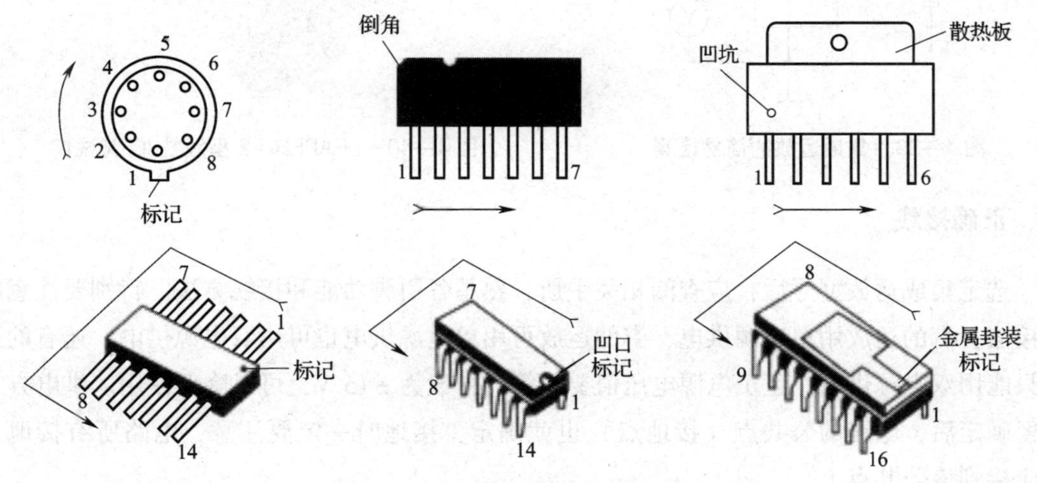

图 4—38 常用集成电路引脚排列

集成运放的引脚排列已日趋标准化，但目前各个厂家产品仍存在差别，使用时必须查阅手册或产品说明书。

三、集成运放的质量检测

1. 用万用表检测

与前面检测 LM324 相类似，用万用表“R×100”或“R×1 k”电阻挡测量集成运放各引脚对输出端间正反向电阻、各引脚对接地引脚之间的正反向电阻，然后将所测阻值与同型号集成运放参考值相比，数值应较为接近，如果相差很大，甚至出现短路或断路现象，一般是集成运放已损坏。

2．用测试电路检测

将集成运放接成如图4—39所示电压跟随器。接通电源，用万用表直流电压挡测量输出电压。调节RP，输出电压应能在接近0～V_{CC}的范围内变化，如果调节时输出电压不变或变化很小，表明集成运放已损坏。

3．用专用仪器检测

图4—40所示为LEAPER－2型线性IC测试仪。只要将集成运放插入，然后按下AUTO键即可显示集成电路型号和种类，按下TEST键即可显示“PASS”（合格）或“FAIL”（不合格），操作方便快捷，测试结果简单明了。

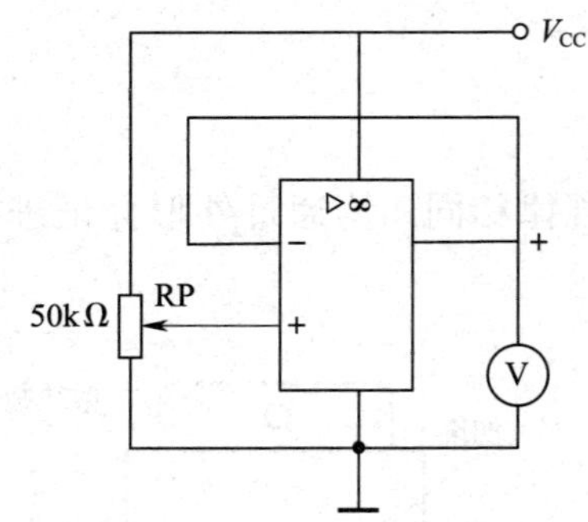

图4—39　集成运放的简易检测

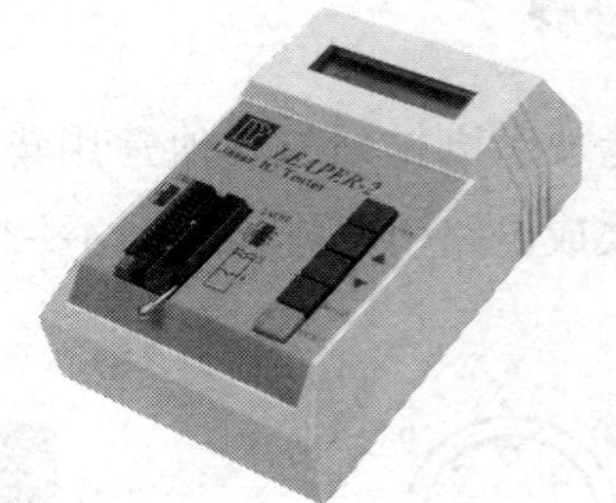

图4—40　LEAPER－2型线性IC测试仪

四、正确接线

选定集成运放型号后，应查阅相关手册，熟悉各引脚功能和接线方法。特别要注意电源接法：有的运放用单电源供电，有的运放可用单电源供电也可用双电源供电，还有的运放只能用双电源供电。正负电源电压值要相等，一般为±15 V，可以降低使用。供电方式一经确定后，电路的公共点（接地点）也就确定，接地时一定要注意，电路所有接地点都应接到该公共点上。

五、调零

为了补偿由输入失调电压引起的误差，需要对集成运放进行调零。有的集成运放有专用的引出端外接调零电位器（图4—41），有的集成运放则没有。对于没有专用调零引出端的运放，可以另接辅助电路调零（图4—42）。如果电路已引入负反馈，调节调零电位器时输出电压无变化，则可能是接线错误、电路虚焊或集成运放损坏。

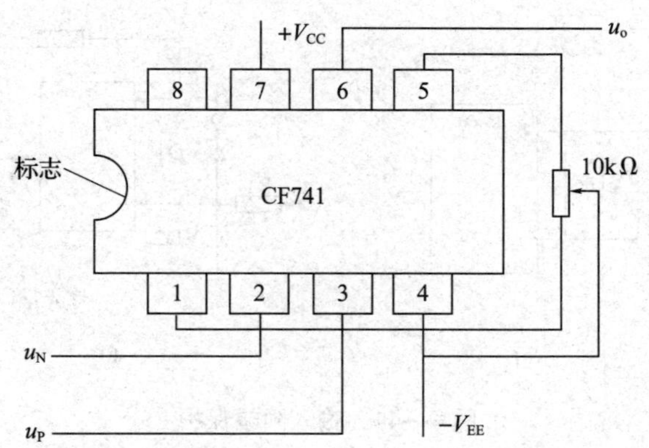

图 4—41　集成运放的调零

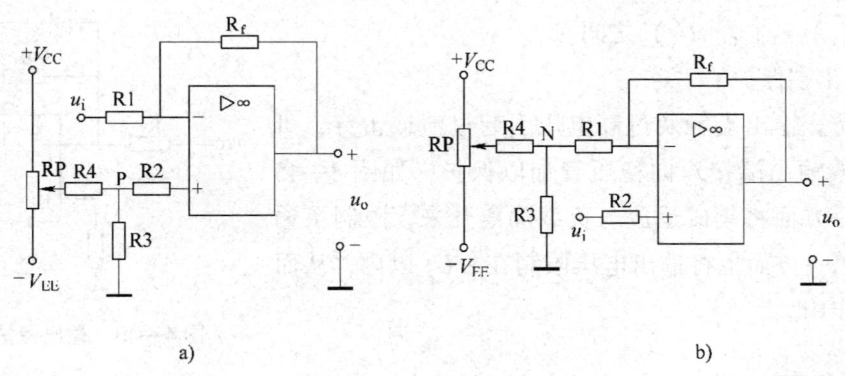

图 4—42　辅助调零电路

a）同相输入调零　b）反相输入调零

六、保护电路

1. 防止电源接反保护

利用二极管单向导电性，在电源连线中串接二极管即可防止由于电源极性接反而造成的损坏，如图 4—43 所示。

2. 输入限幅保护

输入信号过大会影响集成运放的性能，甚至造成集成运放的损坏。可按图 4—44 所示利用二极管对输入信号加以限制。在图 4—44a 所示电路中，无论信号的正向电压还是反向电压超过二极管导通电压，两只二极管中总会有一只导通，从而可以将输入信号幅度限制在大约 $\pm U_V$（U_V 为二极管的正向压降）之间，起到保护作用。

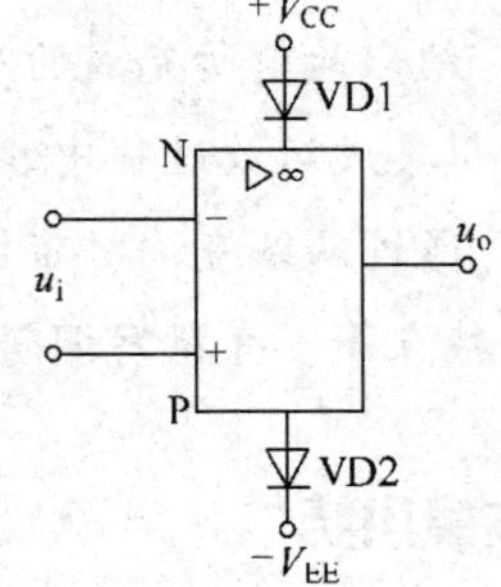

图 4—43　防止电源接反保护电路

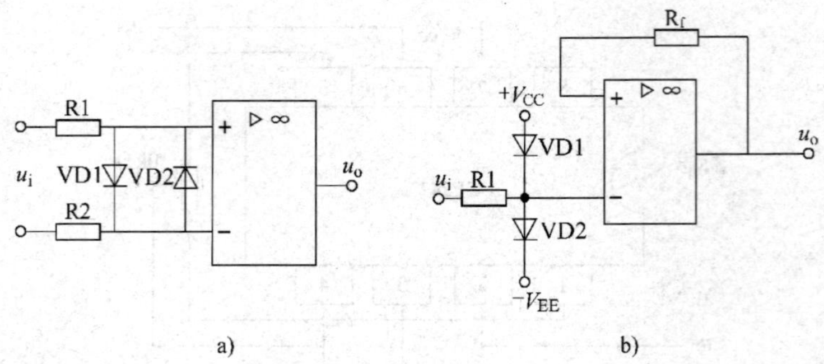

图 4—44　输入限幅保护

a）双端输入保护电路　b）单端输入保护电路

在图 4—44b 所示电路中，输入信号幅度被限制在 $-(V_{EE}+U_V)\sim(V_{CC}+U_V)$ 之间。

3．输出端保护

为了防止输出端触及过高电压引起过流或击穿，可在集成运放输出端接双向稳压管加以保护，如图 4—45 所示。它一方面将集成运放与负载隔离开来，限制了输出电流，另一方面也将输出电压限制在 $\pm U_Z$ 以内，从而起到保护作用。

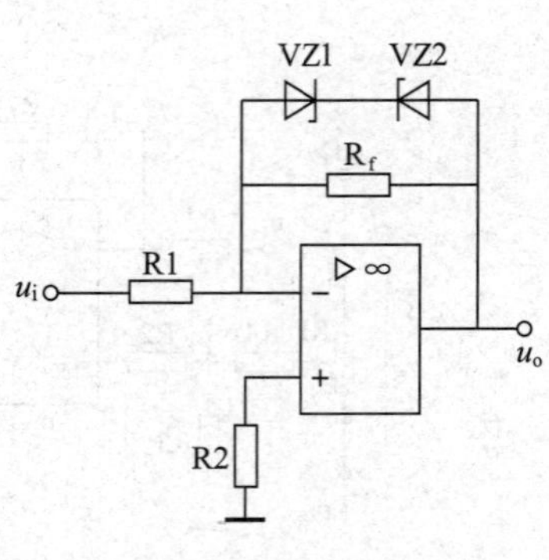

图 4—45　输出保护电路

随堂练习

1．用集成运放组成放大电路，接通电源后，将集成运放两输入端对地短路，输出电压却不为零，原因可能是什么？应该如何处理？

2．用集成运放组成运算放大器，开始能正常工作，工作一段时间后输出电压突然接近正、负电源两个极限值。一定是集成运放损坏了吗？可能是什么原因？应该如何处理？

职业能力培养

1．结合此前所完成的有关集成运放的实训任务，归纳总结使用集成运放的注意事项，以及使用集成运放过程中的保护措施。

2．通过网络查询、市场调研等多种途径，收集常见通用型和专用型集成运放的型号、价格及特点等，并撰写调研报告。

本章小结

1．集成运放的主要参数有开环差模电压放大倍数、开环差模输入电阻、开环输出电阻、共模抑制比、输入失调电压、最大输出电压等。通用型集成运放适合一般应用，特殊型集成运放在某方面性能优良，因而适合特殊要求的场合。

2. 集成运放引入负反馈时工作在线性区，这时输出电压与输入电压满足线性放大关系。集成运放不引入反馈或仅引入正反馈，则工作在非线性区，这时输出电压只有两种可能：$+U_{om}$或$-U_{om}$；同时其净输入电流为零。

3. 理想集成运放工作于线性状态时，净输入电流为零，称为“虚断”；净输入电压也为零，称为“虚短”。“虚断”和“虚短”是分析集成运放运算电路的两个基本出发点。

4. 集成运放有反相输入、同相输入和差分输入三种输入方式，其中反相输入和同相输入的比例运算放大器是各种运算电路的基础。由集成运放组成的各种运算电路及其运算关系见表4—10。

表4—10　　由集成运放组成的运算电路

运算名称	基本电路	运算关系	说明
反相比例运算	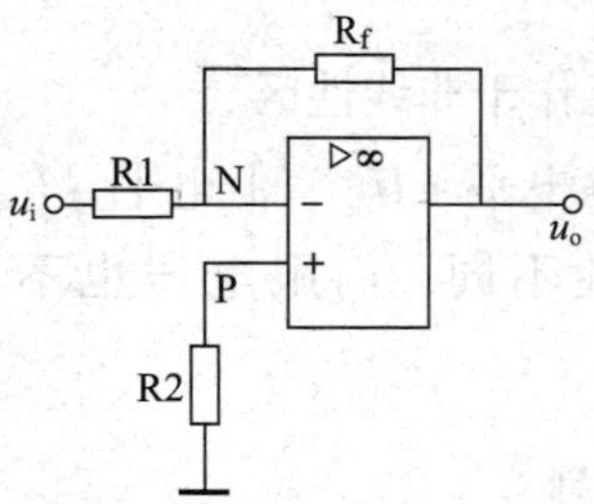 R_f, R1, N, P, R2, u_i, u_o, ▷∞	$u_o=-\frac{R_f}{R_1}u_i$ 当$R_f=R_1$时，$u_o=-u_i$（反相器） 平衡电阻$R_2=R_1//R_f$	（1）R_f引入电压并联负反馈 （2）反相输入端“虚地” （3）实现了反相比例运算
同相比例运算	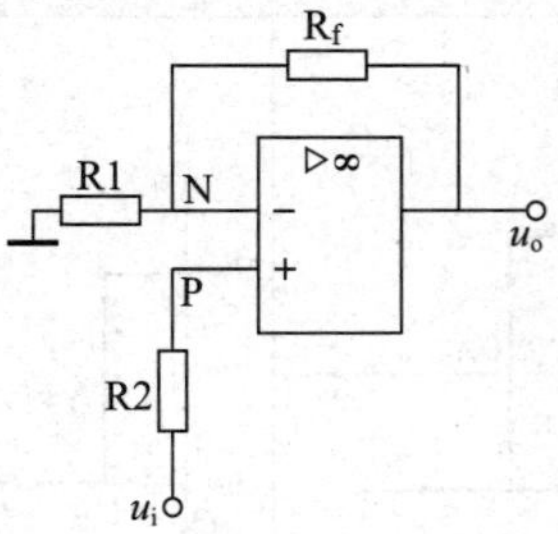 R_f, R1, N, P, R2, u_i, u_o, ▷∞	$u_o=\left(1+\frac{R_f}{R_1}\right)u_i$ 当$R_f=0$或$R_1=\infty$时，$u_o=u_i$（电压跟随器） 平衡电阻$R_2=R_1//R_f$	（1）R_f引入电压串联负反馈 （2）实现了同相比例运算 （3）$A_{uf}\geqslant 1$
反相加法运算	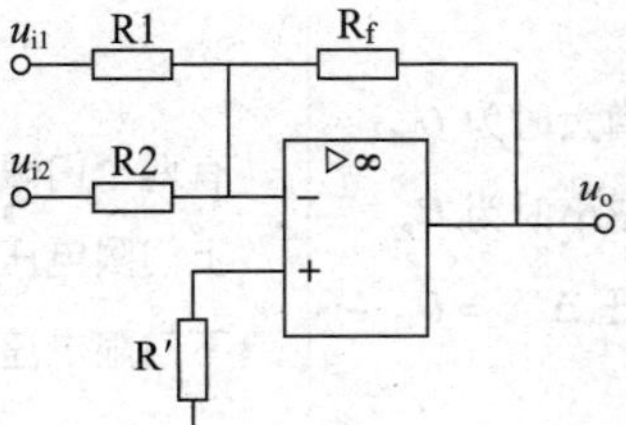 u_{i1}, u_{i2}, R1, R2, R_f, R′, u_o, ▷∞	$u_o=-\left(\frac{R_f}{R_1}u_{i1}+\frac{R_f}{R_2}u_{i2}\right)$ 当$R_f=R_1=R_2$时，$u_o=-(u_{i1}+u_{i2})$ 平衡电阻$R'=R_1//R_2//R_f$	（1）与反相比例运算电路的特点相同 （2）实现了加法运算

续表

运算名称	基本电路	运算关系	说明
减法运算	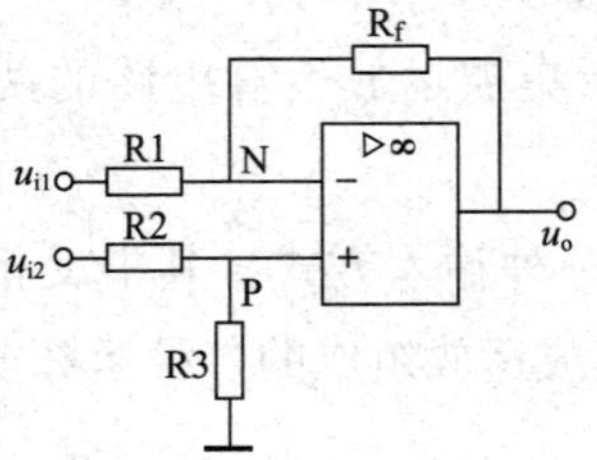	$u_o=\left(1+\frac{R_f}{R_1}\right)\left(\frac{R_3}{R_2+R_3}\right)u_{i2}-\frac{R_f}{R_1}u_{i1}$ 当 $R_1=R_2$，$R_3=R_f$ 时，$u_o=\frac{R_f}{R_1}(u_{i2}-u_{i1})$ 平衡电阻应满足 $R_3/\!/R_2=R_1/\!/R_f$	（1）R_f 对 u_{i1} 构成电压并联负反馈，对 u_{i2} 构成电压串联负反馈 （2）它由同相比例放大和反相比例放大组合而成 （3）实现了减法运算

5. 各种电压比较器有两个共同点：

（1）集成运放处于开环状态或引入了正反馈，工作于非线性区。

（2）输入信号是模拟量，输出信号是数字量（高电平 $+U_{om}$，低电平 $-U_{om}$）。

各种电压比较器的区别在于它们的传输特性不同，门限电压也不同，具体见表4—11。

表4—11　　各种电压比较器的区别

	过零比较器	单门限比较器	迟滞比较器	窗口比较器
传输特性	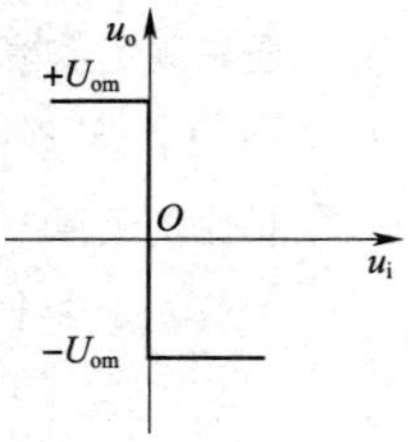	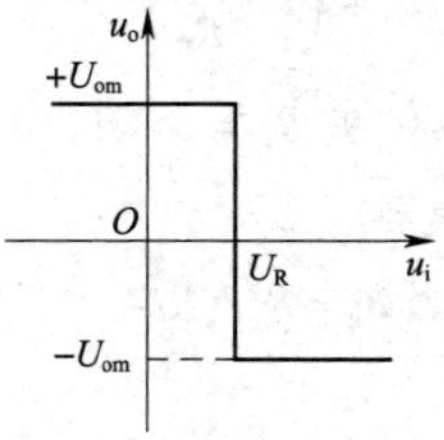	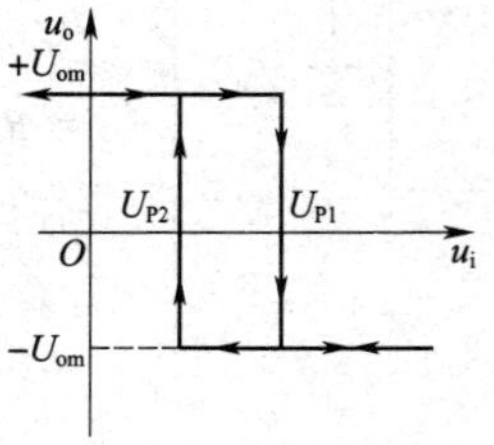	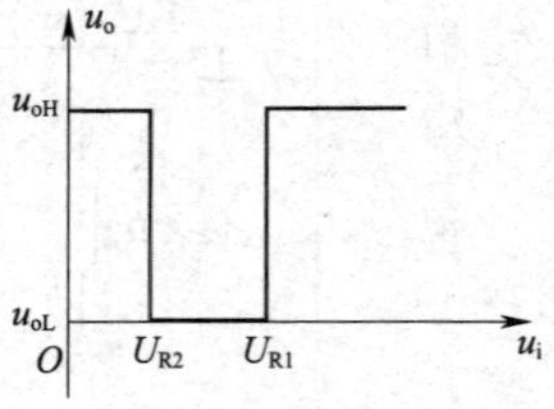
门限电压	$U_R=0$ V	只有一个门限电压 U_R	u_i 逐渐增大时为 U_{P1} u_i 逐渐减小时为 U_{P2} 回差电压 $\Delta U_P=U_{P1}-U_{P2}$	有两个门限电压： 上门限电压 U_{R1} 下门限电压 U_{R2}

续表

	过零比较器	单门限比较器	迟滞比较器	窗口比较器
电路特点	当 u_i 经过 0 V 时，u_o 发生跳变。电路简单，灵敏度高；但抗干扰能力差	当 u_i 等于 U_R 时，u_o 发生跳变。电路简单，灵敏度高；但抗干扰能力差	当 u_i 逐渐增大以及逐渐减小时，门限电压不同，传输特性呈迟滞曲线状。抗干扰能力强	当 u_i 单方向变化时，u_o 将发生两次跳变。传输特性呈窗孔状

6. 集成运放在使用时必须先查手册，接线要正确，要进行消振和调零。为避免集成运放损坏，还应在输入、输出端加接保护电路；为防止电源接反，应在电源端加接保护电路。

第五章　波形发生器

在电子电路中，常需要各种波形的信号作为测量、通信或控制信号，波形发生器就是用来产生一定频率、一定幅度和一定变化特性交流信号的电路，在测量、通信、自动控制领域有着广泛的应用。本章所介绍的波形发生器，包括正弦波振荡器和非正弦波发生器。

图 5—1 所示为部分波形发生器实物。

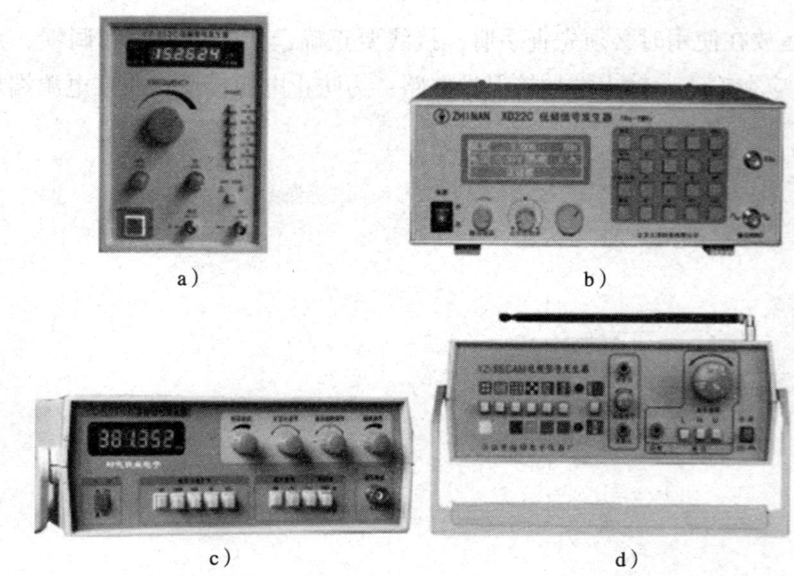

a）　b）　c）　d）

图 5—1　波形发生器实物

a）高频信号发生器　b）低频信号发生器　c）函数信号发生器　d）电视信号发生器

§5—1　选频放大器与正弦波振荡器

学习目标

1. 理解 LC 并联电路的频率特性和选频放大器的特点。
2. 了解正弦波振荡器的组成和类型。
3. 掌握自激振荡产生的条件。

选频放大器的特点是：能在频率众多的信号中选出某一频率的信号加以放大。正弦波振荡器的特点是：无需外加信号，自己就能产生一定频率、一定幅度的正弦波信号。实际上，正弦波振荡器就是一种特殊的选频放大器。

一、LC 并联电路的频率特性

LC 并联电路如图 5—2a 所示，其中 R 是电感线圈 L 的等效损耗电阻。图 5—2b、c 分别为 LC 并联电路的阻抗频率特性曲线和相位频率特性曲线。

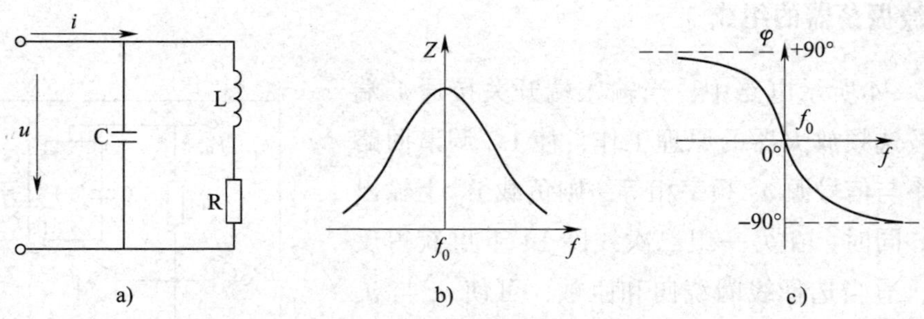

图 5—2　LC 并联电路的选频特性

a）LC 并联电路　b）阻抗频率特性　c）相位频率特性

当信号频率 $f = f_0 = \dfrac{1}{2\pi\sqrt{LC}}$ 时，电路发生谐振，LC 并联电路呈**纯电阻性**，等效阻抗值达到最大，附加相移 $\varphi_0 = 0$。当 $f < f_0$ 时，$\varphi_0 > 0$，电路呈**电感性**；当 $f > f_0$ 时，$\varphi_0 < 0$，电路呈**电容性**。而且这两种情况下，LC 并联电路的等效阻抗值都将减小。

二、选频放大器的特点

在无线电通信设备中，要求放大器具有选频放大能力，即放大器能在频率众多的信号中选出某一频率的信号并加以放大。具有选频放大能力的放大器称为选频放大器。

如图 5—3a 所示，用 LC 并联电路取代放大器中原负载电阻，则放大器即具有选频放

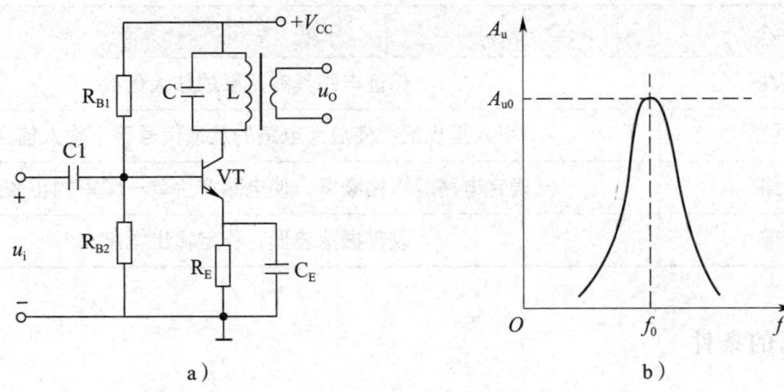

图 5—3　选频放大器及其幅频特性

a）原理电路　b）选频放大器幅频特性

大能力。它对于频率等于谐振频率$f_0\left(\frac{1}{2\pi\sqrt{LC}}\right)$的信号，输出电压最大，即具有最大的电压放大倍数$A_{uo}$，一旦信号频率偏离$f_0$，则电压放大倍数明显下降，如图5—3b所示。

由于选频放大器通常都是利用LC调谐回路的谐振特性来选频，所以也称**调谐放大器**。

三、正弦波振荡器的组成

在图5—4所示电路中，当输入端开关接通1端时，电路按选频放大器的原理工作，使LC调谐回路的谐振频率与信号源u_S频率相等，则负载R_L上输出电压最大。同时，在另一组二次线圈L1上可获得反馈电压u_f，适当选择线圈绕向和匝数，可使u_f与u_S相位相同，大小相等。将开关从1端转向2端，反馈电压u_f经耦合电容C_B加到三极管基极，代替了原外加信号源u_S，放大器便能持续不断地向负载R_L提供交流电压。由于电路无需外加信号，自己就能产生正弦电压信号，所以称为**自激正弦波振荡器**，简称**正弦波振荡器**。

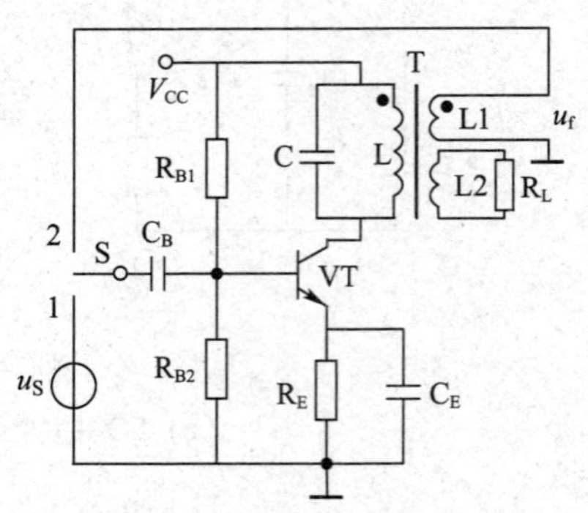

图5—4　从调谐放大器到振荡器

从以上分析可知，正弦波振荡器应包括一个**基本放大器**和一个**正反馈网络**，为了产生单一频率的正弦波，还必须有**选频网络**，此外，还要有**稳幅环节**，以保证输出信号的稳定。在实用电路中，常将选频网络和正反馈网络合二为一，对于由分立元件组成的振荡器，则是依靠三极管的非线性和引入负反馈来实现稳幅作用。

正弦波振荡器的组成及各部分作用见表5—1。

表5—1　　正弦波振荡器的组成及各部分作用

组成部分	作用
基本放大器	保证电路具有足够的放大倍数
正反馈网络	引入正反馈，使放大电路的反馈信号等于输入信号
选频网络	确定电路的振荡频率，使电路产生单一频率的正弦波
稳幅环节	改善振荡波形，稳定输出幅度

四、自激振荡的条件

由于振荡器无需外加信号，而是用反馈信号作为输入信号，因此要形成等幅振荡必须保证每次回送的反馈信号与原输入信号完全相同，即不仅要振幅相同，而且要相位相同。

故振荡器的自激振荡条件实际应包含以下两个条件：

1. 相位平衡条件

根据反馈信号与输入信号相位相同的要求，基本放大器与反馈网络的总相移必须等于 2π 的整数倍，即

$$\varphi_A + \varphi_F = 2n\pi \text{（}n\text{ 为整数）}$$

这样所引入的反馈才是正反馈。

2. 振幅平衡条件

根据反馈信号与输入信号大小相等的要求，设放大器电压放大倍数为 A，反馈系数为 F，则有 $u_f = AFu_i = u_i$，可得

$$AF = 1$$

一般取 $AF \geqslant 1$，这样做是为了便于电路起振。

振荡电路只有同时满足相位平衡条件和幅度平衡条件才有可能起振。

五、自激振荡的过程

在图 5—4 所示电路中，当开关 S 接到 2 端时，便成为自激振荡器。在接通电源瞬间，电路受到扰动，这个扰动就是初始信号，它具有跳变的特性，包含丰富的交流谐波，经 LC 回路选出频率为 $f = f_0 = \dfrac{1}{2\pi\sqrt{LC}}$ 的信号，通过 L1 回送到输入端，形成“放大⟶选频⟶正反馈⟶再放大”不断循环的过程，振荡便由弱到强地建立起来。当振荡信号幅度达到一定数值时，由于三极管非线性区的限制作用（有些振荡器设有专门的稳幅环节）使放大倍数降低，振幅也就不再增大，最终使电路维持稳幅振荡，如图 5—5 所示。

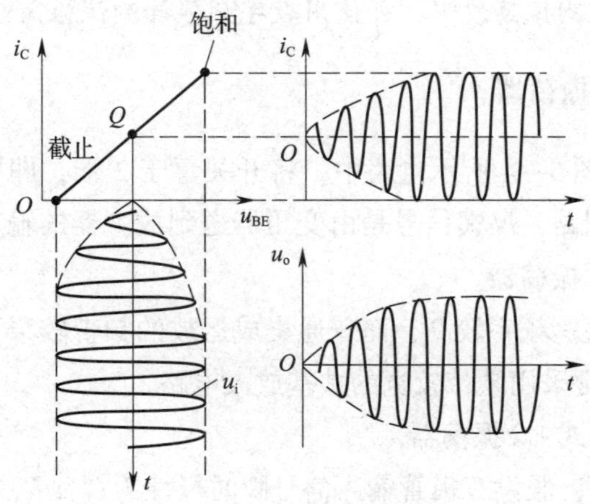

图 5—5　自激振荡的过程

六、正弦波振荡器的类型

正弦波振荡器常按选频网络组成元件来命名，可分为 LC 振荡器（包括石英晶体振荡器）和 RC 振荡器两大类。LC 振荡器的振荡频率多在 1 MHz 以上，RC 振荡器的振荡频率较低，一般在 1 MHz 以下。石英晶体振荡器的特点是振荡频率非常稳定。

正弦波振荡器广泛应用于多种电子设备中，例如，无线电发射机中的载波信号源、超外差收音机中的本振信号源、数字系统中的时钟信号源、微波炉中的高频振荡源等。

随堂练习

1. 振荡器与放大器的主要区别是什么？

2. 振荡器主要由哪几部分组成？选频网络的作用是什么？

3. 判断图 5—6 所示电路能否产生自激振荡，并说明原因。

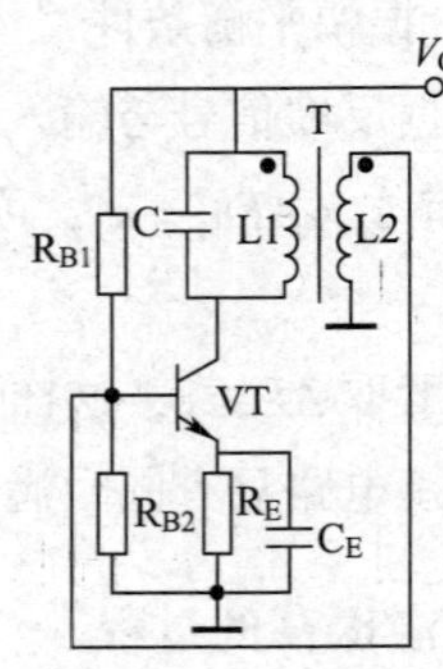

图 5—6　题 3 图

§5—2　LC 振荡器

学习目标

1. 熟悉 LC 振荡器的组成和特点，能判断电路能否产生自激振荡。

2. 能安装和调试电容三点式振荡电路。

3. 能使用示波器观测振荡波形，并使用数字频率计测试振荡频率。

一、变压器反馈式 LC 振荡器

在上一节所讨论的图 5—4 所示电路中，将开关置于 2 端，即可构成振荡器，其选频网络采用的是 LC 调谐回路，反馈信号是由变压器送到放大器的输入端，这样组成的振荡器称为变压器反馈式 LC 振荡器。

由于 LC 振荡器的振荡频率较高，而普通集成运放的频带较窄，所以放大器多采用分立元件电路，必要时还常采用频带较宽的共基放大电路。

1. 共射变压器反馈式 LC 振荡器

电路如图 5—7 所示，假设三极管输入信号瞬时极性为“+”，由于 LC 回路谐振时为纯阻性，因此，三极管集电极瞬时极性为“-”，反馈线圈 L1 的同名端瞬时极性为“+”，反馈信号送到输入端，与输入信号极性相同，满足相位平衡条件。只要三极管的

电流放大系数β合适，L1 与 L 的匝数比合适，即可满足振幅平衡条件。该电路振荡频率为

$$f_0 = \frac{1}{2\pi\sqrt{LC}}$$

共射变压器反馈式 LC 振荡器功率增益高，容易起振，但由于共射电流放大系数随工作频率的增高而急剧降低，所以当改变频率时振荡幅度将随之变化，因此共射振荡器常用于固定频率的振荡器。

2. 共基变压器反馈式 LC 振荡器

电路如图 5—8 所示，仍用瞬时极性法判断电路能否起振，但应注意，对于共基电路，反馈信号是加在发射极。假设发射极输入信号瞬时极性为“+”，则三极管集电极瞬时极性为“+”，反馈线圈 L 的同名端瞬时极性为“+”，引入正反馈，满足相位平衡条件。正反馈量的大小可通过调节 L 的匝数或 L 与 L1 两个线圈之间的距离来改变。

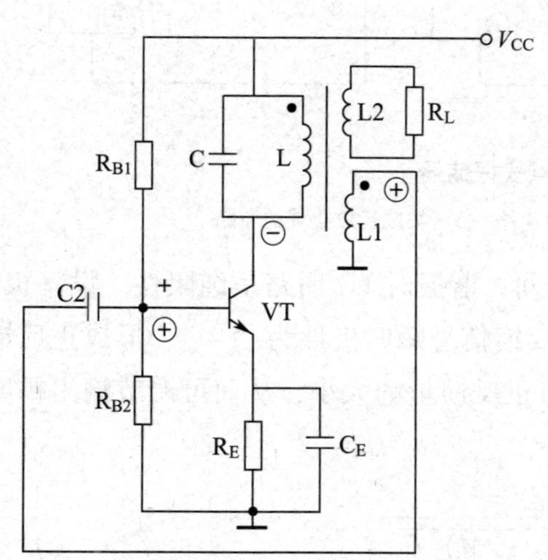

图 5—7 共射变压器反馈式 LC 振荡器

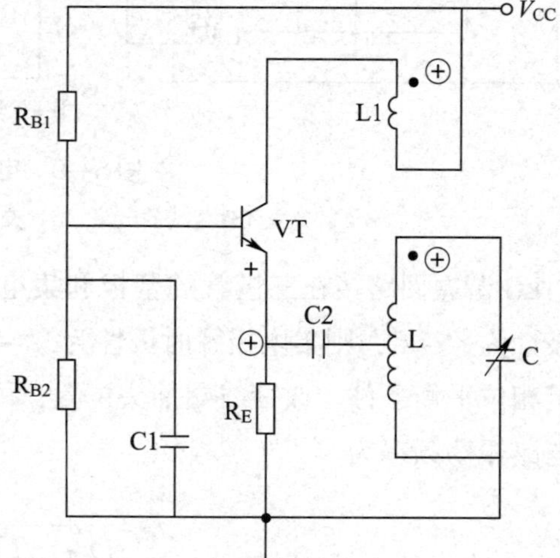

图 5—8 共基变压器反馈式 LC 振荡器

共基变压器反馈式 LC 振荡器输出波形较好，振荡频率调节方便，一般采用固定电感与可变电容配合调节。

二、三点式 LC 振荡器

在变压器反馈式 LC 振荡器中，由于反馈信号与输出信号靠磁路耦合，因而损耗较大。为了克服这一缺点，加强谐振效果，可采用直接从 LC 选频网络引出反馈信号的三点式振荡电路。

三点式 LC 振荡器分电感三点式和电容三点式两种。它们的共同点是：在交流通

路中，LC 谐振回路的三个引出端分别与三极管的三个极相连。其与发射极相连的为两个相同性质电抗，与基极相连的为两个相反性质电抗。这一接法俗称“**射同基反**”，凡是按这一法则连接的三点式振荡器，必定满足相位平衡条件，否则不可能起振。

1. 电感三点式振荡器

图 5—9a、b 所示是电感三点式振荡器的原理电路和交流等效电路。由图可见，接法符合“射同基反”法则。

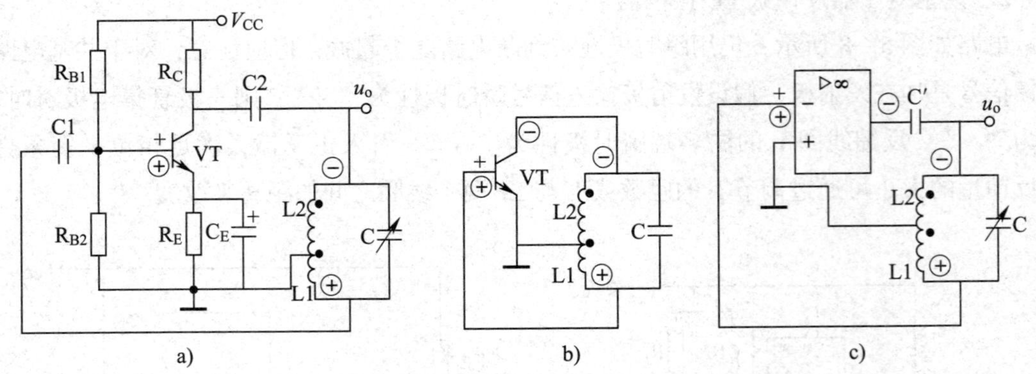

图 5—9　电感三点式振荡器

a）分立元件组成的电路　b）交流等效电路　c）集成运放组成的电路

LC 谐振回路接在三极管的基极和集电极之间，谐振时 LC 回路呈纯阻性。设基极瞬时极性为“+”，则集电极瞬时极性为“-”，反馈信号瞬时极性为“+”，形成正反馈，满足相位平衡条件。改变线圈抽头位置，可调节正反馈量的大小，从而可调节输出幅度。该电路振荡频率为

$$f_0=\frac{1}{2\pi\sqrt{(L_1+L_2+2M)\ C}}$$

式中，M 为 L1 和 L2 之间的互感。由于 L1 和 L2 之间耦合很紧，故电路容易起振，输出幅度较大。谐振电容通常采用可变电容，以便于调节振荡频率，工作频率可达几十兆赫兹。但因反馈电压取自电感，输出信号中含有高次谐波较多，波形较差，常用于对波形要求不高的振荡器中。

2. 电容三点式振荡器

图 5—10 所示是电容三点式振荡器电路及其交流等效电路，其电路工作原理分析与电感三点式振荡器相似，振荡频率为

$$f_0=\frac{1}{2\pi\sqrt{L\dfrac{C_1C_2}{C_1+C_2}}}$$

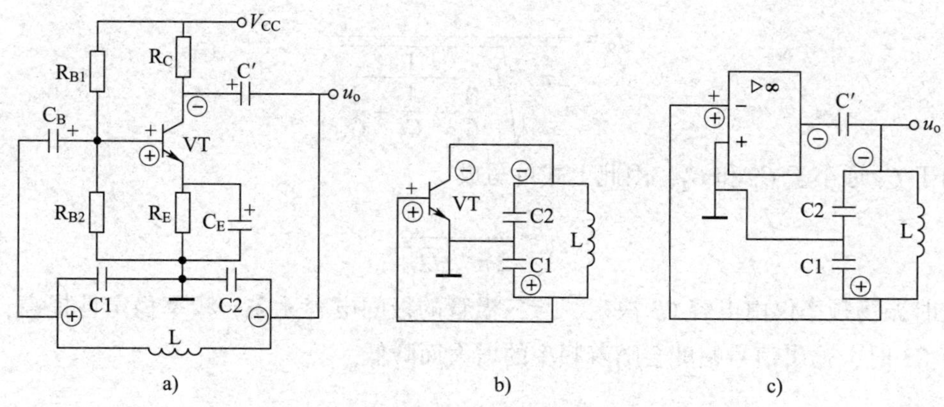

图 5—10　电容三点式振荡器

a）分立元件组成的电路　b）交流等效电路　c）集成运放组成的电路

由于 C1 和 C2 的电容量可以取得较小，所以振荡频率可以很高，一般可达 100 MHz 以上。由于反馈信号取自电容，所以反馈信号中所含高次谐波少，输出波形较好。其缺点是调节频率不便，因为电容量的大小既影响振荡频率，又影响反馈量，即影响起振条件，调节电容有可能造成停振。此外，当振荡频率较高时，三极管的极间电容将成为 C1、C2 的一部分。由于三极管的极间电容会随着温度等因素变化，所以影响了振荡频率的稳定性。

3．改进型电容三点式振荡器

为了减小三极管极间电容的影响，提高电容三点式振荡器的频率稳定性，常采用图 5—11 所示的改进电路。

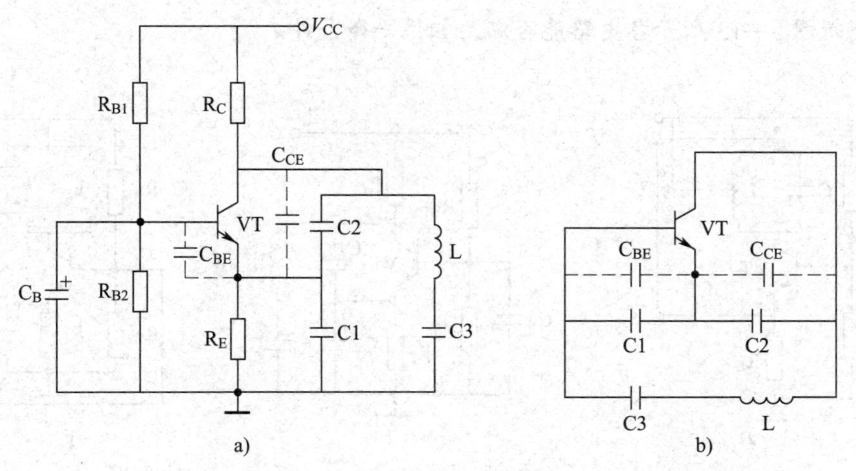

图 5—11　改进型电容三点式振荡电路

a）原理电路　b）交流等效电路

该电路的振荡频率为

$$f_0 = \frac{1}{2\pi\sqrt{L\dfrac{1}{\dfrac{1}{C_1}+\dfrac{1}{C_2}+\dfrac{1}{C_3}}}}$$

由于 C_3 远小于 C_1 和 C_2，因此上式可写成

$$f_0 \approx \frac{1}{2\pi\sqrt{LC_3}}$$

这时振荡频率仅由电容 C3 决定，与三极管的极间电容无关，频率稳定性提高，缺点是调节 C3 时，输出信号幅度会随着频率的增大而降低。

随堂练习

1. 简要说明图 5—12 所示各电路不能产生自激振荡的原因。

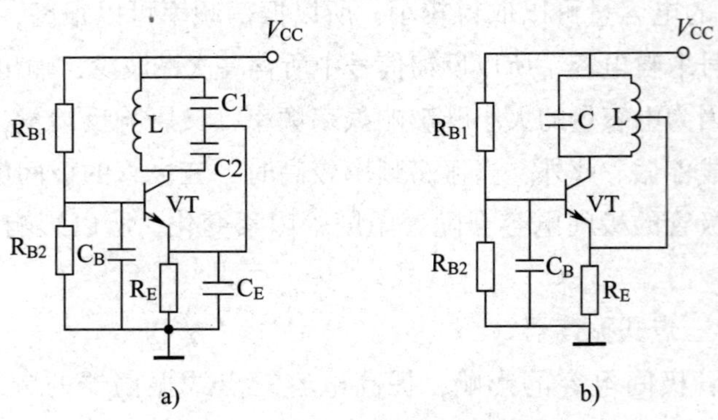

图 5—12　题 1 图

2. 判断图 5—13 所示各电路能否满足相位平衡条件。

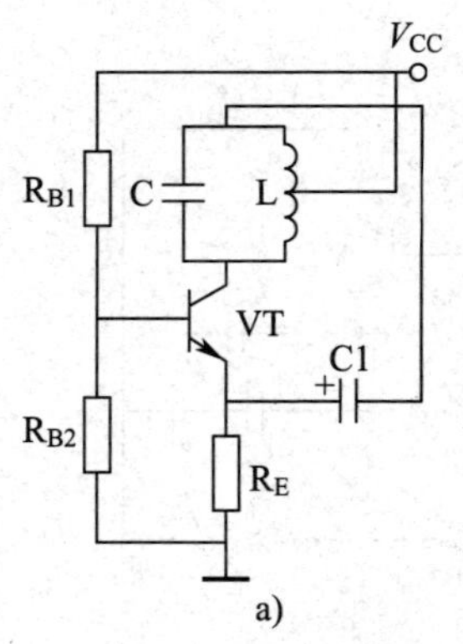

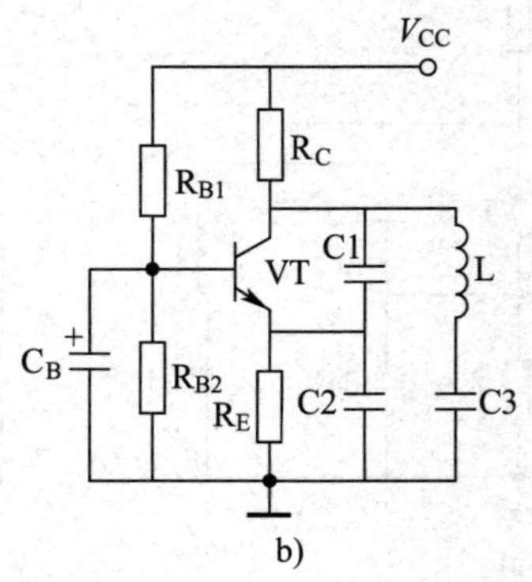

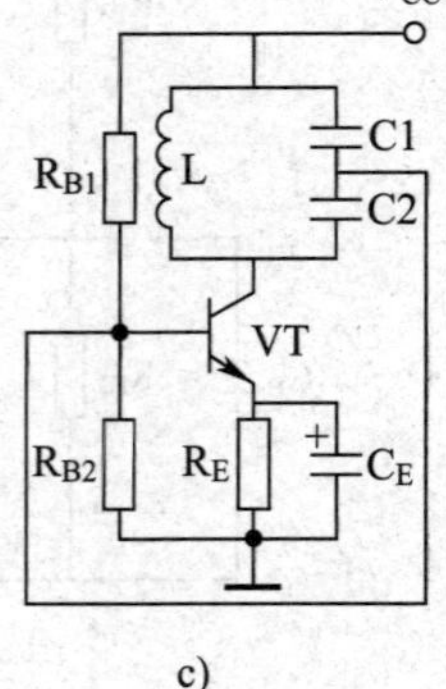

图 5—13　题 2 图

实训项目 6

电容三点式振荡器的安装与调试

一、实训要求

1. 能对电路中使用的元器件进行检测。
2. 能正确安装和调试电容三点式振荡器。
3. 能正确使用示波器观测振荡波形，并使用计数器（数字频率计）测量振荡频率。

二、实训电路

电容三点式振荡器如图 5—14 所示。

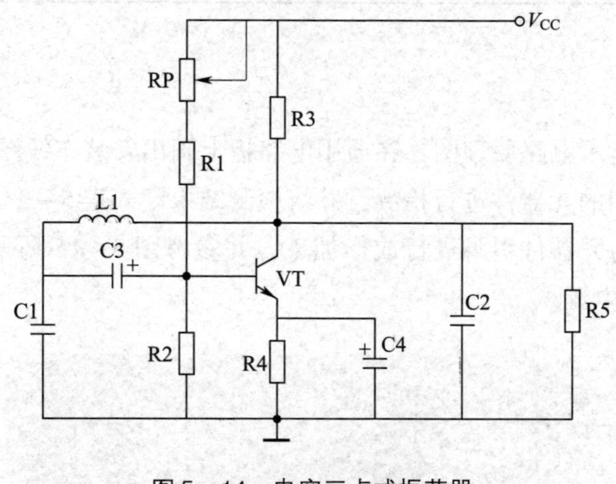

图 5—14 电容三点式振荡器

三、器材准备

示波器、计数器（数字频率计）、直流稳压电源各 1 台，万用表 1 只，常用电子组装工具 1 套。

元器件型号规格见表 5—2。

表 5—2 元器件明细表

代号	名称	型号规格	检测结果
R1	电阻器	22 kΩ	实测值：
R2	电阻器	5.1 kΩ	实测值：

续表

代号	名称	型号规格	检测结果
R3	电阻器	4.7 kΩ	实测值：
R4	电阻器	330 Ω	实测值：
R5	电阻器	10 kΩ	实测值：
RP	微调电位器	47 kΩ	质量：
C1、C2	涤纶电容器	0.01 μF	质量：
C3、C4	电解电容器	0.1 μF/16 V	质量：
L1	电感器	330 μH	质量：
		30 mH	质量：
VT	三极管	9013 或 3DG6	质量：

四、安装调试

1. 按图 5—14 所示电路原理图，在通用电路板上画出安装布线图。

2. 对电路中使用的元器件进行检测，并将检测结果记入表 5—2。

3. 按工艺要求对元器件引脚进行成形加工，并参考图 5—15 所示实物图安装焊接电路，检查无误后接通电源。

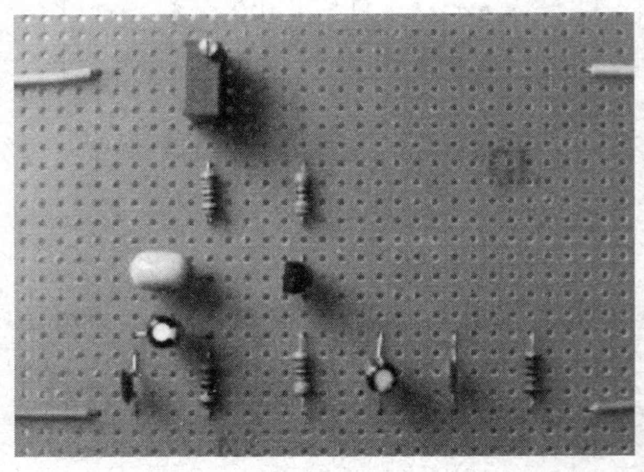

图 5—15　电容三点式振荡器安装实物图

4. 调节电位器 RP，使电路正常起振，直至示波器显示不失真的信号波形。

5. 用计数器（图 5—16）或频率计测量信号频率，并记入表 5—3。通用计数器面板和频率测量方法简介如下：

图 5—16 CA1640P－02 型函数信号发生器/计数器

将待测量的信号接入计数器的输入插口，按“扫频/计数”按键，将工作模式选为外部计数，则左侧的频率显示窗口便可显示所测信号的频率值。

6. 根据公式计算频率值，并与测量值做比较。

7. 将电感换成 30 mH 的大电感，重复上述过程。

表 5—3 测试记录表

电感 L	计数器测得的频率（Hz）	计算值 $\left(f_0=\dfrac{1}{2\pi\sqrt{L\dfrac{C_1C_2}{C_1+C_2}}}\right)$
300 μH		
30 mH		

注意事项

（1）如果电路元件参数配合不好，静态工作点设置不当，电路可能不起振，因此要注意元件参数配置，仔细调试静态工作点。

（2）电路振荡时，测量三极管基极与发射极间电压 u_{BE}，发现 u_{BE} 会降低，并可能形成负偏压，这可作为判断电路是否起振的一个简便方法。

u_{BE} 实际测量值为________V。

五、实训总结

1. 画出该振荡器的交流等效电路。

2. 说明该电路是如何满足自激振荡条件的。

3. 分析测试记录，说明电感 L1 电感量的大小与振荡频率的关系。

六、测评记录

按表 5—4 所列项目进行测评，并做好记录。

表 5—4　　　　测评记录表

序号	测评项目	配分（分）	得分（分）
1	检测元器件的质量	2	
2	按工艺要求安装焊接电路	2	
3	用示波器检测输出信号波形	2	
4	用计数器测量频率	2	
5	用万用表测量三极管 u_{BE}	2	

§5—3　石英晶体振荡器

学习目标

1. 理解石英晶体的谐振特性。
2. 熟悉石英晶体振荡器的组成和工作原理，能判断电路能否产生振荡。

环境温度变化、电源电压波动或元件老化等都可能导致选频网络参数变化，使振荡器的频率稳定度下降。采用石英晶体组成的振荡电路可以产生高精度和高稳定度的正弦波信号，常用于标准信号发生器、脉冲计数器、计算机时钟信号发生器等。

一、石英晶体的特性

石英晶体振荡器简称**晶振**，它是将天然的石英晶体按一定方向切割成很薄的晶片，再将晶片的两个相对表面抛光、镀银，并引出两个电极，封装而成。其结构、图形符号与外形如图 5—17 所示。

图 5—17　石英晶体振荡器

a）结构　b）图形符号　c）外形

1. 压电效应和压电谐振

当在石英晶体两极间加上交变电场时，晶片将会产生相应频率的机械变形；反之，当施加机械力使晶片产生机械振动时，晶片两极间会出现相应的交变电场，这种物理现象称为**压电效应**。一般情况下，无论是机械振动还是交变电场，其振幅都很小，但是当外加交变电场的频率与石英晶体的固有频率相当时，振幅会骤然增大，这就是石英晶体的**压电谐振**。产生压电谐振时的频率称为石英晶体的谐振频率。

2. 等效电路和振荡频率

石英晶体的等效电路如图 5—18a 所示。当晶体不振动时，可等效为一个平板电容 C_0，称为静态电容，其值约为几皮法到几十皮法。当晶体振动时，可用 L 和 C 分别等效晶体振动时的惯性和弹性，用 R 等效晶体振动时的摩擦损耗。一般 L 约为 $1\times10^{-3}\sim1\times10^{-2}$H，$C$ 约为 $1\times10^{-2}\sim1\times10^{-1}$ pF，R 约为 100 Ω 。由于 L 很大，C 和 R 很小，根据 $Q=\frac{1}{R}\sqrt{\frac{L}{C}}$ 可知，回路的品质因数 Q 值极高，可达 $1\times10^{4}\sim1\times10^{6}$，这对振荡频率的稳定很有好处。而晶体的固有频率只与晶片的几何尺寸和电极面积有关，所以可以做得很精确、稳定。

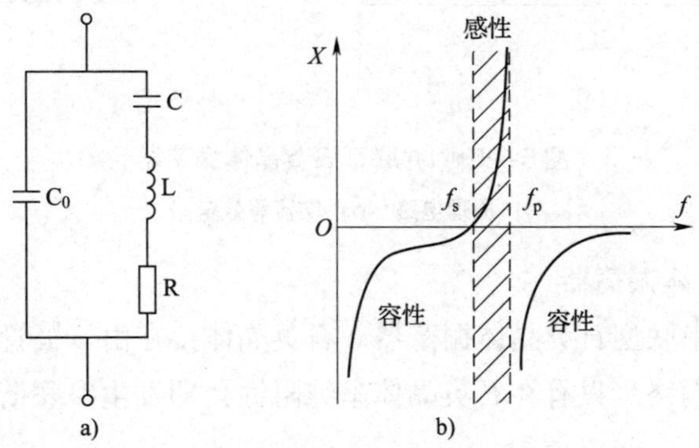

图 5—18　石英晶体的等效电路和频率特性

a）等效电路　b）频率特性

分析石英晶体的等效电路可知，它有两个谐振频率。

（1）当 RLC 支路发生串联谐振时，等效为纯电阻 R，阻抗最小，**串联谐振频率**为

$$f_s=\frac{1}{2\pi\sqrt{LC}}$$

（2）当外加信号频率高于 f_s 时，RLC 支路呈电感性，与 C_0 支路发生并联谐振，**并联谐振频率**为

$$f_p=\frac{1}{2\pi\sqrt{L\frac{CC_0}{C+C_0}}}\approx f_s\sqrt{1+\frac{C}{C_0}}$$

由于 $C \ll C_0$，因此，f_s 和 f_p 非常接近。石英晶体的频率特性如图 5—18b 所示。**石英晶体在频率为 f_s 时呈纯阻性，在 f_s 和 f_p 之间呈感性，在此区域之外均呈容性。**

二、石英晶体振荡器

1. 并联型石英晶体振荡器

如果用石英晶体取代电容三点式振荡器中的电感，就得到并联型石英晶体振荡器，如图 5—19a 所示。图 5—19b 所示为它的交流等效电路。石英晶体在回路中起电感的作用，即振荡频率在 f_s 与 f_p 之间。电容 C1、C2 对频率的影响很小，所以频率的稳定度很高。

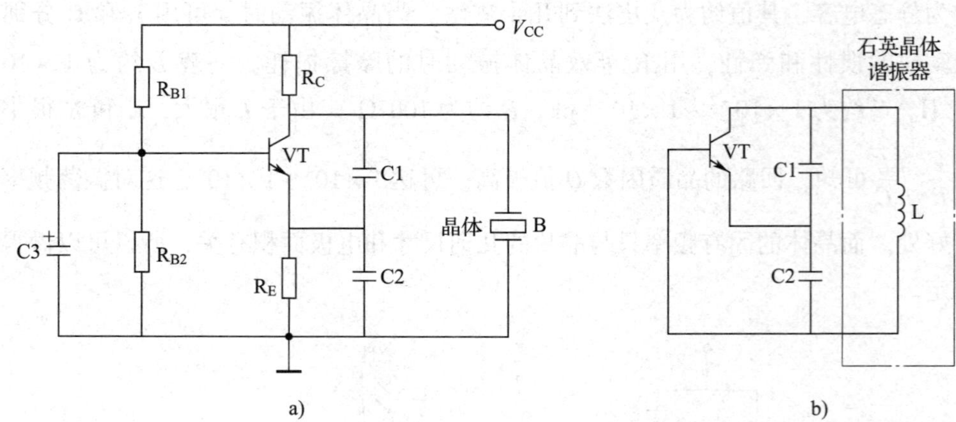

图 5—19 并联型石英晶体振荡器

a）原理电路 b）交流等效电路

2. 串联型石英晶体振荡器

图 5—20 所示为串联型石英晶体振荡器。石英晶体接在由三极管构成的两个放大器之间，构成正反馈选频网络。只有在石英晶体呈纯阻性，即发生串联谐振时，电路才满足相

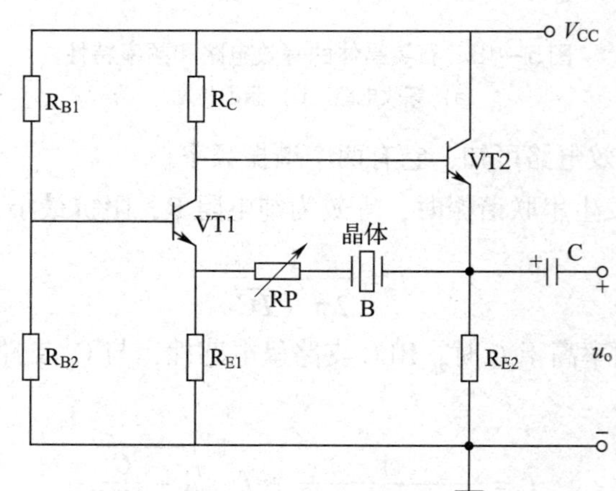

图 5—20 串联型石英晶体振荡器

位平衡条件。所以，电路的谐振频率即石英晶体的串联谐振频率。适当调节 RP 可控制反馈量的大小，使电路既满足振幅平衡条件，又不致因反馈过强而使输出波形失真。

随堂练习

1. 在并联型、串联型石英晶体振荡器中，石英晶体可以分别等效为什么元件？

2. 判断图 5—21 所示电路能否满足振荡条件。

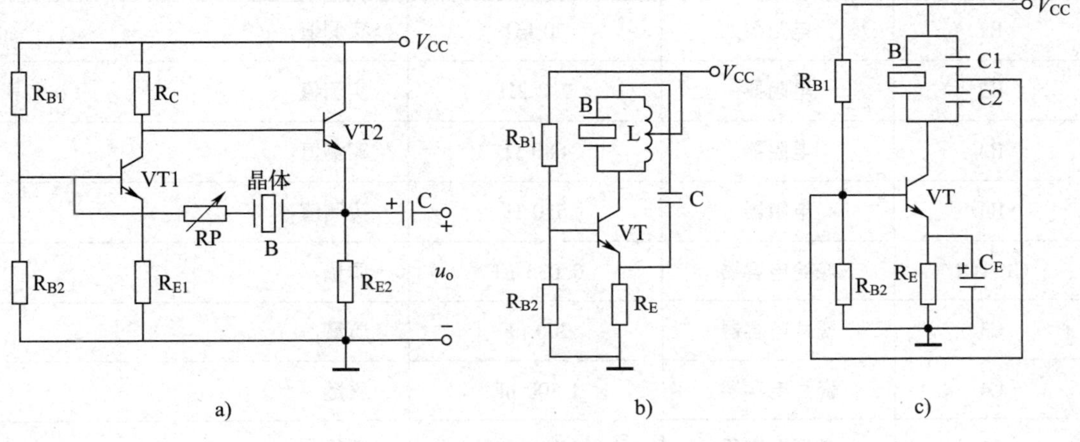

图 5—21　题 2 图

实训项目 7

石英晶体振荡器的安装与调试

一、实训目的

1. 能正确安装和调试石英晶体振荡器。

2. 能正确使用示波器观测振荡波形，并使用数字频率计测试振荡频率。

二、实训电路

石英晶体振荡器如图 5—22 所示。

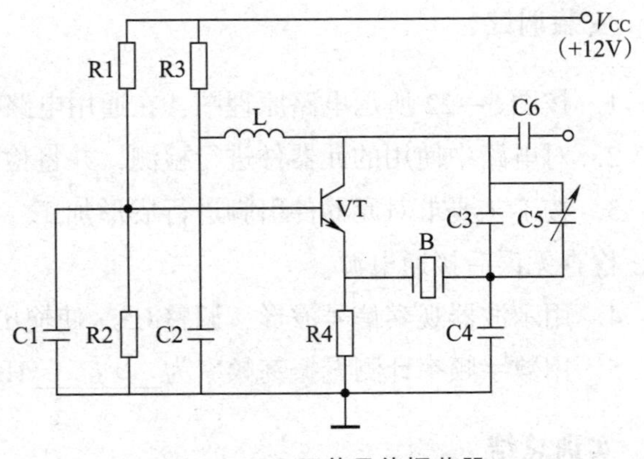

图 5—22　石英晶体振荡器

三、器材准备

示波器、数字频率计、直流稳压电源各 1 台，常用电子组装工具 1 套。

元器件型号规格见表 5—5。

表 5—5　　　　元器件明细表

代号	名称	型号规格	检测结果
R1	电阻器	20 kΩ	实测值：
R2	电阻器	2.2 kΩ	实测值：
R3	电阻器	680 Ω	实测值：
R4	电阻器	510 Ω	实测值：
C1、C2	涤纶电容器	0.033 μF	质量：
C3	瓷片电容器	300 pF	质量：
C4	瓷片电容器	1 500 pF	质量：
C5	微调电容器	2 215 pF	质量：
C6	瓷片电容器	56 pF	质量：
L	电感器	3.9 μH	质量：
VT	三极管	9014 或 3DG6	质量：
B	石英晶体	3AT5	

四、安装调试

1. 按图 5—22 所示电路原理图，在通用电路板上画出安装布线图。
2. 对电路中使用的元器件进行检测，并将检测结果记入表 5—5。
3. 按工艺要求对元器件引脚进行成形加工，并参考图 5—23 所示实物图安装焊接电路，检查无误后接通电源。
4. 用示波器观察信号波形，调整 C5，使输出波形幅度最大。
5. 用数字频率计测量振荡频率为________ Hz。

五、实训总结

1. 画出该振荡器的交流等效电路。

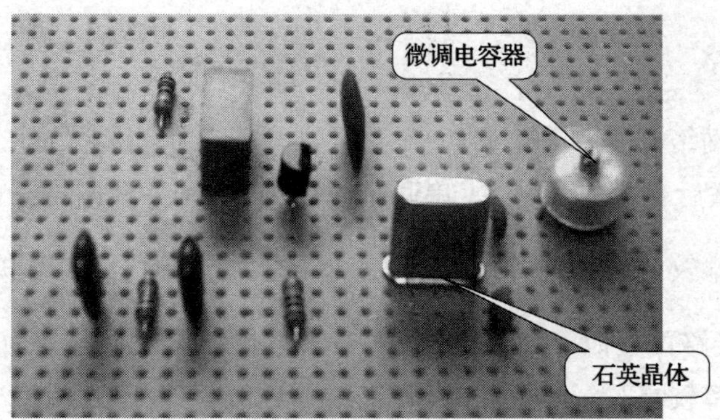

图 5—23　石英晶体振荡器安装实物图

2. 分析该振荡器是并联型石英晶体振荡器还是串联型石英晶体振荡器。

3. 写出完成此次任务的收获和体会。

六、测评记录

按表 5—6 所列项目进行测评，并做好记录。

表 5—6　　测评记录表

序号	测评项目	配分（分）	得分（分）
1	画出振荡器的交流等效电路	2	
2	检测元器件的质量	2	
3	按工艺要求安装焊接电路	2	
4	用示波器检测输出信号波形	2	
5	用数字频率计测量频率	2	

§5—4　RC 桥式振荡器

学习目标

1. 熟悉 RC 桥式振荡器的组成和工作原理。
2. 能正确安装和检测 RC 桥式振荡电路。
3. 能正确使用示波器观测振荡波形，并使用数字频率计测试振荡频率。

RC 桥式振荡器是由于电路中采用了 RC 选频网络和电桥的连接方式而得名。

一、RC 串并联网络

1．RC 串并联网络的等效电路

将 R2、C2 并联后，再与 R1、C1 串联，便构成 RC 串并联网络，如图 5—24 所示。

当输入信号频率较低时，$\frac{1}{\omega C_1} \gg R_1$，$\frac{1}{\omega C_2} \gg R_2$，所以 R1、C1 串联支路可近似等效为 C1，R2、C2 并联支路可近似等效为 R2，RC 串并联网络可近似等效为 C1 和 R2 串联。同理，当输入信号频率较高时，R1、C1 串联支路可近似等效为 R2，R2、C2 并联支路可近似等效为 C2，RC 串并联网络可近似等效为 R1 和 C2 串联。

2．RC 串并联网络的选频特性

图 5—25a、b 所示分别为 RC 串并联网络的幅频特性和相频特性。当输入信号的频率偏低或偏高时，输出信号的幅度都要减小，输出电压的相移向接近 +90°变化或接近 -90°变化。由于该频率特性曲线是连续的，显然，在中间必然存在某一频率点 f_0，在该频率点上，**输出电压幅度最大（$u_f/u_o = 1/3$），相移为零**。

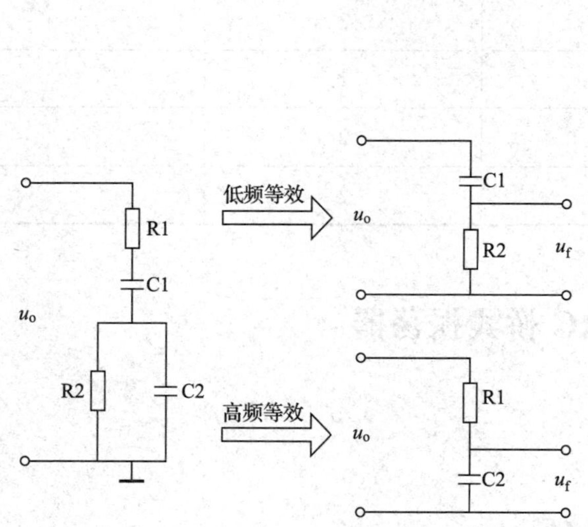

图 5—24 RC 串并联网络及其高、低频等效电路

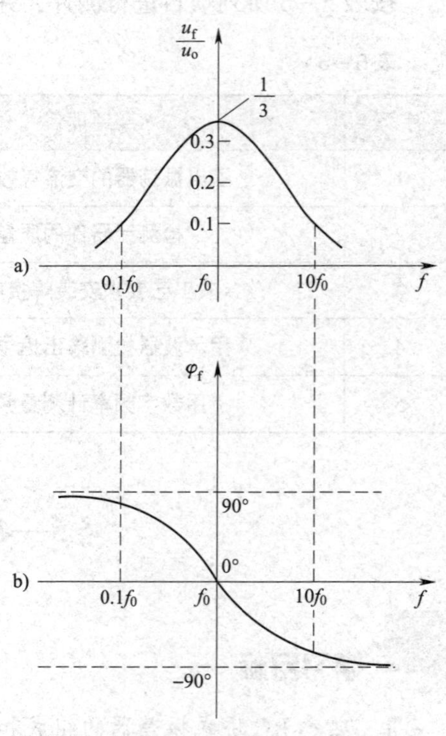

图 5—25 RC 串并联网络的频率特性
a）幅频特性 b）相频特性

谐振频率 f_0 取决于选频网络中 R1、C2、R2、C2 的数值。当 $R_1 = R_2 = R$、$C_1 = C_2 = C$ 时，电路的谐振频率为

$$f_0=\frac{1}{2\pi RC}$$

二、用集成运放组成的 RC 桥式振荡器

用集成运放组成的 RC 桥式振荡器如图 5—26 所示。电路采用集成运放接成同相放大器，RC 串并联网络既是正反馈网络，又是选频网络。

由于 $f=f_0$时，RC 串并联网络的附加相移为零，所以满足电路相位平衡条件。同时，RC 串并联网络提供的反馈系数 $F=\frac{u_f}{u_o}=\frac{1}{3}$，只要同相放大器的电压放大倍数大于 3，即可满足起振条件。

图 5—26 中，RT 是具有负温度系数的热敏电阻。当振荡电路刚起振时，RT 温度低，阻值大，引入负反馈量小，电压放大倍数大，$AF>1$，有利于电路起振。随着振幅增大，RT 温度上升，阻值减小，负反馈增强，电压放大倍数也减小，直到振荡器进入平衡状态，保持等幅振荡。

除了采用热敏电阻外，利用二极管的非线性也能实现自动稳幅。电路如图 5—27 所示，在负反馈电路中，二极管 VD1、VD2 与电阻 R3 并联，无论输出信号是正还是负，总有一只二极管导通。设两只二极管参数一致，正向交流电阻均为 r_d，则集成运放的闭环放大倍数为

$$A_f=1+\frac{R_P+R_3 /\!/ r_d}{R_4}$$

电路刚起振时，输出电压幅值较小，二极管 r_d 值较大，A_f 也较大，有利于起振。当输出电压幅值增大后，二极管电流增大，r_d 值变小，A_f 随之下降，从而达到自动稳幅的目的。R3、RP、R4 引入电压串联负反馈，起稳幅作用。

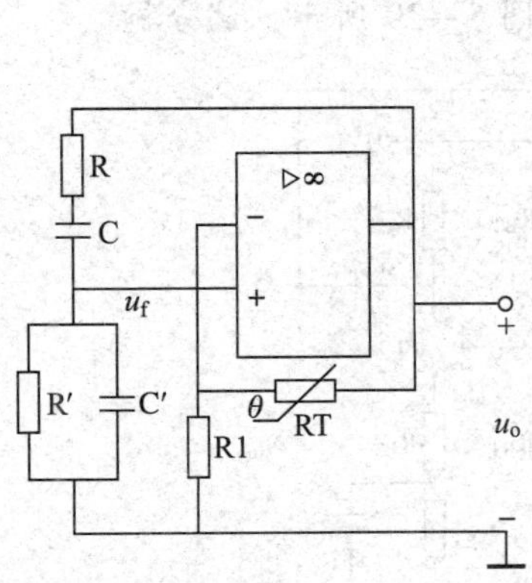

图 5—26　用集成运放组成的 RC 桥式振荡器

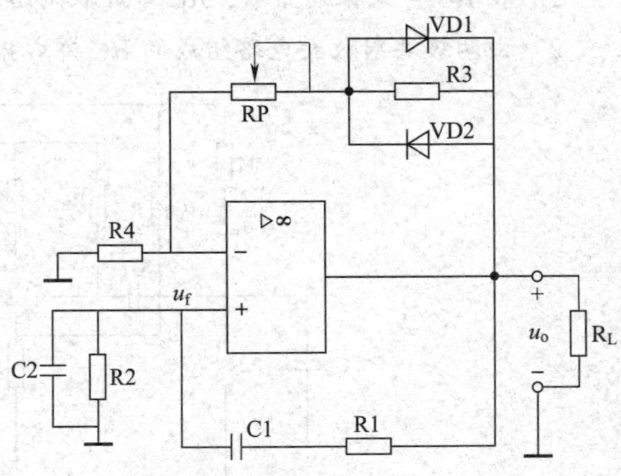

图 5—27　利用二极管稳幅的 RC 桥式振荡器

三、用分立元件组成的 RC 桥式振荡器

图 5—28 所示为用分立元件组成的 RC 桥式振荡器。采用两级放大器的目的是实现同相放大。电路输出信号经过 R1、C1、R2、C2 串并联选频网络反馈到输入端，相移为零，形成正反馈，满足相位平衡条件；同时，两级放大器也很容易满足幅度平衡条件（A = 3），所以电路很容易起振。

电路中 RP、R_f、R5 构成电压串联负反馈，不仅可以降低放大器的放大倍数，提高放大器的稳定性，还能提高输入电阻，降低输出电阻，并起到稳幅的作用。但必须注意，若负反馈量过大，会使电路停振；反之，若负反馈量过小，输出信号幅度过大，则容易引起波形失真。

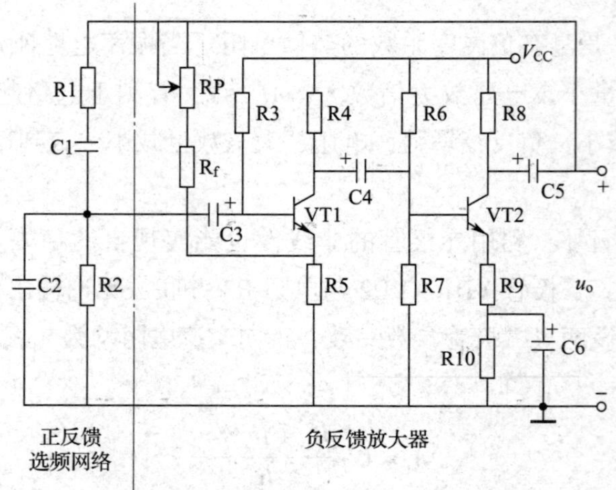

图 5—28　分立元件组成的 RC 桥式振荡器

随堂练习

1. 在 RC 桥式振荡器中，RC 串并联网络起什么作用？

2. 由两级共射放大电路组成的 RC 桥式振荡器如图 5—29 所示，试分析：

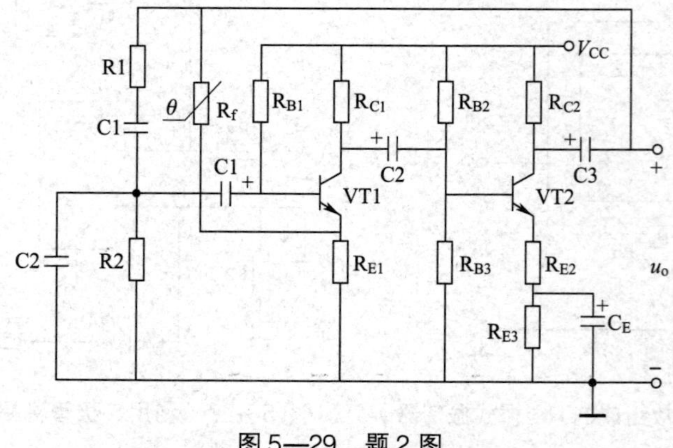

图 5—29　题 2 图

(1) 若将 VT2 这一级改用射极跟随器，电路能否起振？为什么？

(2) 电路中 R_f 采用负温度系数的热敏电阻，起什么作用？

实训项目 8

集成运放 RC 桥式振荡器的安装与调试

一、实训目的

1. 能用集成运放组成 RC 桥式振荡器。
2. 能使用示波器观测振荡波形，并使用数字频率计测试振荡频率。

二、实训电路

集成运放组成的 RC 桥式振荡器如图 5—30 所示。

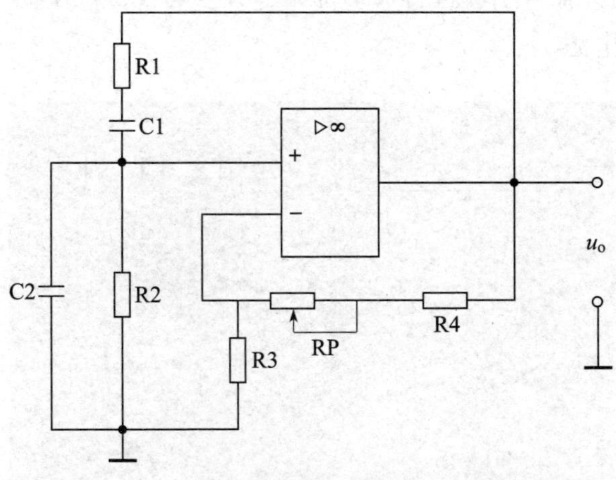

图 5—30　集成运放组成的 RC 桥式振荡器

三、器材准备

双踪示波器、数字频率计、双路直流稳压电源各 1 台，常用电子组装工具 1 套。元器件型号规格见表 5—7。

表 5—7　元器件明细表

代号	名称	型号规格	检测结果
R1、R2	电阻器	7.5 kΩ	实测值：
R3	电阻器	12 kΩ	实测值：

续表

代号	名称	型号规格	检测结果
R4	电阻器	22 kΩ	实测值：
RP	微调电位器	2.4 kΩ	质量：
C1、C2	涤纶电容器	0.02 μF	质量：
IC	集成运放	CF741	质量：
	插座	8 脚	质量：

四、安装调试

1. 按图 5—30 所示电路原理图，在通用电路板上画出安装布线图。

2. 对电路中使用的元器件进行检测，并将检测结果记入表 5—7。

3. 按工艺要求对元器件引脚进行成形加工，并参考图 5—31 所示实物图安装焊接电路，检查无误后接通电源。

图 5—31 集成运放组成的 RC 桥式振荡器安装实物图

4. 调节 RP，使示波器显示无明显失真的波形。

5. 使用数字频率计测量输出信号频率为________Hz，根据公式计算频率为________Hz。

6. 测得输出电压 u_o 的峰—峰值为________V，反馈电压 u_f 的峰—峰值为________V。

五、实训总结

1. 说明电路中各元器件的作用。

2. 写出完成此次任务的收获和体会。

六、测评记录

按表 5—8 所列项目进行测评，并做好记录。

表 5—8　　测评记录表

序号	测评项目	配分（分）	得分（分）
1	检测元器件的质量	2	
2	按工艺要求安装焊接电路	2	
3	用示波器检测输出信号波形	2	
4	测量 u_o 和 u_f	2	
5	用数字频率计测量频率	2	

*§5—5　非正弦波发生器

1. 熟悉方波发生器、三角波发生器的组成和工作原理。
2. 了解锯齿波发生器的组成和工作原理。
3. 了解函数信号发生器专用集成电路 ICL8038 的特点和应用。

除了正弦波外，非正弦波的应用也很广泛。常用的非正弦波有矩形波（含方波）、三角波、锯齿波等。

一、方波发生器

方波发生器及其输出电压波形如图 5—32 所示。电路由迟滞比较器和 RC 充放电回路两部分组成，双向稳压二极管对输出电压起稳幅作用。

1. 工作原理

假设开始时 $u_N = u_C(t) = 0$，且 $u_o = U_Z$，则门限电压为

$$U_{P1} = \frac{R_2}{R_1 + R_2} U_Z$$

此时，$u_N < U_{P1}$，确保输出电压 $u_o = U_Z$。u_o 经电阻 R_f 对电容 C 充电，使 u_C 由零逐渐上升，当 $u_C(t) > U_{P1}$ 时，输出电压 u_o 发生翻转，由 U_Z 跳变为 $-U_Z$，门限电压随之变为

$$U_{P2} = -\frac{R_2}{R_1 + R_2} U_Z$$

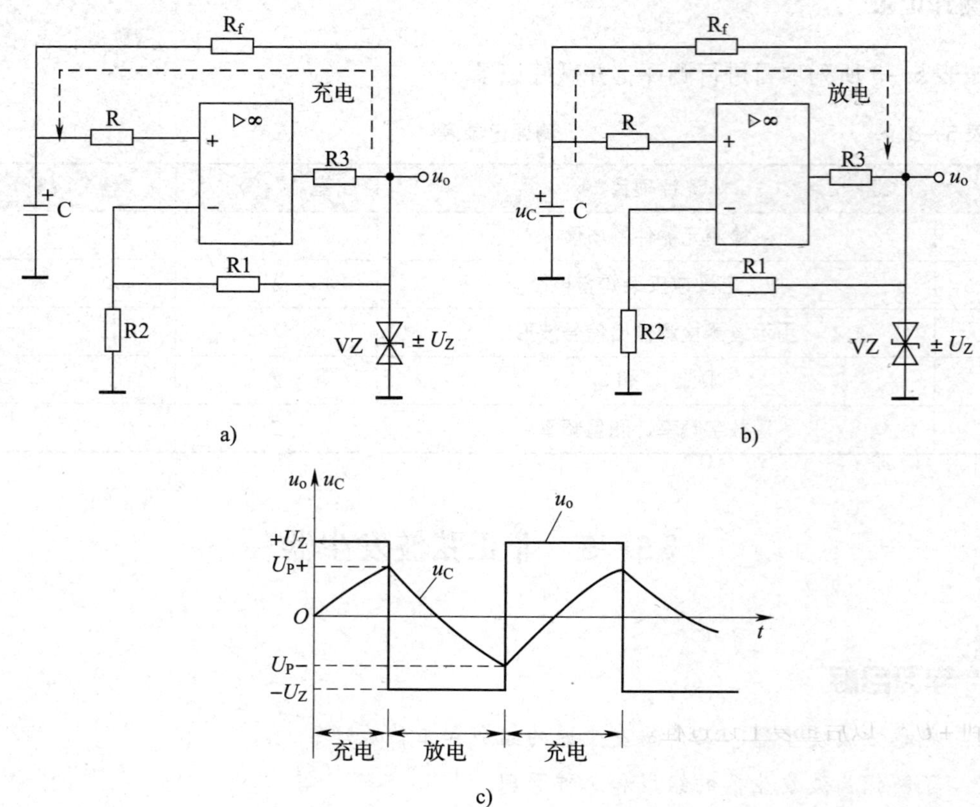

图 5—32　方波发生器及其输出电压波形

a）输出端对电容充电　b）电容向输出端放电

c）电容电压 u_C 波形及输出电压 u_o 波形

此后，电路的输出电压 $u_o = -U_Z$，对电容 C 反向充电（即电容 C 放电），$u_C(t)$ 逐渐下降，当 $u_C(t)$ 下降至 U_{P2}时，输出电压 u_o 又从 $-U_Z$ 翻回到 U_Z。如此周而复始，波形如图 4—29c 所示。

2. 振荡周期及其调节

方波周期与电容 C 的充放电时间有关，估算式为

$$T = 2R_f C\ln\left(1 + \frac{2R_2}{R_1}\right)$$

改变 R_f、C 或 R1、R2，即可改变方波的周期。若将电路做适当改动，**使电容充、放电时间不等，则输出信号便为正半周和负半周宽度不等（占空比≠1/2）的矩形波。**

二、三角波发生器

三角波发生器如图 5—33 所示，它由迟滞比较器和积分电路两部分组成。

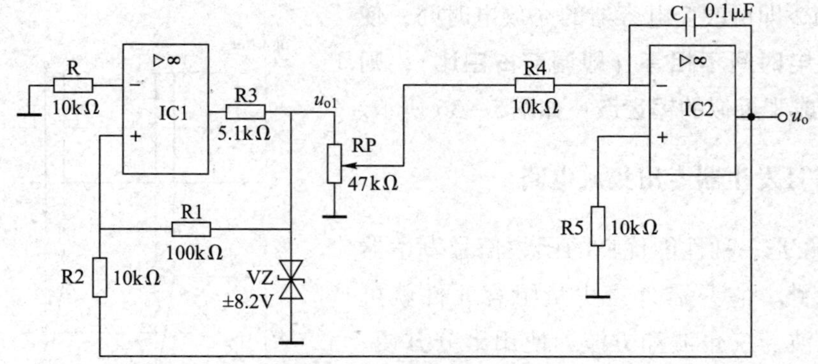

图5—33　三角波发生器

设 $t=0$ 时 IC1 输出为高电平，即 $u_{o1}=+U_Z$，积分电路上电压 $u_C=0$，则 $u_o=0$。IC1 同相输入端电压 $u_P=\frac{R_1}{R_1+R_2}u_{o1}+\frac{R_2}{R_1+R_2}u_o=\frac{R_1}{R_1+R_2}U_Z$，于是积分电路反向积分，$u_o$ 向负方向增长，u_P 随之下降，当 $u_P=u_N=0$ 时，u_{o1} 由 $+U_Z$ 跳变到 $-U_Z$，于是积分电路正向积分，u_o 向正方向增长，u_P 随之上升，当 $u_P=u_N=0$ 时，u_{o1} 由 $-U_Z$ 跳变到 $+U_Z$，以后重复上述过程。

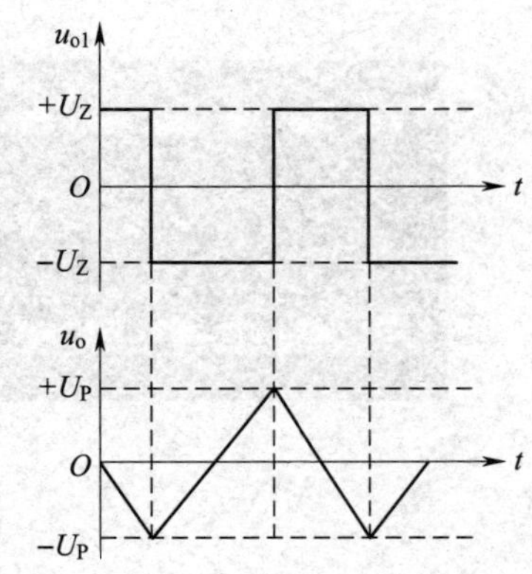

图5—34　三角波发生器输出波形图

由图5—34所示三角波发生器输出波形图可见，迟滞比较器的输出电压 u_{o1} 是方波，而积分电路的输出电压 u_o 是三角波。

三、锯齿波发生器

锯齿波发生器如图5—35所示，它由占空比可调的矩形波发生电路和积分电路两部分组成。

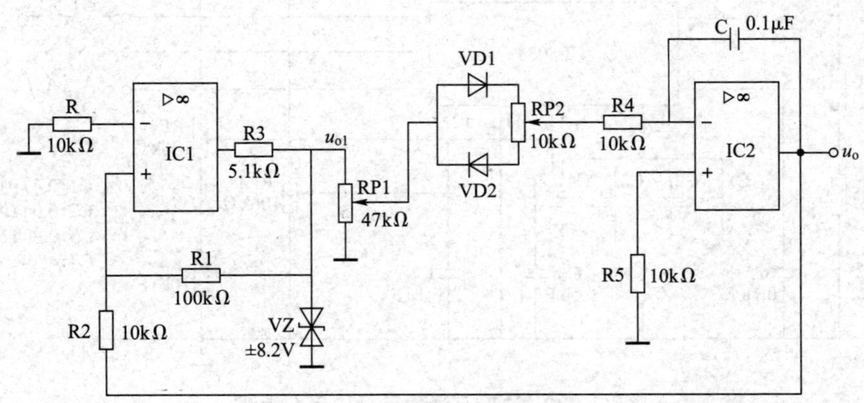

图5—35　锯齿波发生器

调节 RP2 即可改变电容器的充放电时间，**使电容器充放电时间不相等（即调节占空比），则三角波就变成了近似的锯齿波**，如图 5—36 所示。

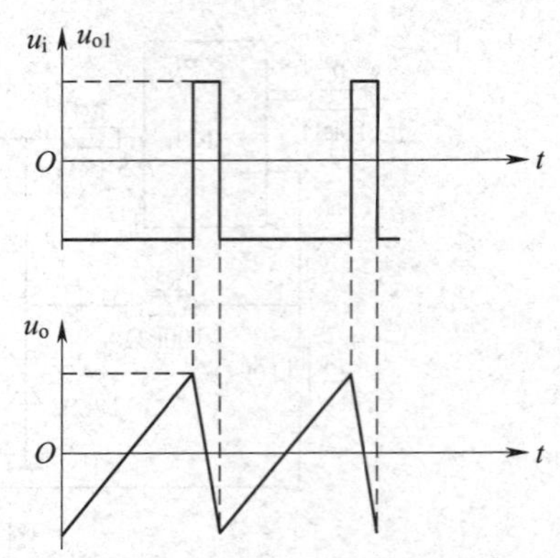

图 5—36　锯齿波发生器输入、输出波形图

四、函数信号发生器专用集成电路

ICL8038 是一种性能优良的函数信号发生器专用集成电路，它只需外接少量阻容元件就可以产生正弦波、三角波和方波，使用十分方便。图 5—37a、b 所示分别为 ICL8038 集成电路实物图和引脚排列图。

a）

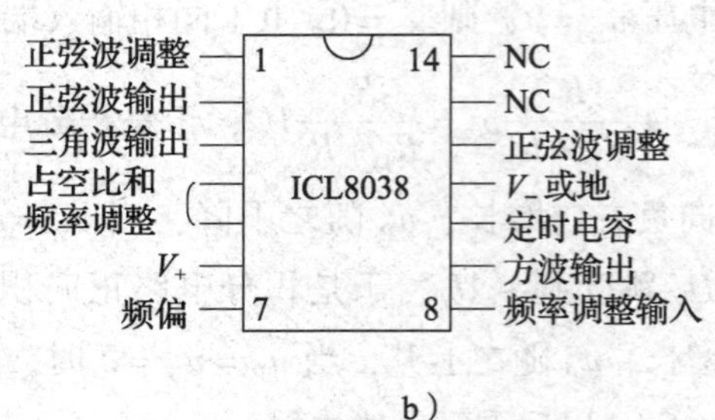

b）

图 5—37　ICL8038 集成电路

a）实物图　b）引脚排列图

利用 ICL8038 集成电路组成的波形可调的函数信号发生器如图 5—38 所示。

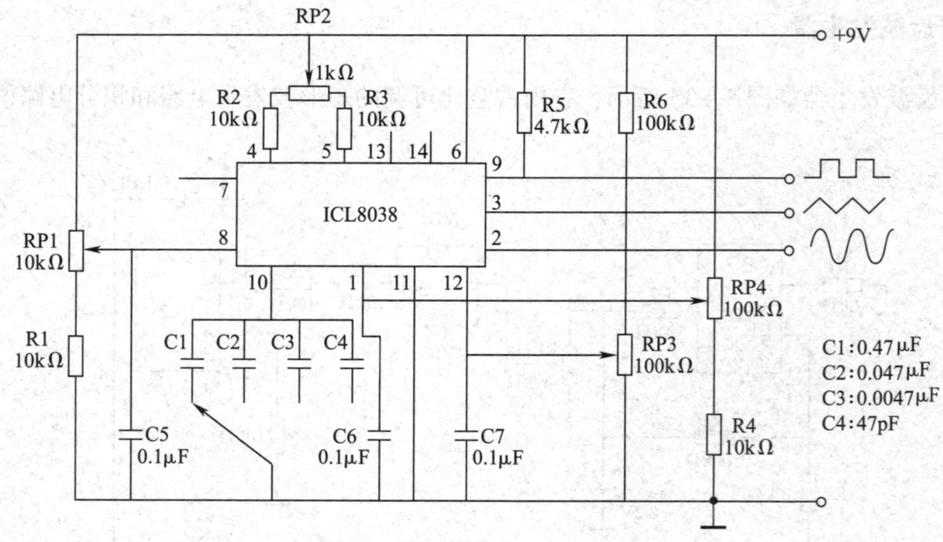

图 5—38　波形可调的函数信号发生器

该电路可同时产生正弦波、三角波和方波，且频率在 10 Hz ~ 100 kHz 范围内连续可调。RP1 为频率调节电位器，RP2 为方波占空比及三角波频率调节电位器，RP3 和 RP4 为正弦波失真度调节电位器。需要注意的是，该电路输出电压幅度只有 1 V 左右，且带负载能力较差，实际应用时需要接续放大电路，以提高不失真输出幅度和带负载能力。

随堂练习

1. 锯齿波发生器与三角波发生器的组成有何联系和区别？

2. 某波形发生器如图 5—39 所示。试分析：

(1) 电容 C 两端电压 u_C 为何种波形？

(2) 当 $R_1 = R_2$ 时，输出电压 u_o 为何种波形？

(3) 当 $R_1 \neq R_2$ 时，输出电压 u_o 为何种波形？

(4) 若增大 R，输出信号的振荡周期将如何变化？

(5) 若减小 R，输出信号的振荡周期将如何变化？

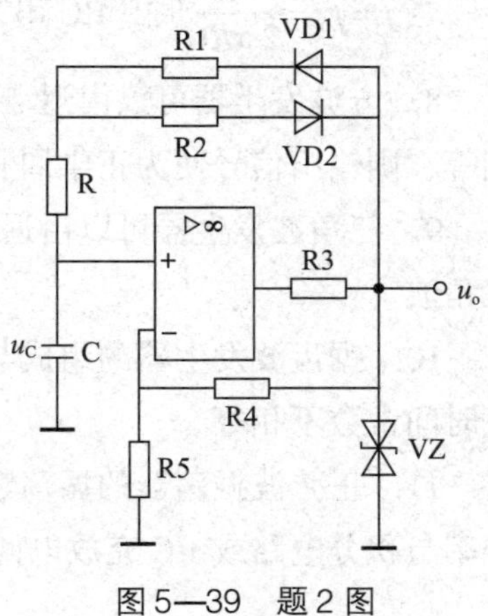

图 5—39　题 2 图

本章小结

1. 无须外加信号就能连续不断地产生一定频率、一定幅度和一定变化特性交流信号的电路称为波形发生器。波形发生器包括正弦波振荡器和非正弦波发生器。

2. 正弦波振荡器一般由基本放大器、正反馈网络、选频网络、稳幅环节四部分组成。

3. 正弦波振荡器要能产生自激振荡，必须同时满足相位平衡条件和振幅平衡条件。即

$$\begin{cases} \text{振幅平衡条件} \quad \varphi_A + \varphi_F = 2n\pi \ (n \text{ 为整数}) \\ \text{相位平衡条件} \quad AF \geqslant 1 \end{cases}$$

判断一个电路能否产生正弦振荡，首先要用瞬时极性法判断其是否满足相位平衡条件，再看放大电路能否正常工作，能否满足振幅平衡条件。

4. 按选频网络组成元件不同及反馈引入方式不同，正弦波振荡器可分为 LC 振荡器（包括石英晶体振荡器）和 RC 振荡器两大类。

5. LC 并联电路具有选频特性，其谐振频率为

$$f_0 = \frac{1}{2\pi\sqrt{LC}}$$

当 $f = f_0 = \dfrac{1}{2\pi\sqrt{LC}}$ 时，电路呈纯电阻性，等效阻抗达到最大值，且相移为零。

6. 石英晶体振荡器的特点是振荡频率特别稳定。在并联型石英晶体振荡器中，石英晶体相当于一个大电感；在串联型石英晶体振荡器中，石英晶体相当于一个谐振的 LC 串

联支路（近似为短路）。

7. RC 桥式振荡器的振荡频率为

$$f_0=\frac{1}{2\pi RC}$$

当$f=f_0=\frac{1}{2\pi RC}$时，RC 串并联网络的反馈系数为$\frac{1}{3}$，相移为零。

8. 方波发生器可以由迟滞比较器和 RC 充放电回路组成，使电容充放电时间常数不相等，则输出信号便为正半周和负半周宽度不等（占空比≠1/2）的矩形波。

9. 三角波发生器可以由迟滞比较器和积分电路组成，因为将方波进行积分即可得到三角波。

10. 锯齿波发生器的组成与三角波发生器相类似，区别只在于积分电路中电容的充放电时间常数不相等。

11. 正弦波振荡器的振荡频率主要取决于选频网络的参数，而非正弦波发生器的振荡频率与积分电路或 RC 充放电回路的时间常数有关，另外也与迟滞比较器的参数有关。

第六章　低频功率放大器

电子设备通常都是由多级放大器构成，其前置级和中间级的主要任务是把微弱的信号电压放大，输出功率并不一定很大。而在实际应用中，往往要求多级放大器的末级能输出足够的功率驱动负载正常工作，如使扬声器发声、继电器动作、仪表显示、伺服电动机转动等。这类主要用于向负载提供足够信号功率的放大器称为功率放大器，简称**功放**。

本章主要讨论低频功率放大器，即低频功放。图 6—1 所示为几种常用音频功放的外形。

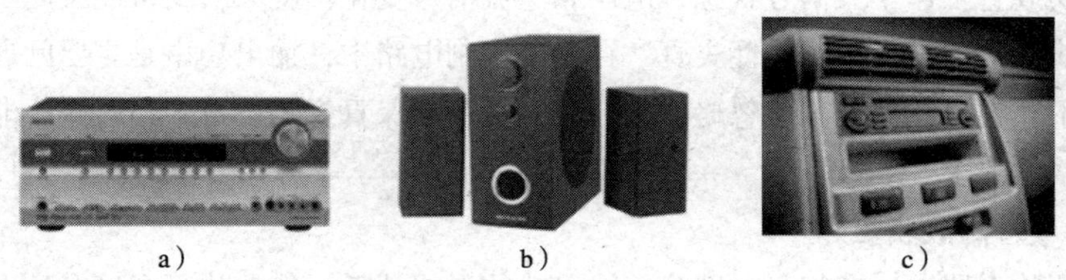

a)　　b)　　c)

图 6—1　常用音频功放的外形

a）AV 功放　b）计算机音箱　c）汽车音响

§6—1　功率放大器的基本要求及分类

学习目标

1．了解功率放大器的基本要求。

2．了解功率放大器的分类和特点。

功率放大器的主要任务是输出尽可能大的功率信号，功放管往往工作于线性应用的极限状态，因此，功率放大器从电路的组成和分析方法到电路元器件的选择，都与小信号电压放大器有着明显的区别和不同的要求。

一、功率放大器的基本要求

1．有足够的输出功率

为了获得足够大的输出功率，功放管应有足够大的电压和电流输出幅度，但又不允许超过三极管的极限参数 I_{CM}、P_{CM}、$U_{(BR)CEO}$。

2. 效率要高

在功率放大器中，直流电源提供的能量在转换成交流电能传送给负载的过程中，一部分能量会消耗在电路元器件和功放管的集电极上。

功率放大器的输出信号功率 P_o 与直流电源提供的直流功率 P_{DC} 之比称为功率放大器的效率，用 η 表示，即

$$\eta = \frac{P_o}{P_{DC}}$$

这一问题在小信号电压放大器中不必考虑，因为电路的输出功率较小，而在功率放大器中就必须考虑效率，即如何将一定的直流能量转换成尽可能大的交流能量。

3. 非线性失真要小

由于功放管工作于大信号状态，电压和电流信号变化幅度大，很可能会超出三极管特性曲线的线性范围，产生非线性失真。在一些控制电路中，输出功率是主要问题，非线性失真问题不算突出，但也不可忽略；而在收音机及高保真音响设备中，对减小非线性失真就有很严格的要求。

4. 功放管的散热要好

在功率放大器中，有相当一部分电能以热的形式消耗，使功放管温度升高，因此，要利用散热装置来提高功放管的最大允许耗散功率，从而提高功率放大器的输出功率。例如，当 3AD50 不加散热器，环境温度在 20℃时，该管 P_{CM} 仅为 1 W；装入合适的散热器后，P_{CM} 可提高到 10 W。

二、功率放大器的分类

1. 按功放管静态工作点的设置分类

根据功放管静态工作点的位置不同，可分为甲类、乙类、甲乙类等，它们的集电极电流波形如图 6—2 所示。

(1) 甲类功放

功放管静态工作点设置在放大区的中间区域，在输入信号的整个周期内功放管都处于放大状态，输出信号无失真。但静态电流大，效率低，其理想的最大效率仅为 50%。

(2) 乙类功放

功放管静态工作点设置在截止区边缘，功放管仅在输入信号的半个周期内导通，输出为半波信号。如果采用两只功放管组合起来交替工作，轮流放大信号的正、负半周（称为**推挽**），则可以让它们的输出信号

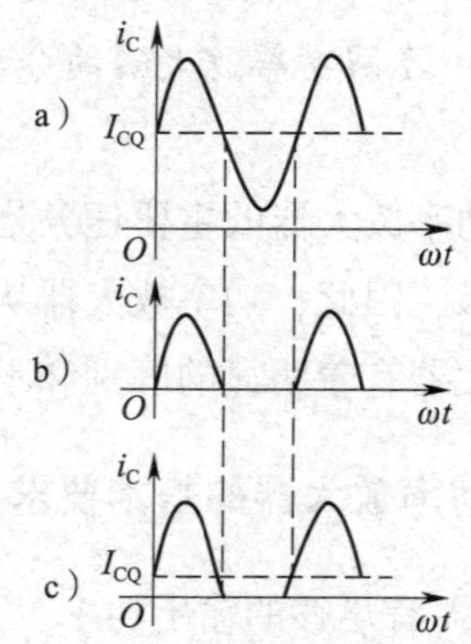

图 6—2 各类功放的集电极电流波形
a) 甲类 b) 乙类 c) 甲乙类

在负载上合成一个完整的全波信号。乙类功放几乎没有静态电流，功耗极小，所以效率高，其理想的最大效率可达78.5%。

(3) 甲乙类功放

功放管静态工作点设置在略高于乙类工作点处，功放管的导通时间略大于半个周期。功放管静态电流稍大于零，仍有较高的效率，是实际应用时功率放大器经常采用的方式。

2. 按功率放大器的输出耦合方式分类

(1) 变压器耦合功率放大器。

(2) 无输出变压器功率放大器（OTL）。

(3) 无输出电容功率放大器（OCL）。

(4) 桥式功率放大器（BTL）。

早期的功率放大器常采用变压器耦合方式，以利用其阻抗变换特性使负载获得最大功率，但由于变压器体积大、笨重、频率特性差，且不便于集成化，目前已很少应用。OTL、OCL和BTL电路都不用输出变压器，而采用集成电路，因而广泛应用于电子产品中。

随堂练习

1. 功率放大器和小信号电压放大器在主要功能、工作状态和主要指标方面各有哪些特点？

2. 比较甲类和乙类功放电路的理想最大效率，并说明乙类功放电路效率高的原因。

§6—2 OTL和OCL功率放大器

学习目标

1. 掌握OTL和OCL功率放大器的电路组成和工作原理。

2. 了解交越失真的概念和消除交越失真的方法。

3. 掌握复合管的连接方法。

4. 能安装与调试OTL和OCL功率放大器，并排除简单故障。

OTL和OCL功率放大器都是采用不同类型的两只功放管交替工作，并都接成射极输出形式，工作原理基本相同。

一、OTL功率放大器

1. 电路组成

OTL功率放大器为**单电源互补对称功率放大器**，又称**无输出变压器功率放大器**，简称

OTL 功放，其原理示意图如图 6—3 所示。其中 VT1 是 NPN 型管，VT2 是 PNP 型管，两管特性对称，接成射级输出形式，输出电阻小，能直接与低阻抗负载匹配。大容量的电容 C 既是输出耦合电容，同时又可充当 VT2 的**等效直流电源**。

2．工作原理

（1）静态分析

静态时，应使 $U_B = V_{CC}/2$，由于 VT1 和 VT2 特性对称，所以发射极对地电位 U_A 也是 $V_{CC}/2$，通常把该点电位称为**中点电位**。此时，VT1 和 VT2 都处于截止状态。

（2）动态分析

设输入为正弦波信号，当输入信号为正半周时，VT1 导通，VT2 截止，电源 V_{CC} 通过 VT1 向电容充电，电流流过负载，如图 6—3 中实线所示。输入信号为负半周时，VT2 导通，VT1 截止，电容 C 经过 VT2 向负载放电，如图 6—3 中虚线所示。耦合电容 C 在工作过程中不断地充放电，但因容量足够大，所以两端电压基本维持在 $V_{CC}/2$。

由于在输入信号的整个周期内，功放管 VT1 和 VT2 交替工作，互相补充，为负载 R_L 提供完整的输出信号，所以该电路称为**互补对称**功率放大电路。

忽略功放管的饱和压降，负载可获得的最大功率为

$$P_{OM} = \frac{\left(\frac{V_{CC}}{2}\right)^2}{2R_L} = \frac{V_{CC}^2}{8R_L}$$

3．实用的 OTL 功率放大器

（1）交越失真及其消除方法

OTL 功放管若无静态偏置，则工作于乙类状态，由于三极管导通电压的存在，输出信号会在正、负半周的交界处产生失真，称为**交越失真**。交越失真波形如图 6—4 所示。

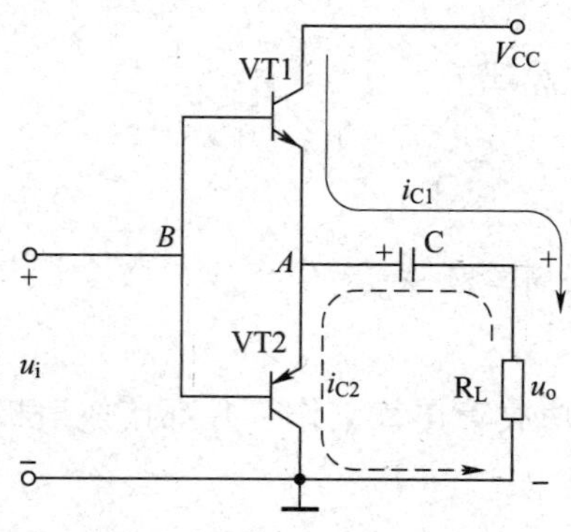

图 6—3　OTL 功放原理示意图

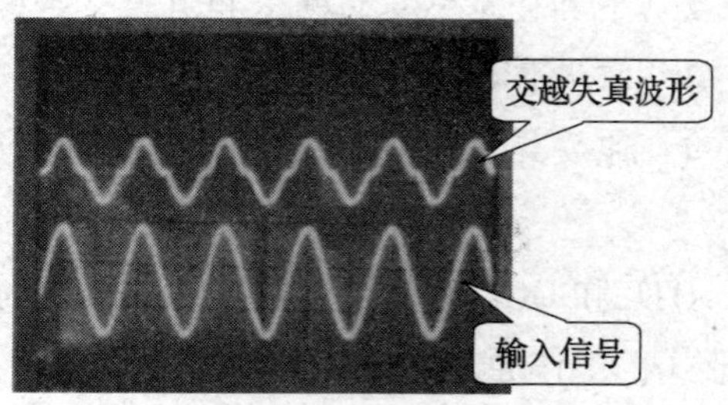

图 6—4　交越失真波形

消除交越失真的方法是给功放管的发射结加上很小的正向偏置电压，使其在静态时处于**微导通**状态，这样输入信号一旦加入，功放管立即进入线性放大区，从而克服了交越失真。

图 6—5 所示为实用的 OTL 功放，其中 R5 和二极管 VD 就是为消除交越失真而设置的，调节 RP 可以调节功放管的静态工作点。二极管 VD 的正向压降随温度升高而降低，因此对功放管还能起到一定的补偿作用。

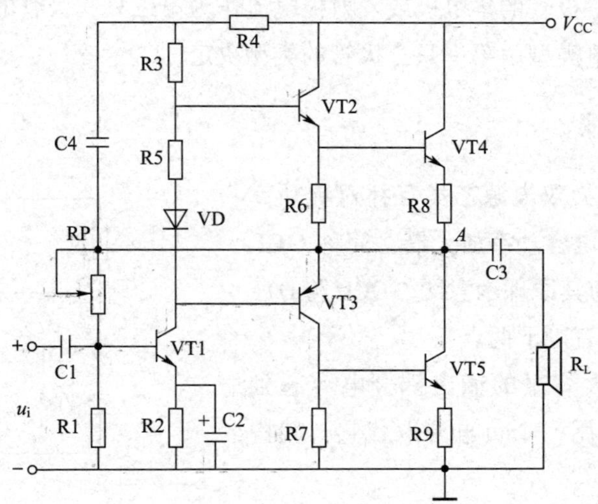

图 6—5　实用的 OTL 功放

（2）复合管的应用

OTL 功放电路要求两只功放管的特性必须一致，输出信号的正、负半周才能对称，可是大功率异型管很难配对，在实际应用中，常会把两个以上三极管按一定方式连接起来，构成**复合管**作为功放管。连接时以小功率管作为输入管，大功率管作为输出管，如图 6—6 所示。复合管的电流放大系数 β 约等于两只管 β_1、β_2 的乘积，即

$$\beta = \beta_1 \beta_2$$

a)　b)

c)　d)

图 6—6　几种典型的复合管形式

复合管的组成原则如下：

1）应保证复合管中每一只三极管各极电流都有合适的通路，并且都工作在放大状态。

2）应将第一只三极管的集电极或发射极电流作为第二只三极管的基极电流。

3）复合管的导电类型由第一只三极管的类型决定。

二、OCL 功率放大器

OCL 功率放大器为**双电源乙类互补对称功率放大器**，又称**无输出电容功率放大器**，简称 **OCL 功放**。图 6—7 所示为其原理示意图。OCL 与 OTL 电路原理相似，区别有以下两点：

1. OTL 电路中大容量的输出耦合电容起到负电源的作用，如果用一个负电源取代它，就构成了 OCL 电路。

2. OCL 电路采用直接耦合方式，所以低频响应优于 OTL 电路，而且更便于集成化。

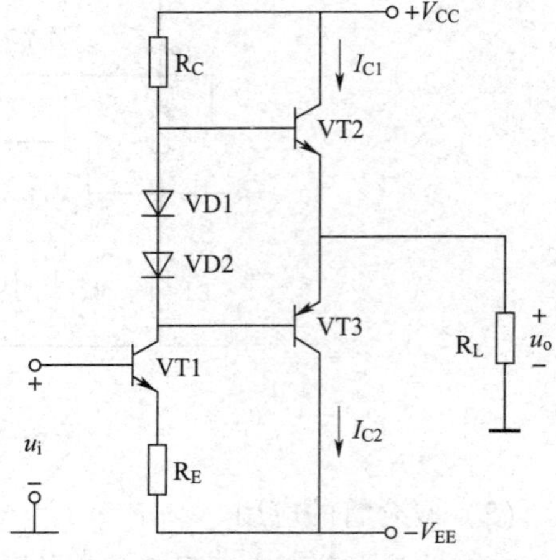

图 6—7　OCL 功放原理示意图

忽略功放管的饱和压降，负载可获得的最大功率为

$$P_{OM}=\frac{V_{CC}^2}{2R_L}$$

三、功放管的安全使用

在功率放大器中，功放管既要流过大电流，又要承受高电压。除了给负载输送功率外，功放管本身也要消耗一部分功率，这将导致集电结温度升高。为了保证功放管的安全工作，在实际电路中，常采用一些保护措施，以防止功放管过压、过电流和过功耗。

1. 功放管的散热

降低功放管结温的常见措施是安装散热器，如图 6—8 所示。散热器一般用铝材制成，为增大散热面积，多制成凹凸形，并将表面涂黑以利于反射热辐射。安装散热器应保证其通风散热良好，与功放管之间应贴紧靠牢，固定螺钉要旋紧。如果要把功放管直接安装在金属机箱或金属底板上，必须在功放管集电极（管壳）与散热器之间垫入薄云母片或专用绝缘导热膜，并于各接触面之间涂以硅脂（一种导热绝缘材料），以保证良好的电气绝缘。对于大功率设备，必要时可加大散热器表面积或采用强制风冷，这样散热效果会更好。图 6—8a 所示为安装了散热器的功放管，图 6—8b 所示为采用强制风冷的散热器。

a)

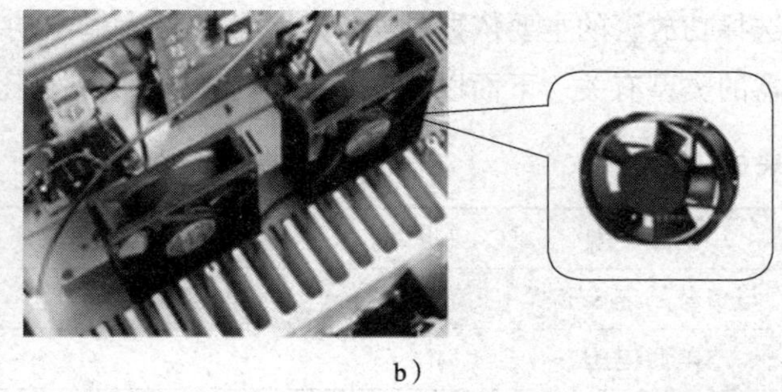

b)

图 6—8　功放管安装散热器

a）安装了散热器的功放管　b）采用强制风冷的散热器

2. 功放管的保护

（1）限制输入、输出幅度

在功放管的输入、输出端并联保护二极管或稳压二极管，如图 6—9 所示。VZ1、VZ2 可限制输入信号幅度，VZ3 ~ VZ6 可限制输出信号幅度。

（2）对感性负载进行相位补偿

为了防止由于接入感性负载而使功放管出现过电压或过电流现象，可在感性负载（如扬声器）两端并接 RC 串联电路，称为相位补偿网络。它由小电阻 R 和大电容 C 构成，这样，一旦功放管的输出信号发生突然变化，感性负载产生的感应电动势加到补偿网络两端，相位补偿网络能起到缓冲作用，以避免对功放管的冲击。

3. 功放管的选择

功放管工作在大信号放大状态，流入功放管的电流 i_B、i_C 和加在功放管上的电压 U_{BE}、U_{CE} 都在很大范围内变化，但是必须限制在极限参数范围内，如图 6—10 所示。

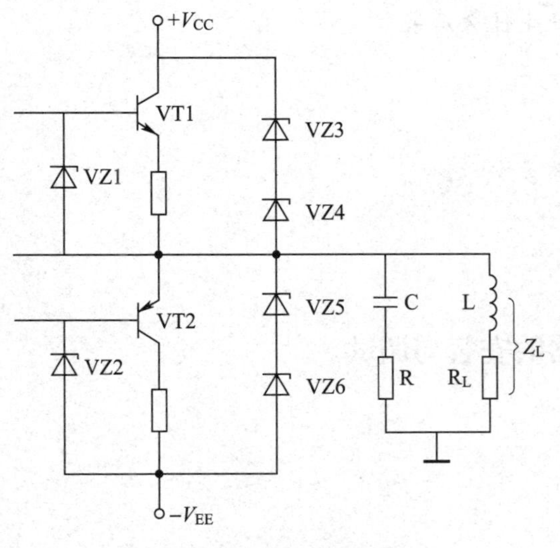

图 6—9　功放管的保护

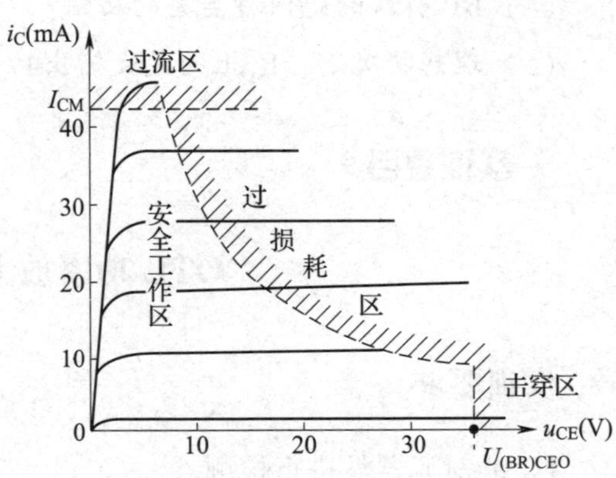

图 6—10　功放管的安全工作区

选择功放管的主要依据是功率放大器的最大输出功率 P_{OM} 和电源电压 V_{CC}，还与功率放大器的类型有关。下面以 OTL 和 OCL 功放为例进行比较，见表 6—1。

表 6—1 功放管的选择

电路类型		OTL	OCL
与负载的连接形式		电容耦合	直接耦合
电源电压		V_{CC}	$\pm V_{CC}$
功放管极限参数	P_{CM}	$0.2P_{OM}$	$0.2P_{OM}$
	$U_{(BR)CEO}$	V_{CC}	$2V_{CC}$
	I_{CM}	$V_{CC}/(2R_L)$	V_{CC}/R_L

为确保功放管安全工作，选管时对极限参数应留有充分的余量。互补管应选用特性基本相同的配对管，尽可能做到材料相同，电流放大倍数相近，极限参数差异不大。通常选用专用于互补电路的配对管，如 3DG12 配 3CG12，3AX31 配 3BX31，8550 配 8050 等，必要时还可采用复合管解决配对问题。

随堂练习

1. 说明 OTL 和 OCL 功放电路结构的主要区别。

2. 某一 OTL 功放电路，要求理想条件下，在 8 Ω 负载上能够获得 9 W 最大不失真功率，应选多大的电源电压？

3. 图 6—5 所示电路中，已知 $V_{CC}=24$ V，$R_L=8$ Ω。试回答以下问题：

(1) 如何调节静态工作点？静态时 U_A 的正常值应是多少？

(2) R5 起何作用？如果 R5 断开，可能产生什么后果？

(3) 二极管 VD 能否反接，为什么？

(4) RP 引入的是何种类型的反馈？

(5) 理想状况下，R_L 上的最大输出功率是多少？

实训项目 9

OTL 功率放大器的安装与调试

一、实训要求

1. 能对元器件进行检测。
2. 能根据电路原理图正确安装焊接电路。

3．能使用电子仪器测量和调整电路。

4．能判断和检修 OTL 功率放大器的简单故障。

二、实训电路

图 6—11 所示为 OTL 功率放大器原理图。

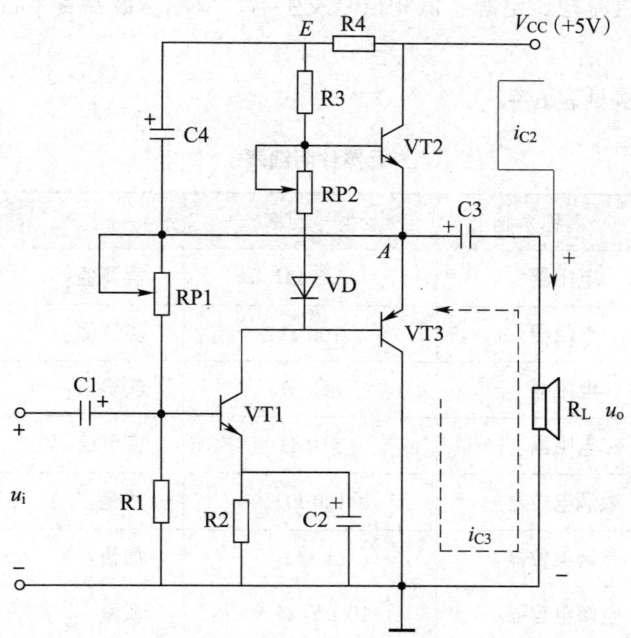

图 6—11　OTL 功率放大器原理图

该电路由激励放大级和功率放大输出级组成。

1．激励放大级

由 VT1 组成分压式稳定工作点偏置电路。

RP1 为上偏置电阻，R1 为下偏置电阻，*A* 点的 $V_{CC}/2$ 电压通过 RP1 与 R1 分压为放大管 VT1 提供基极电压。RP1 一端连接输出端，另一端连接输入端，因此还起电压并联负反馈的作用，可以稳定静态工作点和提高输出信号电压的稳定度。

R2 是 VT1 管的发射极电阻，起稳定静态电流的作用，C2 并联在 R2 上起交流旁路的作用，这样 R2 只起直流负反馈作用，而无交流负反馈作用。

2．功率放大输出级

三极管 VT2、VT3 组成互补对称功率放大电路。

为了改善输出波形，电路增加了 R4、C4 组成的**自举电路**。在输出端电压向 V_{CC} 接近时，VT2 管的基极电流较大，在偏置电阻 R3 上产生压降，使 VT2 管的基极电压低于电源电压 V_{CC}，因而限制了其发射极输出电压的幅度，使输出信号顶部出现平顶失真。接入较大电容量的电容C4后，C4上充有上正下负的电压，可看为一个电源。当输出端A点电位升高时，C4上端电压随之升高，使VT2管的基极电位升高，基极可获得高于V_{CC}的自举电压，从而克服输出电压的顶部失真。

三、器材准备

万用表1只，直流稳压电源、低频信号发生器、双踪示波器各1台，常用电子组装工具1套。

元器件型号规格见表6—2。

表6—2　　元器件明细表

代号	名称	型号规格	检测结果
R1	电阻器	3.3 kΩ	实测值：
R2	电阻器	100 Ω	实测值：
R3	电阻器	680 Ω	实测值：
R4	电阻器	510 Ω	实测值：
RP1	微调电位器	100 kΩ	质量：
RP2	微调电位器	1 kΩ	质量：
C1	电解电容器	10 μF/25 V	质量：
C2	电解电容器	100 μF/25 V	质量：
C3	电解电容器	1 000 μF/25 V	质量：
C4	电解电容器	100 μF/50 V	质量：
VT1	三极管	9011 或 3DG6	类型：
			质量：
VT2	三极管	9013 或 3DG12	类型：
			质量：
VT3	三极管	9012 或 3CG12	类型：
			质量：
VD	二极管	1N4007	质量：
R_L	扬声器	8 Ω/0.5 W	实测值：
			质量：

四、安装调试

1. 按图 6—11 所示电路原理图，在通用电路板上画出安装布线图。

2. 对电路中使用的元器件进行检测，并将检测结果记入表 6—2。

扬声器的检测方法：将万用表置于“R×1”挡，当用两根表笔分别接触扬声器音圈引出线两端时，指针偏转，并伴有“咯咯”声响，这时记录音圈电阻为________Ω。若无“咯咯”声，万用表指针无偏转，说明音圈已断，该扬声器不能使用。

3. 对元器件的引脚进行成形加工，参考图 6—12 所示实物图在通用电路板上焊接元件，并连接好电路。

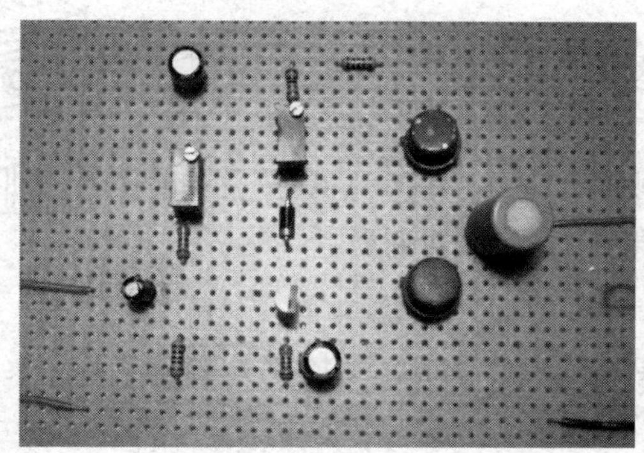

图 6—12　OTL 功率放大器安装实物图

4. 对照电路图，仔细核对所用元器件的规格，检查有无漏焊、错焊、搭锡和极性装反等现象。要重点检查 VD 和 RP2 是否焊接良好，因为如果它们开路，会使功放管损坏。

5. 电路板经检查无误后，接通 5 V 电源。用万用表测量输出端 *A* 点的电位，调节微调电位器 RP，使 $U_A = V_{CC}/2$。

6. 测量三极管 VT1、VT2、VT3 三个电极的对地电压，并将测量结果记录在表 6—3 中。

表 6—3　　三极管各极电压值

三极管	U_B（V）	U_E（V）	U_C（V）
VT1			
VT2			
VT3			

7. 将低频信号发生器“频率”置“1 kHz”，输出信号电压为 10 mV，并将输出端与低频功率放大电路输入端相连接；将双踪示波器 *Y* 轴输入电缆分别与功放电路输入、输出端相连接；观察输入、输出波形，调节示波器相关旋钮，使输入信号电压和输出信号电压波形稳定显示（1~3 个周期）。调节低频信号发生器的输出电压，使输出波形最大且不

失真，读取输入、输出的电压值。

8. 短接 VT2 和 VT3 的基极，观察输出波形的交越失真现象。

9. 将音频信号送入功率放大器，试听扬声器发出的声音。

调试过程中可能出现的故障及其原因分析如下：

（1）无声。将万用表置于“R×1”挡，红表笔接地，用黑表笔点触扬声器，此时扬声器应发出“咯咯”的声音，如无声，那么故障在扬声器；如有声，再检查其他相关部分。

（2）输出信号失真。失真的原因很多，如扬声器纸盒破损、元件性能指标下降等都会引起失真。

安装调试过程中要做到以下几点：

（1）不能把功放管（或集成功放）的金属外壳或散热片直接安装到散热器上，中间必须垫一层绝缘垫片（如云母片），以保证良好的电气绝缘，如图 6—13 所示。

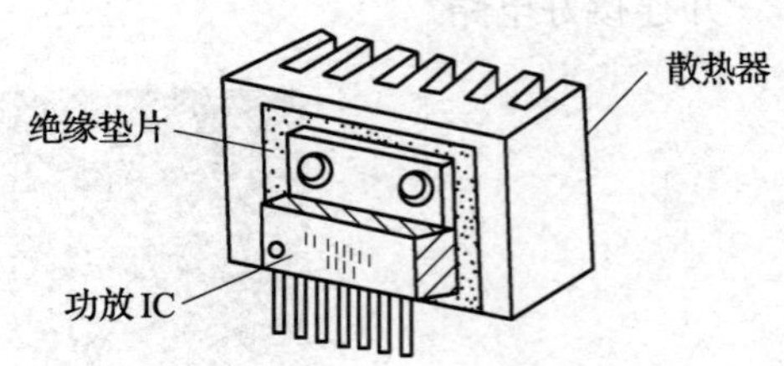

图 6—13　散热器的安装方法

（2）在开、关功放电路的电源之前，要把音量电位器旋至最小，以防冲击电流对功放管造成损害。

（3）不能在通电的情况下连接音箱线，要做到“先关机，再接线”。

五、实训总结

1. 如何调整电路的静态工作点？

2. 总结调试中遇到的故障及处理方法。

3. 扬声器的音质和音量是否良好？还有哪些需要改进之处？

六、测评记录

按表 6—4 所列项目进行测评，并做好记录。

表 6—4　　测评记录表

序号	测评项目	配分（分）	得分（分）
1	检测元器件的质量	2	
2	按工艺要求安装焊接电路	2	
3	调整静态工作点	2	
4	测量三极管各极电压值	2	
5	用双踪示波器观察输入、输出信号波形	2	

§6—3　集成功率放大器

1. 能正确识读集成功放的引脚及其功能。
2. 能安装和调试由集成功放构成的典型功率放大器，并检测和排除其简单故障。

集成功率放大器简称**集成功放**，其内部电路一般包含前置级、中间激励级、功放级、偏置电路等，有的还包含完善的保护电路，因此，具有较高的可靠性。集成功放广泛应用于收录机、电视机、开关功率电路、伺服放大电路中。

下面介绍几种典型的集成功放及其应用。

一、用 LM386 组成的 OTL 电路

LM386 集成功放是目前颇为流行的一种小功率音频集成功放，具有自身功耗低、频响宽、电源电压范围大、外接元件少等优点，广泛应用于收音机和录音机中。

LM386 集成功放采用八脚双列直插式封装，其外形和引脚排列如图 6—14 所示。引脚 2 为反相输入端，引脚 3 为同相输入端，两个输入端的输入阻抗均为 50 kΩ。引脚 6 和 4 分别接电源和地，当采用 4 ~ 12 V 直流电源时，静态工作电流仅为 4 ~ 8 mA，因而很适合用电池供电。当 V_{CC} = 6 V、R_L = 8 Ω 时，额定输出功率为 325 mW。引脚 1 和 8 之间外接阻容元件可以调节电路的电压增益。引脚 7 和地之间外接旁路电容，用以消除直流电源中的纹波分量，旁路电容容量通常取 10 μF。

a)

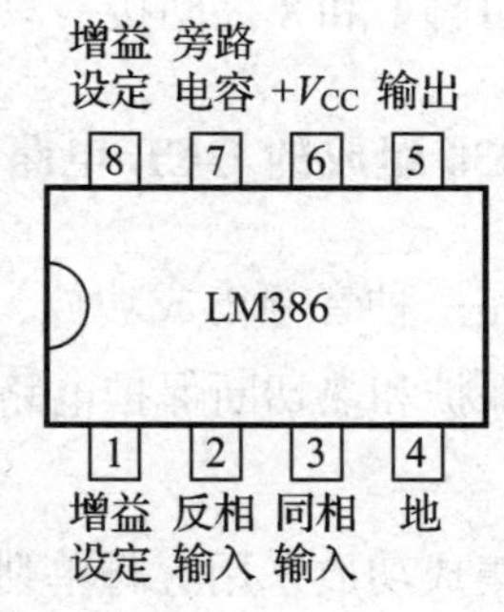

b)

图 6—14　音频集成功放 LM386
a）外形　b）引脚排列

图6—15所示为用LM386组成的OTL应用电路。引脚6接正电源，C5为去耦电容，用以减少电源内阻对交流信号的影响。引脚7所接电容C4为去纹波旁路电容。输入信号经电位器RP1到同相输入端3，反相输入端2接地，利用RP1可以调节扬声器的音量。输出端5接250 μF的耦合电容C1和负载R_L，由于扬声器为感性负载，容易产生高频自激振荡，因此在输出端5还并接了R1、C2串联电路，使整个负载接近电阻性。RP2和C3组成串联网络接于引脚1和8之间，用来调节电路的电压增益。RP2值越小，增益越高。当1、8之间开路时，电压增益为26 dB（电压放大倍数为20）；当1、8之间只接10 μF的电容，而RP2为零时，电压增益可达46 dB（电压放大倍数为200）；当1、8之间接阻容串联元件时，电压增益可在26～46 dB之间任意调节。

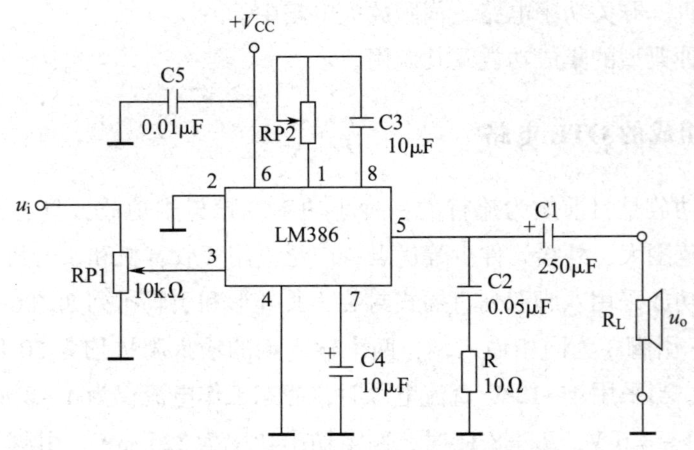

图6—15　用LM386组成的OTL电路

LM386用于音频功率放大时，最简电路只需一只输出电容接扬声器。当需要高增益时，也只需在引脚1和8之间接一只10 μF的电容。

二、用TDA2030组成的OCL电路

TDA2030是一种音频集成功放，其性能稳定、可靠，适应长时间连续工作，且芯片内部具有过载保护和热切断保护电路。该集成电路广泛应用于汽车立体声收录机及中功率音响设备中。

TDA2030集成功放采用五脚单列直插式封装，其外形和引脚排列如图6—16所示。

TDA2030芯片电源电压范围为±（6～18）V，静态电流小于60 μA。当V_{CC} = ±14 V、R_L = 4 Ω时，其输出功率为14 W。TDA2030芯片引脚数较少，外接元件也较少，这是它的突出优点。

用TDA2030组成的OCL电路如图6—17所示。

a)

b)

图 6—16 TDA2030 集成功放

a）外形 b）引脚排列

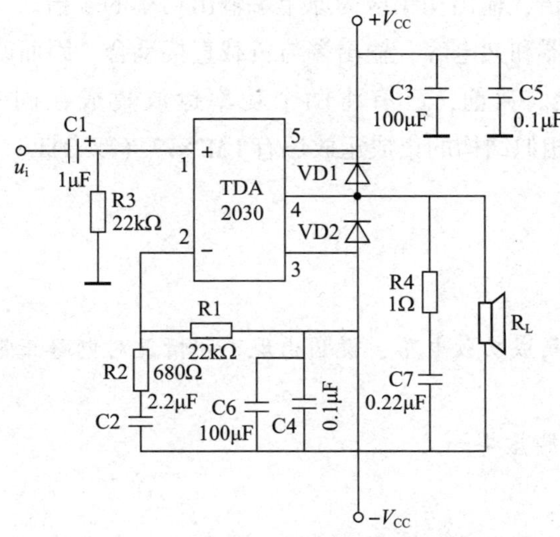

图 6—17 用 TDA2030 组成的 OCL 电路

TDA2030 采用正负双电源供电，C3、C4、C5、C6 为电源去耦电容。信号通过耦合电容 C1 送入 TDA2030 集成运放的同相输入端 1 脚，经过放大后从 4 脚输出。C2 为反相输入端隔直电容。R1 和 R2 构成负反馈。R4、C7 为相位补偿网络，用于抵消负载中的感抗分量。

TDA2030 既可以采用双电源供电构成 OCL 电路，也可以采用单电源供电构成 OTL 电路。采用单电源供电时，散热片可直接固定在金属板上与地线相通。

三、用集成功放组成的 BTL 电路

BTL 功放电路又称**平衡式无输出变压器功放电路**，它由两个独立且参数相同的功放模块按桥路形式搭建而成，所以也称**桥式功放电路**。图 6—18 所示为用 LM386 组成的 BTL 电路。两集成功放 LM386 的 4 脚接地，6 脚接电源，3 脚与 2 脚互为短接，其中输入信号从一组（3 脚和 2 脚）输入，5 脚输出接扬声器 R_L。

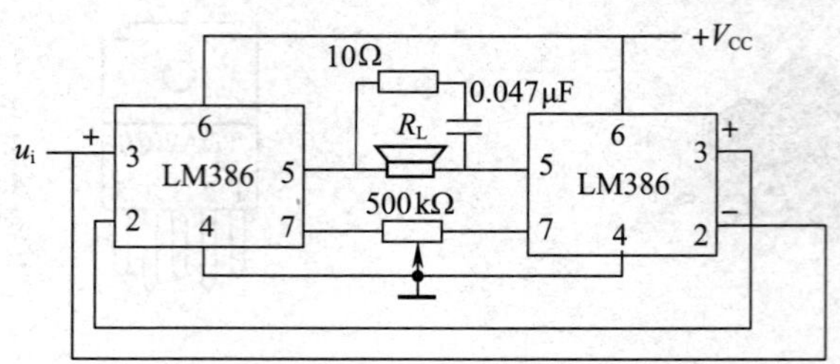

图 6—18　用 LM386 组成的 BTL 电路

由于两个放大器的输出信号大小相等，相位相反，所以接成桥路后合成的输出电压应为原单端输出电压的 2 倍，输出功率应为原单端输出功率的 4 倍。

BTL 电路不用变压器和大电容，输出端与负载直接耦合，因而改善了频率特性，提高了保真度，适合集成化。目前，已有将两个功率运放集成在同一芯片上的产品，如 LM4860、LM4861 等。相似结构的集成运放还有 LM2877（双 OTL）、TDA1556（双 BTL）、TDA1521（双 OCL）等。

随堂练习

分析图 6—15 所示集成功放电路，说明出现下列情况对电路正常工作有何影响。

（1）电容 C5 短路。

（2）LM386 的第 5 脚虚焊。

（3）电容 C1 开路。

实训项目 10

用 LM386 组成 OTL 电路

一、实训要求

1. 能说明电路中各元器件的作用，并能对元器件进行检测。
2. 熟悉 LM386 集成功放的引脚结构及其功能。
3. 能安装和调试用集成功放组成的 OTL 电路。

二、实训电路

用 LM386 组成的 OTL 电路如图 6—19 所示。

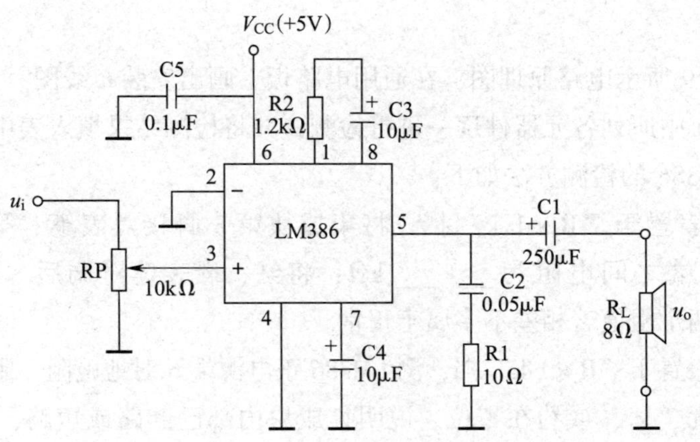

图 6—19　用 LM386 组成的 OTL 电路

三、器材准备

万用表、交流毫伏表各 1 只，直流稳压电源、低频信号发生器、双踪示波器各 1 台，常用电子组装工具 1 套。

元器件型号规格见表 6—5。

表 6—5　　元器件明细表

代号	名称	型号规格	检测结果
R1	电阻器	10 Ω	实测值：
R2	电阻器	1. 2 kΩ	实测值：
RP	微调电位器	10 kΩ	质量：
C1	电解电容器	250 μF/25 V	质量：
C2	涤纶电容器	0. 05 μF	质量：
C3	电解电容器	10 μF/25 V	质量：
C4	电解电容器	10 μF/25 V	质量：
C5	涤纶电容器	0. 1 μF	质量：
IC	集成功放	LM386	质量：
	插座	8 脚	质量：
R_L	扬声器	8 Ω/5 W	实测值： 质量：

四、安装调试

1. 按图 6—19 所示电路原理图，在通用电路板上画出安装布线图。

2. 对表 6—5 中所列各元器件逐一进行检测，并将检测结果填入表中。

集成功放 LM386 的检测方法如下：

（1）将万用表置于“R×1 k”挡，将集成块第 3 脚接黑表笔、第 2 脚接红表笔，测 LM386 两输入端之间电阻为______ kΩ；将红、黑表笔对调后，再次测量阻值为______ kΩ。这两个阻值若相差不多属于正常。

（2）将万用表置于“R×1 k”挡，测 LM386 正电源端 6 对地电阻，阻值为______ kΩ。如果该电阻值接近“∞”或约在零位，说明集成块内部已断路或短路，该集成块不能使用。

3. 按工艺要求对元器件的引脚进行成形加工，参考图 6—20 所示安装实物图在通用电路板上焊接元件，并连接好电路。

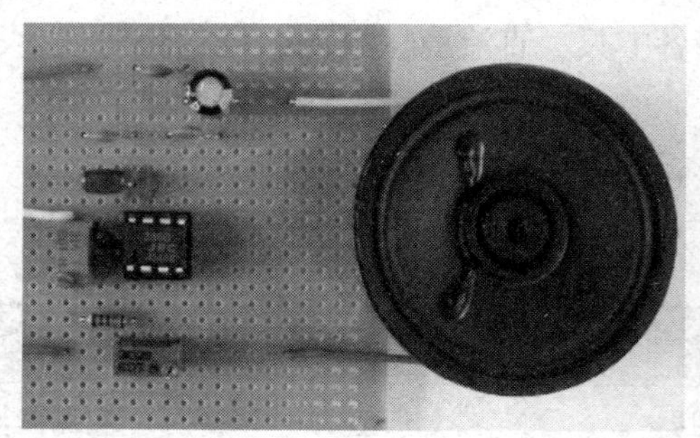

图 6—20　LM386 组成的功放电路安装实物图

4. 安装完毕检查无误后，接通 5 V（或 6 V）电源。

5. 输入音频信号，试听扬声器发音效果。

（1）若声音太小，可调节 RP。

（2）若有干扰声，应检查公共接地是否接好，R1、C2 支路是否接好。

6. 用示波器观察信号波形

（1）将示波器接通电源，预热 3 min，直至显示清晰的扫描基线（光迹）。

（2）将 CH1 通道、CH2 通道的输入耦合开关置于“AC”位置，垂直方式选择开关按下“CHOP”键，触发方式选择开关按下“AUTO”键，使示波器工作于自动扫描状态。调节聚焦及辉度旋钮，使显示的两条光迹细而清晰，但不宜过亮，以免损坏荧屏。调节 CHl（或 CH2）的垂直移位旋钮，使两条扫描基线在荧屏上有适当间距。

（3）将示波器两垂直偏转开关、扫描时间开关“t/div”置于合适挡级。

（4）将示波器两测试电缆的探头与电路连接，两个探头的接地夹子必须接在电路的接地端，示波器荧屏便显示输入、输出波形。

(5) 用双踪示波器测试乐曲播放时输入、输出信号的电压波形，记录观察结果：输入、输出信号变化规律________（相同、不同），输出信号的幅度________（大于、小于、等于）输入信号的幅度。

7. 用交流毫伏表测量输出信号电压

(1) 先在未通电情况下，对交流毫伏表进行机械调零位；接通电源后，再进行电气校零：将输入电缆两夹子短接，调节“调零旋钮”使表针指向零点。

(2) 将交流毫伏表置于“10 V”挡，RP 调至最大值，测量图 6—19 所示电路输出信号电压（先接地线，再接信号线），记录输出信号电压 U_o = ________V。

(3) 估算被测电路输出功率（R_L = 8 Ω），即

$$P = \frac{U_o^2}{R_L} = \_\_\_\_\_\_\_\_ \text{ W}$$

五、实训总结

1. 分析电路中各元件的作用。

2. 用 LM386 按最简方式连接的功放电路仅有 3 个元件，试分析其功能会有哪些不足。

3. 播放相同乐曲，与“实训项目 9”所制作的 OTL 功放的播放效果进行对比。

六、测评记录

按表 6—6 所列项目进行测评，并做好记录。

表 6—6　　测评记录表

序号	测评项目	配分（分）	得分（分）
1	检测集成功放 LM386 和扬声器的质量	2	
2	按工艺要求安装焊接电路	2	
3	调整电路能正常放大音频信号	2	
4	用双踪示波器观察输入、输出信号波形	2	
5	用交流毫伏表测量输出信号电压	2	

职业能力培养

在电子电路的调试和电路运行中，不可避免会发生各种故障，故障检修的一般步骤是：观察故障现象—判断故障范围—查找故障点（或故障元件）—排除故障（更换故障

元件）—检查电路功能恢复情况。检查故障的主要方法有：直观检查法、测电压法、在线电阻测量法、波形分析法、元器件替换法等。试结合自己在实验和实训中遇到的电路故障，谈谈自己是如何观察、判断、查找和排除故障的，并在教师的指导下，与同学相互交流，总结归纳出常见故障发生的一般规律。

本章小结

1. 功率放大器的主要任务是不失真地放大信号功率。对功率放大器的基本要求是输出功率大、效率高、失真小、散热好。

2. 常用的功率放大器按功放管静态工作点的设置不同，可分为甲类、乙类和甲乙类。甲类功放没有失真但效率低，理想的最大效率只有50%。乙类功放效率高但失真严重，理想的最大效率可达78.5%。为了克服交越失真，应设置好功放电路的静态工作点，使功放管工作于甲乙类状态。

3. 功率放大器按输出端接法不同，可分为变压器耦合功率放大器、无输出变压器功率放大器（OTL）、无输出电容功率放大器（OCL）、桥式功率放大器（BTL）。

4. 目前广泛应用的OTL和OCL功放都属于乙类互补对称功率放大器，它们都是由两个对称的射极输出器组合而成，两只配对管类型不同，轮流放大信号的正、负半周，在负载上合成为完整的放大信号。OTL电路采用单电源供电，与负载采用电容耦合，最大输出功率 $P_{OM}=V_{CC}^2/(8R_L)$；OCL电路采用双电源供电，与负载直接耦合，最大输出功率$P_{OM}=V_{CC}^2/(2R_L)$。

5. 功放管往往工作于高电压、大电流状态，为了保证功放管的安全，选用功放管时对极限参数应留有充分的余量。为了帮助功放管散热，必要时要为其安装散热器。

6. OTL、OCL和BTL电路均有不同性能指标的集成电路，只需外接少量元件，就可成为实用电路。集成功放内部均有保护电路，以防止功放管过压、过流、过损耗。使用集成功放的关键是要弄清其主要参数和引脚功能。

第七章　直流稳压电源

电网提供给用户的是交流电，而在许多场合，例如手机充电、直流电动机运行以及许多电子设备工作等都必须使用直流电。直流稳压电源就是将交流电变换处理后得到稳定的直流电压的电路。

直流稳压电源可以是独立的设备，也可以是电子电路系统中的一个组成部分。部分直流稳压电源实物如图 7—1 所示。

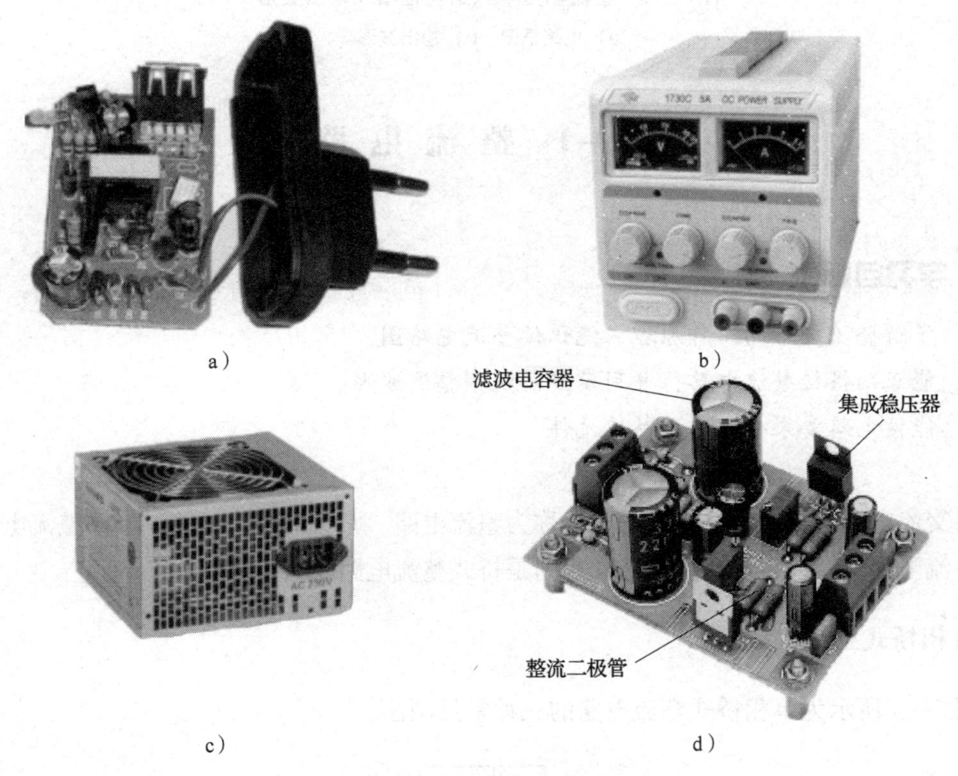

图 7—1　直流稳压电源实物

a）充电器　b）实验室用直流稳压电源　c）计算机中的一体化电源　d）直流稳压电源电路板

将电网提供的 220 V、50 Hz 交流电变换处理后得到稳定的直流电，通常需要经过四个环节，如图 7—2 所示。

1．**变压**——由降压变压器将 220 V 交流电压变成整流电路所需要的低电压。

2．**整流**——将交流电变换成脉动直流电。

3．**滤波**——减小交流分量，使脉动的直流电变得平滑。

4．**稳压**——利用电路的自动调节功能，使输出电压基本保持稳定。

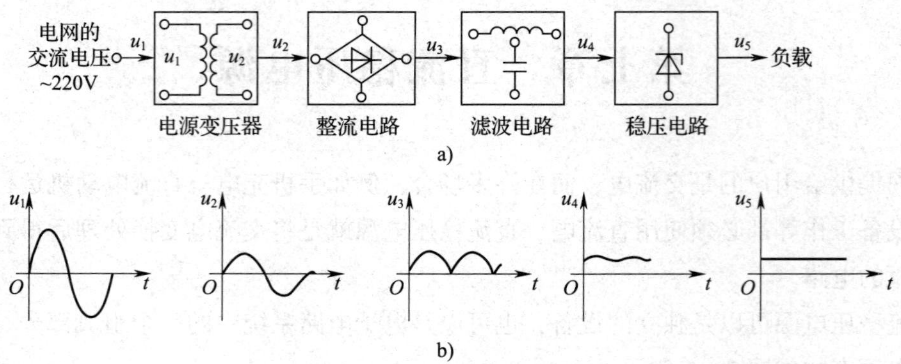

图 7—2 直流稳压电源结构框图及输出波形

a）电路框图 b）输出波形

§7—1 整流电路

1. 了解整流电路的工作原理，能识读整流电路图。
2. 能正确搭接整流电路，并用示波器观测整流波形。
3. 能按电路要求合理选用整流元件。

将交流电变换成脉动直流电的电路称为整流电路。常见的整流电路有半波整流电路和全波整流电路。全波整流电路中最常用的是桥式整流电路。

一、单相桥式整流电路

图 7—3 所示为单相桥式整流电路的三种常见画法。

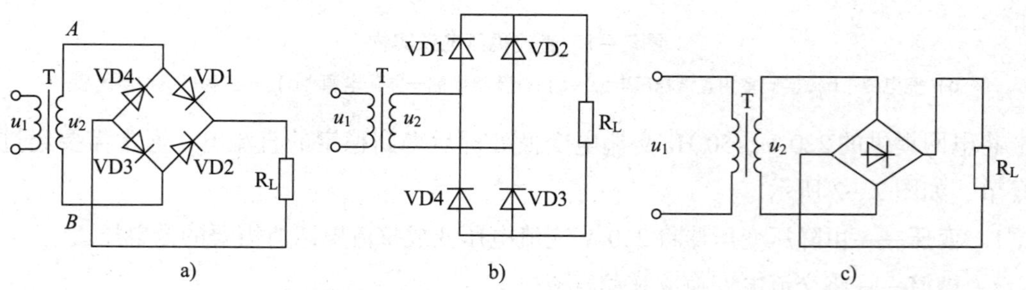

图 7—3 单相桥式整流电路的三种常见画法

a）电路画法一 b）电路画法二 c）简化画法

1．工作过程

在图 7—3a 所示电路中，当 u_2 为正半周时，设 A 端为正，B 端为负，则二极管 VD1、VD3 导通，VD2、VD4 截止。电流通路如图 7—4a 所示，R_L 上电流方向由上向下，电压极性为上正下负。

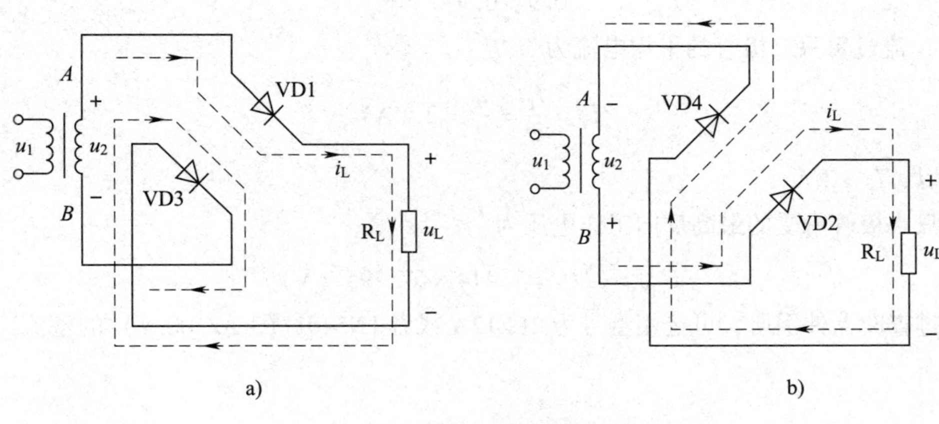

图 7—4　单相桥式整流电流通路

a）u_2 正半周情况　b）u_2 负半周情况

当 u_2 为负半周时，设 B 端为正，A 端为负，二极管 VD2、VD4 导通，VD1、VD3 截止。电流通路如图 7—4b 所示，R_L 上电流方向和电压极性与 u_2 正半周时相同。

图 7—5 所示为单相桥式整流电路波形图。

2．负载上的直流电压 U_L

即负载上脉动电压在一周内的平均值，相当于两个半波整流合成作用在负载上，故 $U_L = 0.45U_2 + 0.45U_2$，即 $U_L = 0.9U_2$。

3．整流二极管的选用

（1）二极管最大正向电流 I_F

桥式整流电路中流过二极管的平均电流是流过负载电流的一半，因此，整流二极管的最大正向电流应

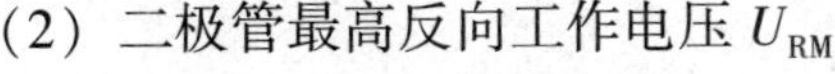
大于负载电流的一半，即 $I_F > \frac{1}{2}I_L$。

（2）二极管最高反向工作电压 U_{RM}

$$U_{RM} > \sqrt{2}U_2$$

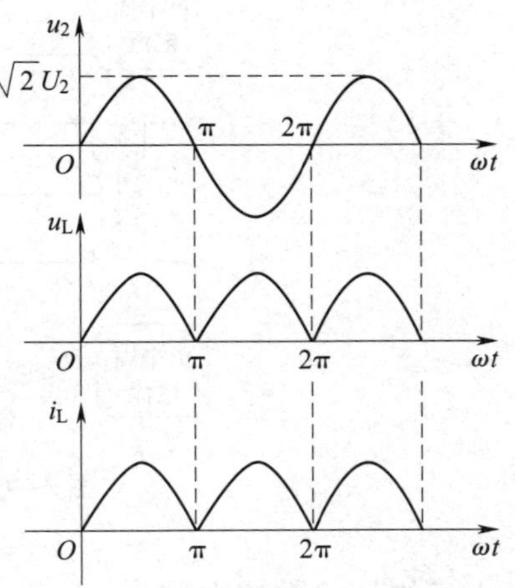

图 7—5　单相桥式整流电路波形图

整流二极管的选择可以 I_F 和 U_{RM} 为依据，通过查阅器件手册来选择，但要留有一定的余量，以使二极管能长期安全工作。

【例 7—1】　有一直流负载需要直流电压 $U_L = 60$ V，直流电流为 $I_L = 4$ A，若采用桥式

整流电路，求电源变压器二次侧电压 U_2，并选择合适的整流二极管。

解：

（1）因为桥式整流电路中，$U_L=0.9U_2$，所以，电源变压器二次侧电压有效值为

$$U_2=\frac{U_L}{0.9}=\frac{60}{0.9}\approx 67\ (\text{V})$$

（2）流过每只二极管的平均电流为

$$I_V=\frac{I_L}{2}=\frac{4}{2}=2\ (\text{A})$$

所以，$I_F>2$ A。

每只二极管承受的最高反向工作电压为

$$U_{RM}=\sqrt{2}U_2=1.414\times 67\approx 95\ (\text{V})$$

通过查阅器件手册，可选用型号为 2CZ12A 或者 1N5401（3 A/100 V）的整流二极管 4 只。

二、桥式整流输出正负电压的电路

电路如图 7—6 所示。采用二次侧为带中心抽头的双绕组变压器，将二次绕组中间抽头接地，然后接成桥式整流电路，同时将两个负载电阻相连，并将连接点接地，两个负载电阻上就可以同时输出正、负电压。

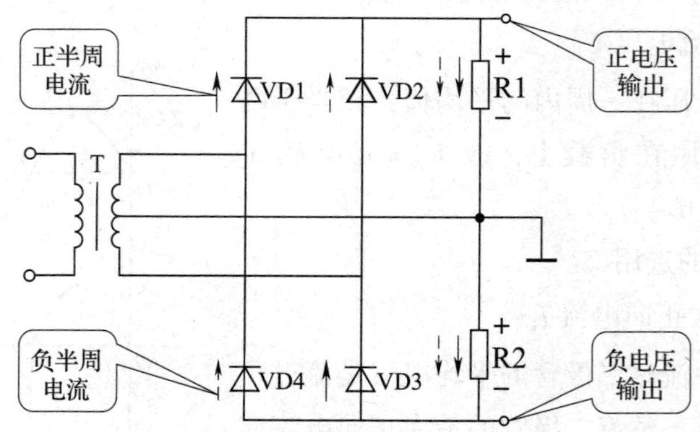

图 7—6　桥式整流输出正负电压的电路

三、三相桥式整流电路

单相桥式整流电路输出功率不大，一般不超过几千瓦，若需要大功率直流电源，一般要用三相桥式整流电路。

图 7—7 所示为应用最广的三相桥式整流电路，电源变压器一次绕组接成△形，二次绕组接成Y形。VD1、VD2、VD3 共阴极连接，VD4、VD5、VD6 共阳极连接。

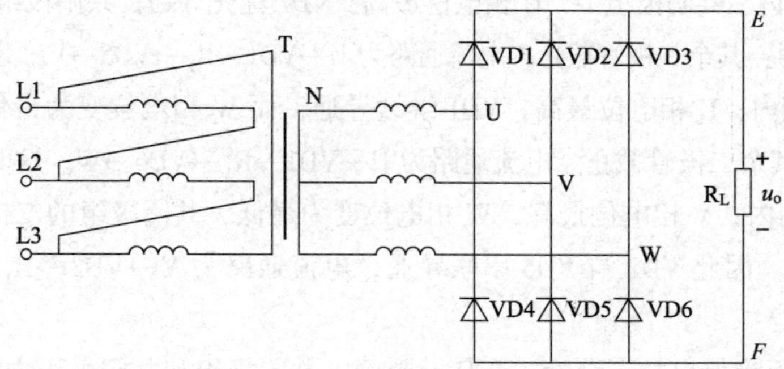

图 7—7　三相桥式整流电路

三相桥式整流电路工作波形如图 7—8 所示。

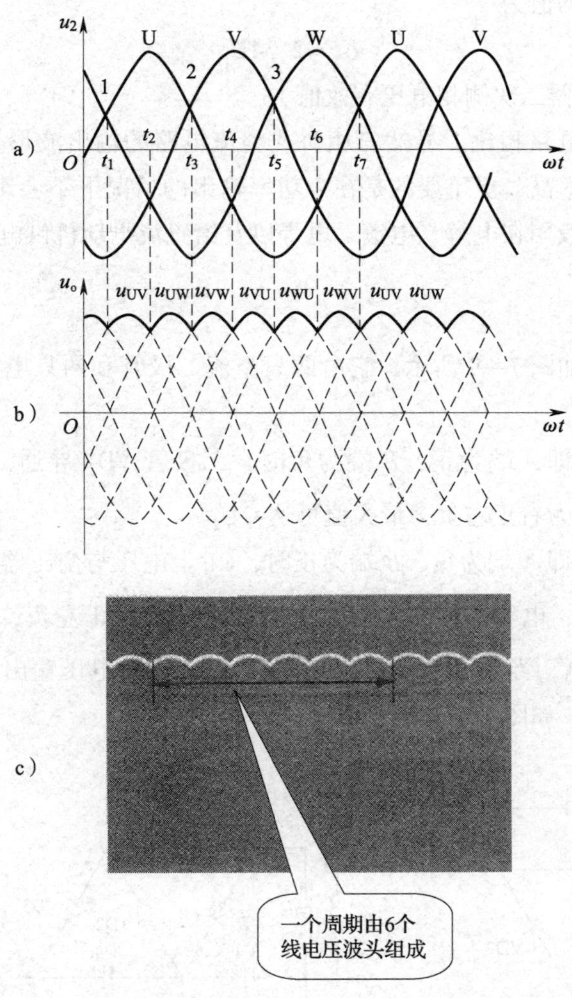

图 7—8　三相桥式整流电路工作波形

a）二次侧电压波形　b）理论波形　c）实测波形

在 $t_1 \sim t_2$ 时间内，共阴极组中，U 相电位最高，VD1 优先导通；共阳极组中，V 相电位最低，VD5 优先导通；其余二极管截止。电流通路为 U→VD1→R_L→VD5→V。这时，$u_o = u_{UV}$。

在 $t_2 \sim t_3$ 时间内，U 相电位最高，VD1 继续导通，而 W 相电位变为最低，因此 VD1 与 VD6 串联导通，其余二极管截止。电流通路为 U→VD1→R_L→VD6→W。这时，$u_o = u_{UW}$。

在 $t_3 \sim t_4$ 时间内，V 相电位最高，W 相电位变为最低，共阴极组的二极管中由 VD1 导通换为 VD2 导通。因此 VD2 与 VD6 串联导通，电流通路为 V→VD2→R_L→VD6→W。这时，$u_o = u_{VW}$。

依此类推，不难得出如下结论：在任一瞬间，共阴极组和共阳极组中各有一只二极管导通，每只二极管在一个周期内导通 120°，负载上获得的脉动直流电压是线电压 u_{UV}、u_{UW}、u_{VW}、u_{VU}、u_{WU}、u_{WV} 的波顶连线。在一个周期内出现 6 个波头，负载电压为正压输出，输出直流电压平均值为

$$U_o = 2.34U_2$$

式中，U_2 为变压器二次侧相电压有效值。

与单相桥式整流电路相比，显然三相桥式整流电路的输出波形更平滑整齐，脉动更小，而且变压器利用率高，更重要的是在大功率输出的情况下不会影响三相电网的平衡。三相桥式整流电路一般用在电解、电镀、电焊以及给直流电动机供电的直流电路中。

四、倍压整流电路

二倍压整流电路如图 7—9 所示，它由两只整流二极管和两只电容器组成。其工作原理分析如下：

当 u_2 为正半周，即 A 端为正，B 端为负时，二极管 VD1 导通，VD2 截止；电容 C1 充电，C1 上电压极性为右正左负，最大值可达 $\sqrt{2}U_2$。

当 u_2 为负半周，即 A 端为负，B 端为正时，C1 上电压与变压器二次侧电压相加，使 VD2 导通，VD1 截止；电容 C2 充电，C2 上电压极性为右正左负，最大值可达 $2\sqrt{2}U_2$，C2 上的电压经 R_L 放电，当 R_L 很大时，R_L 上获得 $2\sqrt{2}U_2$ 的电压输出。利用同样原理，可构成多倍压整流电路，如图 7—10 所示。

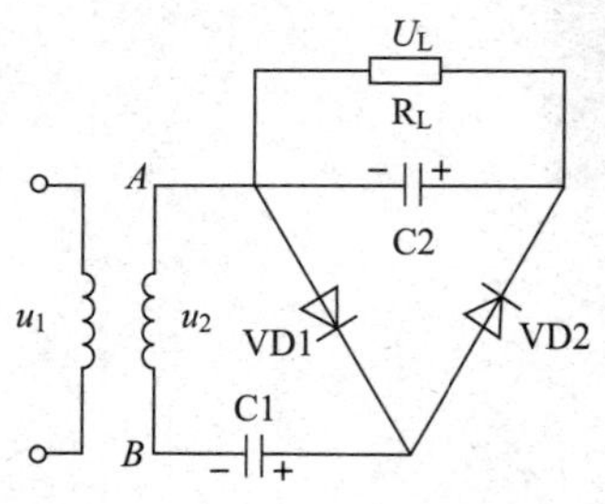

图 7—9　二倍压整流电路

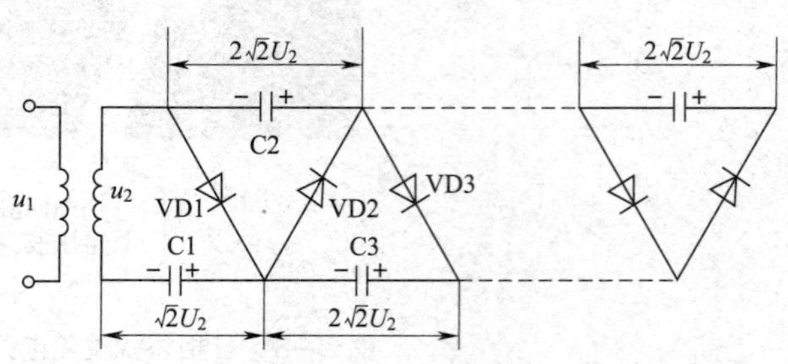

图 7—10　多倍压整流电路

五、硅整流堆

将硅整流器件按某种整流方式连接后封装成一体就制成了硅整流堆，俗称**硅堆**。

1. 硅整流堆的结构和外形

硅整流堆品种较多，在内部结构上，低压小电流硅堆的整流二极管按**半桥**或**全桥**方式组合，称为**整流桥**，俗称**桥堆**，通常采用塑料或陶瓷封装；大电流硅堆则要采用特殊工艺制造，通常采用金属封装，有的还直接带有散热器。常见硅堆外形如图 7—11 所示。

图 7—11　硅整流堆外形

a）单相整流桥　b）贴片式单相整流桥　c）三相整流桥

采用硅整流堆构成整流电路占用线路板空间小，安装方便，可靠性好。

2. 整流桥的检测

单相整流桥外形和内部结构如图 7—12 所示。外壳上标有 AC 或“～”符号表示接输入交流电，标有“+”“−”号表示这两个端子为输出脉动直流电的正、负极。

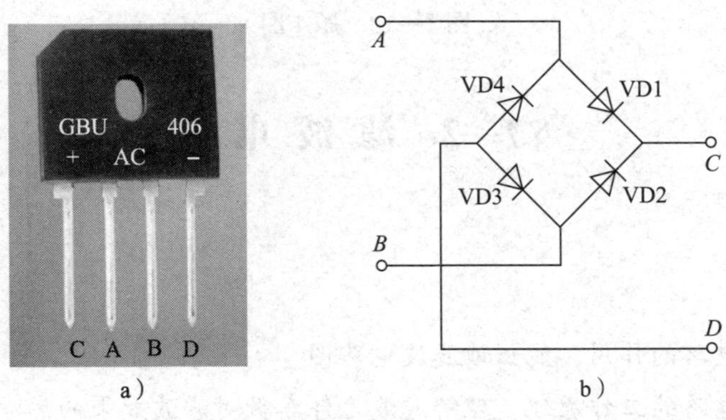

图 7—12　单相整流桥

a）外形　b）内部结构

整流桥的引脚确定后，可用万用表“R×100”或“R×1 k”挡分别测量交流输入端、直流输出端的正反向电阻来判断其好坏。质量良好的硅堆，交流输入端正反向电阻均趋近无穷大，直流输出端正向电阻比单只二极管略大、反向电阻趋近无穷大，则说明该硅堆质量良好。

随堂练习

1. 单相桥式整流电路中，输出直流电压 $U_L=9$ V，负载电流 $I_L=1$ A。试回答下列问题：

(1) 电源变压器二次侧电压 U_2 的值为多少？

(2) 流过整流二极管的平均电流 I_V 的值为多少？

(3) 整流二极管承受的最高反向工作电压 U_{RM} 的值为多少？

(4) 应选用什么型号的整流二极管？

2. 单相桥式整流电路中有四只整流二极管，所以每只二极管中电流的平均值等于负载电流的1/4。这种说法对吗？为什么？

3. 在单相桥式整流电路中，若四只二极管的极性全部接反，对输出有何影响？若其中一只断开、短路或接反，对输出有何影响？

4. 倍压整流电路如图7—13a、b所示，已知 $U_{2m}=100$ V，电容及负载电阻足够大，试标出各电容两端的电压极性，并近似估算电容两端及负载 R_L 两端的电压。

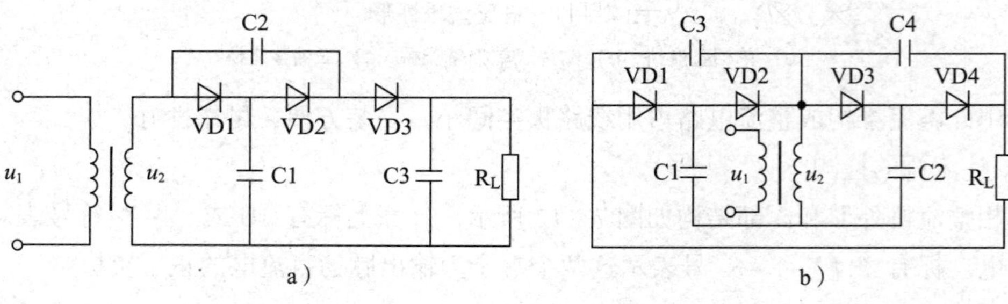

图7—13　题4图

§7—2　滤波电路

学习目标

1. 了解滤波电路的作用，能识读滤波电路图。

2. 了解滤波电路的工作原理，理解滤波元件参数对滤波效果的影响。

3. 了解各类滤波电路的特点和应用场合。

交流电经整流后转换为脉动直流电，其中还含有较多的交流成分，俗称**纹波**。这种脉动直流电只能在电镀、电焊、蓄电池充电等要求不高的设备中使用；而许多用电器如收录机、电视机、计算机、自动控制装置等，需要纹波很小的平滑的直流电，因为脉动直流电中的纹波会使音响出现交流噪声，使电视图像产生扭曲，使自动控制系统不能正常工作。

把脉动直流电中的交流成分滤除掉，使其成为平滑的直流电，这一过程称为**滤波**。最常用的滤波元件是电容器和电感器。

一、电容滤波电路

1. 电路组成

电容滤波电路是使用最多，也是最简单的滤波电路，其结构是在整流电路的**负载两端并联**一较大容量的**电容**，如图 7—14a 所示。利用**电容两端电压不能突变**的特性，在电容充、放电过程中使输出电压趋于平滑，如图 7—14b 所示。

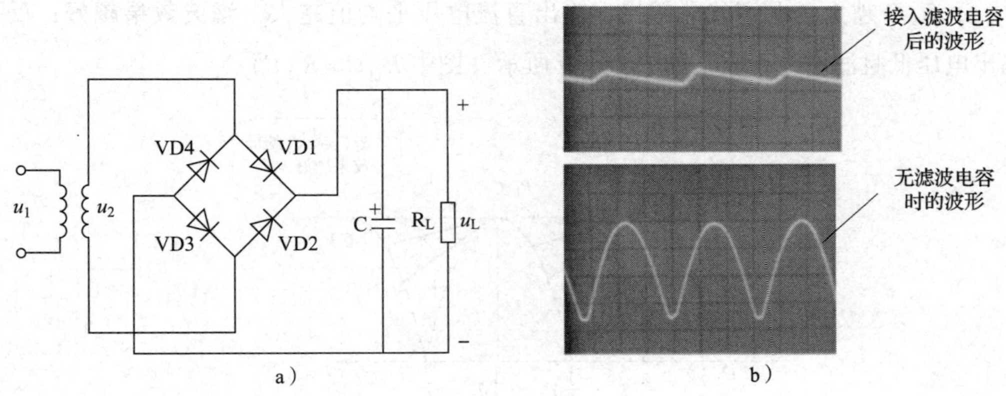

图 7—14　桥式整流电容滤波电路

a）电路图　b）有无滤波输出电压波形比较

将桥式整流电容滤波电路接入交流电源，在用开关断开（无电容滤波）和闭合（有电容滤波）电容支路两种情况下，分别用示波器观察输出电压波形，如图 7—14b 所示。可以看到接入滤波电容后输出电压波形得到明显改善。

2. 工作过程

图 7—15 中虚线所示为未接滤波电容时的输出电压波形，实线所示为电容滤波后的输出电压波形。

设接通电源前电容 C 两端电压为零，当接通电源后，在 u_2 正半周，二极管 VD1、VD3 导通，电容 C 迅速充电（同时也向负载供电），电容 C 两端电压随 u_2 同步上升，并达到 u_2 的峰值（如图 7—15 中 Oa 段）。

u_2 由峰值开始下降到 $u_2 < u_C$时，VD1、VD3 截止（VD2、VD4 仍截止），电容 C 通过 R_L 放电，u_L下降（如图 7—15 中 ab 段）

当下一个半周到来，而且达到 $u_2 > u_C$时，VD2、VD4 导通，电容又重复上述充放电过程。

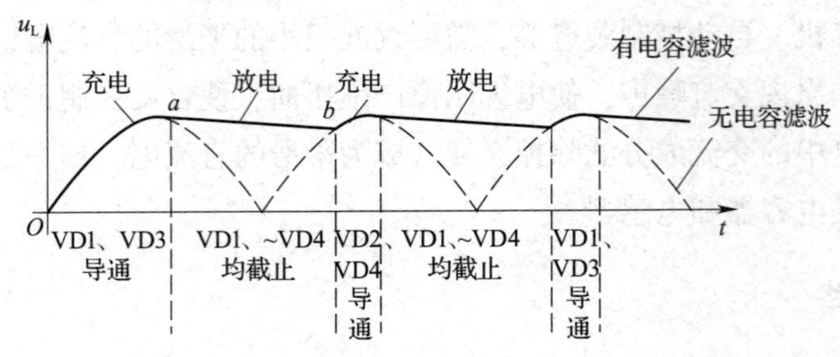

图 7—15　电容滤波原理图

由于滤波电容的充放电作用，输出电压的脉动程度大为减弱，波形相对平滑，输出电压平均值也得到提高。

3. 电容滤波特点

(1) **$R_L C$ 越大**，电容放电越慢，输出直流电压平均值越大，**滤波效果越好**；反之，则输出电压低且滤波效果差，如图 7—16 所示（图中 $R_{L1}C > R_{L2}C$）。

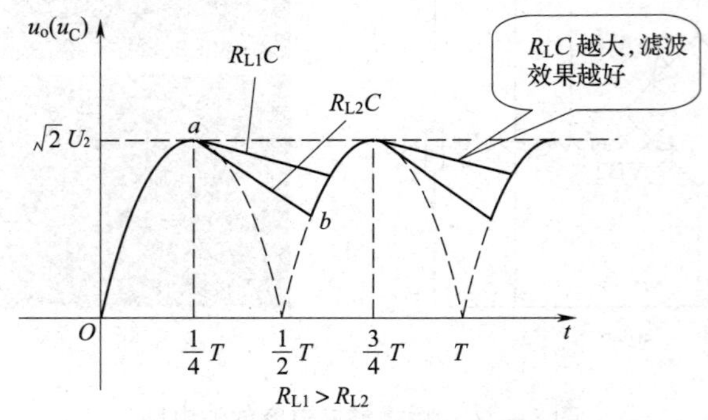

图 7—16　$R_L C$ 变化对电容滤波的影响

(2) 当滤波电容较大时，在接通电源的瞬间会有很大的充电电流，称之为**浪涌电流**。

(3) 电容滤波适用于负载电流较小且变化不大的场合。

单相半波整流电路和单相桥式整流电路经电容滤波后，有关电压电流的计算可参考表 7—1。

表 7—1　　电容滤波整流电路中负载电压的估算

电路形式	输入交流电压有效值	负载两端电压平均值		整流二极管上的电压和电流	
		负载开路时	带负载时	最高反向工作电压 U_{RM}	通过的平均电流 I_V
单相半波整流电容滤波	U_2	$\sqrt{2}U_2$	约为 U_2	$2\sqrt{2}U_2$	I_o
单相桥式整流电容滤波	U_2	$\sqrt{2}U_2$	约为 $1.2U_2$	$\sqrt{2}U_2$	$\frac{1}{2}I_o$

单相半波整流电容滤波电路负载直流电压并非单相桥式整流电容滤波电路负载直流电压的一半。

单相桥式整流电容滤波电路中，当负载两端电压平均值在 12～36 V 之间时，根据负载电流大小，选取滤波电容容量的参考值见表 7—2。

表 7—2　　选取的滤波电容参考值

负载电流	2 A	1 A	0.5～1 A	0.1～0.5 A	100 mA 以下	50 mA 以下
滤波电容的容量（μF）	4 000	2 000	1 000	470	220～470	220

【例 7—2】 采用单相桥式整流电容滤波电路，要求输出直流电源电压为 24 V，负载电流为 50 mA。试选用合适的整流二极管和滤波电容。

解：

（1）整流二极管的选择

电源变压器二次侧电压有效值为

$$U_2=\frac{U_o}{1.2}=\frac{24}{1.2}=20\ (\mathrm{V})$$

流过每只二极管的平均电流为

$$I_V=\frac{1}{2}I_o=\frac{1}{2}\times 50=25\ (\mathrm{mA})$$

每只二极管承受的最高反向工作电压为

$$U_{RM}=\sqrt{2}U_2=1.414\times 20\approx 28\ (\mathrm{V})$$

通过查阅器件手册，可选用型号为 2CZ52B（100 mA/50 V）的整流二极管四只。

（2）滤波电容的选择

参考表 7—2，可选用容量为 220 μF，耐压为 50 V 的电解电容。

二、电感滤波电路

电容滤波电路比较适用于负载电流较小且变化不大的场合。在负载电流很大（即负载电阻很小）的情况下，采用电容滤波，则所选电容器容量势必很大，这样对整流二极管的短时冲击电流，即浪涌电流也就很大，如何选择整流二极管和滤波电容就变得很困难，这时采用电感滤波电路供电效果较好。

1. 工作过程

桥式整流电感滤波电路如图 7—17 所示，**滤波电感与负载串联**。

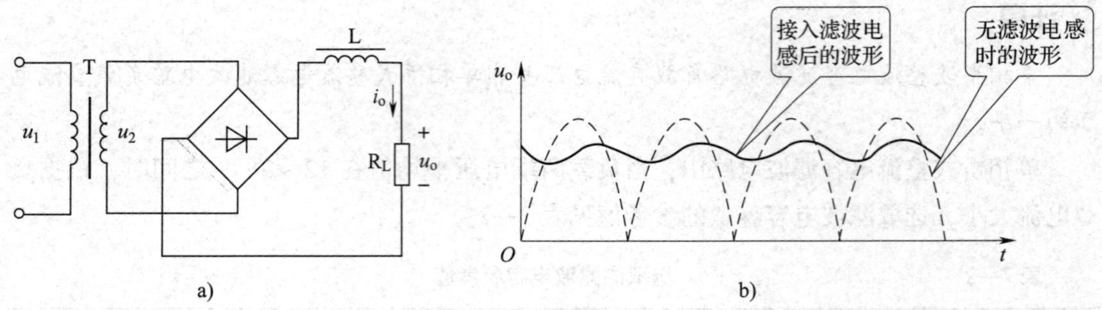

图 7—17　桥式整流电感滤波电路

a）原理图　b）波形图对比

电感中的电流不能突变，当负载电流 i_C 发生变化时，电感线圈两端要产生自感电动势来阻碍电流的变化。当 i_o 增大时，自感电动势的阻碍作用使 i_o 只能缓慢上升；当 i_o 减小时，自感电动势的阻碍作用又使 i_o 只能缓慢下降。所以，i_o 的脉动程度大为减弱，使输出电压的波形变得比较平滑。

2．电感滤波特点

电感滤波对整流二极管没有电流冲击。一般来说，**电感感抗 X_L 越大，滤波效果越好**。为了增大 X_L 值，电感多用带铁芯的线圈，但其体积大，较笨重，成本高，输出电压也会降低，所以滤波电感常取几亨到几十亨。

电感滤波主要用于大电流负载或电流经常变化的场合。有些整流电路负载是电动机线圈、继电器线圈等电感性负载，负载本身就能起到平滑脉动电流的作用，这时可以不必另加滤波电感。

3．输出直流电压的计算

由于电感线圈的直流电阻很小，整流输出脉动电压中直流成分在电感线圈上降得很少，几乎全部加到负载两端，若电感线圈感抗 $X_L \gg R_L$，则负载两端电压平均值 $U_o \approx 0.9U_2$。

三、复式滤波电路

为了进一步提高滤波效果，可以将电容器和电感器（或电阻器）组合成复式滤波电路，常用的有 LC 型、LC－π 型、RC－π 型等，电路如图 7—18 所示。

1．LC 型滤波电路

在电感滤波电路的基础上，再在 R_L 上并联一个电容，便构成如图 7—18a 所示的 LC 型滤波电路。脉动直流电经过电感 L，交流成分被削弱，再经过电容滤波，交流成分被进一步滤除，就可在负载上获得更加平滑的直流电压。

LC 型滤波电路带负载能力较强，在负载变化时，输出电压比较稳定。又由于滤波电容接于电感之后，因此可使整流二极管免受浪涌电流的冲击。

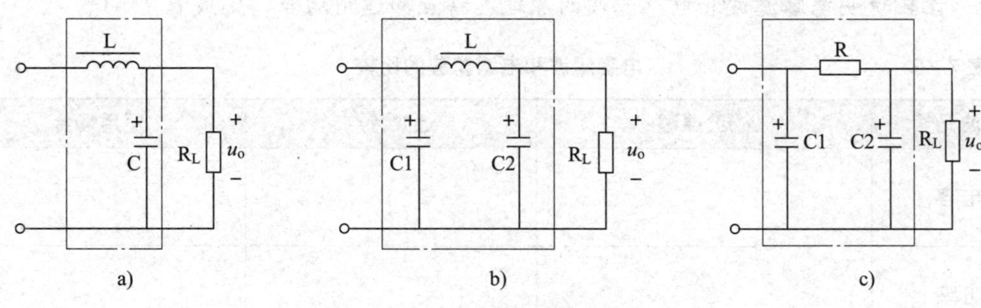

图 7—18　复式滤波电路

a）LC 型滤波电路　b）LC－π 型滤波电路　c）RC－π 型滤波电路

2. LC－π 型滤波电路

在 LC 型滤波电路的输入端再并联一个电容，便构成 LC－π 型滤波电路，如图 7—18b 所示。

LC－π 型滤波电路比 LC 型滤波电路的输出电压高，波形也更平滑。但带负载能力较差，仍存在浪涌电流对整流二极管的影响。为了减小浪涌电流，一般取 $C_1 < C_2$。

3. RC－π 型滤波电路

当负载电流较小时，常选用电阻 R 代替 LC－π 滤波电路中的电感 L，构成 RC－π 型滤波电路，如图 7—18c 所示。脉动电压中交流分量在电阻 R 上产生较大压降，使输出电压中的交流成分减少，同时直流分量也会在电阻 R 上产生直流压降，造成直流功率损耗，使输出直流电压降低。R 越大，滤波效果越好，但能量损耗也越大。一般 R 取几十欧到几百欧，且满足 $R \ll R_L$。

随堂练习

1. 图 7—19 所示为单相桥式整流电路，已知电源变压器一次侧电压 $U_1 = 220$ V，变压比 $K = 22$，负载电阻 $R_L = 1$ kΩ，求在下列各种情况下的输出电压 U_L 和负载电流 I_L。

（1）开关 S1 断开，S2 合上。

（2）开关 S1 和 S2 都合上。

（3）开关 S1 合上，S2 断开。

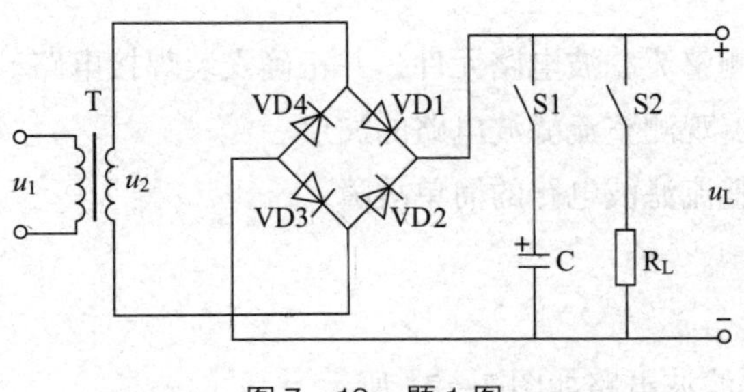

图 7—19　题 1 图

2．比较说明电容滤波和电感滤波的原理、特点和适用场合，完成表 7—3。

表 7—3　　电容滤波和电感滤波的比较

滤波元件	滤波原理	滤波特点	适用场合
电容			
电感			

3．分析如图 7—20 所示电路，判断元件 R、L、C 能否起滤波作用。

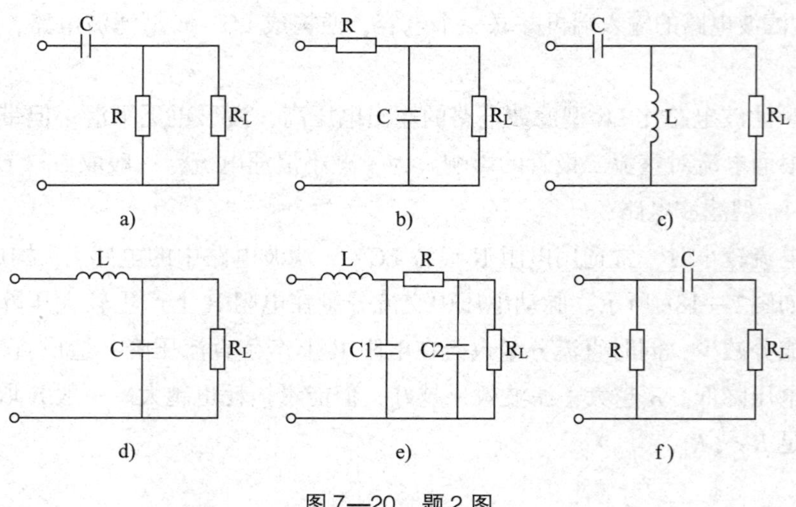

图 7—20　题 2 图

实训项目 11

单相桥式整流电容滤波电路的安装与调试

一、实训要求

1．能用万用表检测整流滤波电路元件，并正确安装焊接电路。
2．能用双踪示波器观测整流滤波电路的波形。
3．能判断和检修整流滤波电路的简单故障。

二、实训电路

单相桥式整流电容滤波电路如图 7—21 所示。

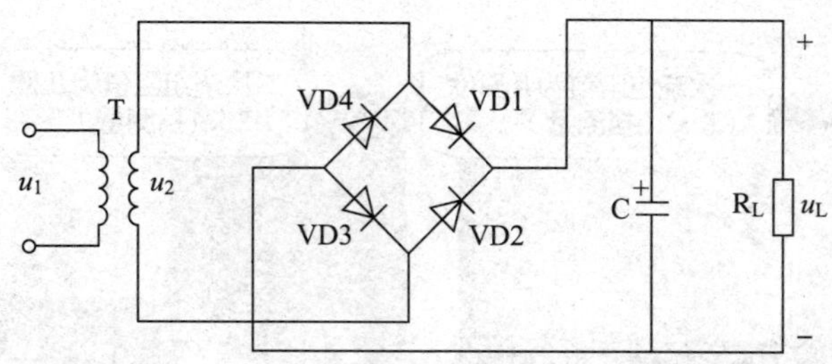

图 7—21　单相桥式整流电容滤波电路

三、器材准备

万用表 1 只，直流稳压电源、低频信号发生器、双踪示波器各 1 台，常用电子组装工具 1 套。

元器件型号规格见表 7—4。

表 7—4　　元器件明细表

代号	名称	型号规格	检测结果
VD1 ~ VD4	二极管	1N4007	质量：
R_L	碳膜电阻器	1 kΩ	实测值：
T	电源变压器	220 V/12 V，10 W	质量：
C	电解电容器	220 μF/25 V	质量：

四、安装调试

1. 按图 7—21 所示电路原理图，在通用电路板上画出安装布线图。

2. 对表 7—4 中所列各元器件逐一进行检测，并将检测结果填入表中。

（1）识别二极管正、负极，并用万用表测量其正、反向电阻。

（2）识读色环电阻标称阻值，并用万用表测量其实际阻值。

（3）用万用表测量电源变压器一次、二次绕组的阻值。如果是降压变压器，一般一次绕组的阻值为几百欧，二次绕组的阻值为几欧（图 7—22），如果是升压变压器则相反。

（4）电解电容器的检测

1）从外观识别极性。电解电容器有两个引脚，一般长引脚为正极，短引脚为负极，还有些在外壳上标明极性，如图 7—23 所示。

2）用万用表检测电容器质量。如图 7—24 所示，检测较大容量有极性电容器时，将万用表置“R×1 k”挡，黑表笔接电容器正极，红表笔接电容器负极；如果是检测无极性电容器，则两支表笔可以不作区分。

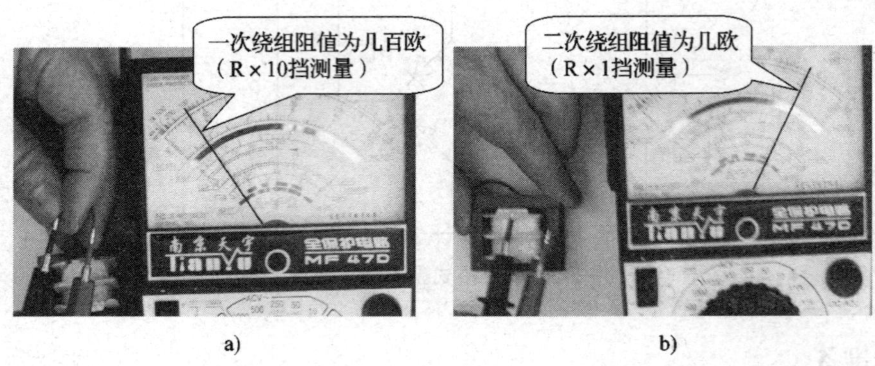

图 7—22　变压器的检测

a）测一次绕组阻值　b）测二次绕组阻值

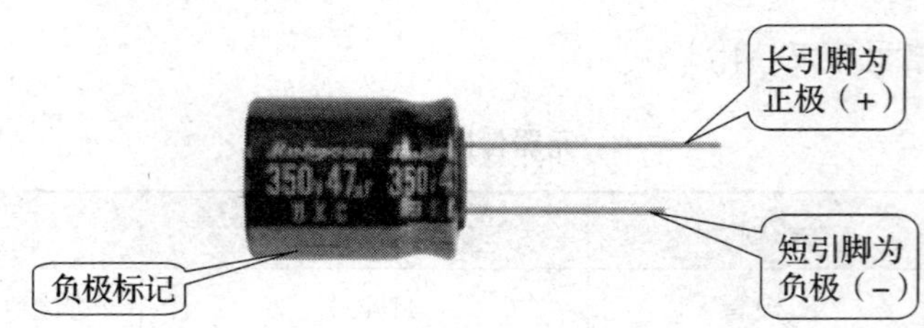

图 7—23　电解电容器的正负极识别

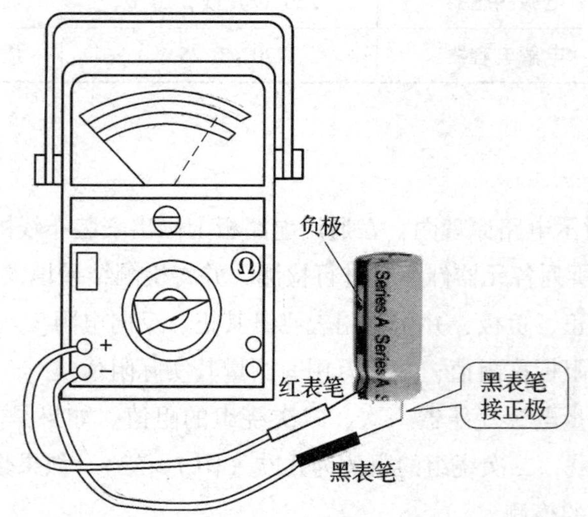

图 7—24　检测电解电容器质量示意图

由于小容量电容器漏电阻很大，所以测量时应用“R×10 k”挡，这样测量结果较为准确。表 7—5 所列为测量结果说明。

3．按工艺要求对元器件的引脚进行成形加工。

4．安装单相桥式整流电路。

表 7—5 测量结果说明

表针偏转情况	说明
∞ 0 R×1 k 挡	表针先向右偏转，然后向左回摆到底（阻值无穷大处），说明电容器正常
∞ 0 R×1 k挡	表针向左回摆停在某一刻度上，该阻值即为电容器的漏电阻值。此值越小，说明漏电越严重
∞ 0 R×1 k挡	表针向右偏转停在欧姆零位，说明电容器内部短路
∞ 0 R×1 k挡	表针无偏转和摆动，说明电容器内部可能已断路，或电容量很小，不足以使表针反应

**注意**

将电源变压器用螺钉紧固在电路板有元件的一面，一次绕组的引出线向外，二次绕组的引出线向内。变压器一次绕组的两个输入接线端与电源插头线的连接处应用绝缘胶布包住或用套管套紧，**防止短路或触电**。

5. 在桥式整流电路工作正常的情况下，接入滤波电容。

6. 用示波器观测电路输入、输出电压波形

(1) 按图 7—25a 所示，将示波器的探头连接至变压器二次绕组，测量输入波形。调节示波器，使显示波形稳定，将测得的输入波形绘制在表 7—6 中。

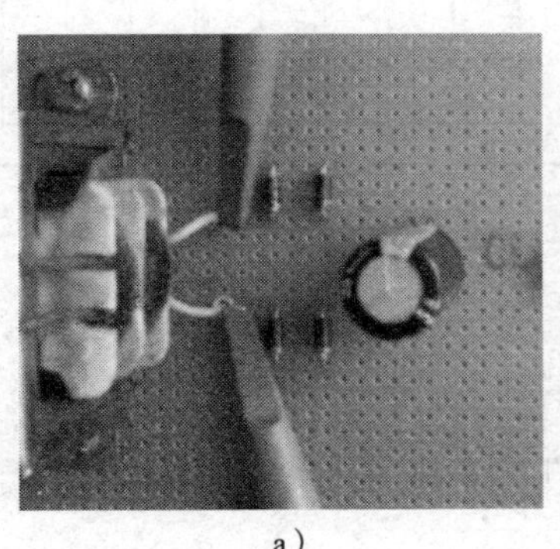

a）

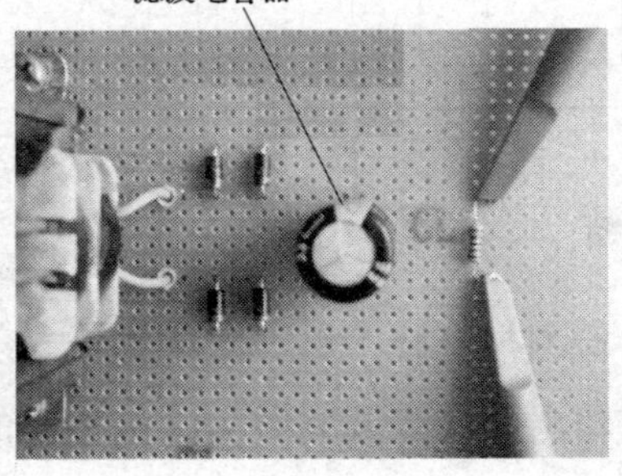

b）

图 7—25 用示波器观察电路输入、输出电压波形

a）观察输入电压波形 b）观察输出电压波形

（2）如图 7—25b 所示，将示波器探头连接在负载 R_L 两端，用同样的方法测量输出波形，并绘制在表 7—6 中。

表 7—6　　单相桥式整流电容滤波电路波形测试记录

输入波形图	输出波形图

（3）改变 R_L 和 C 的大小，比较输出电压波形，并绘制在表 7—7 中。

表 7—7　　改变 R_L 和 C 的大小，比较输出电压波形

R_LC 较小时的输出电压波形	R_LC 较大时的输出电压波形
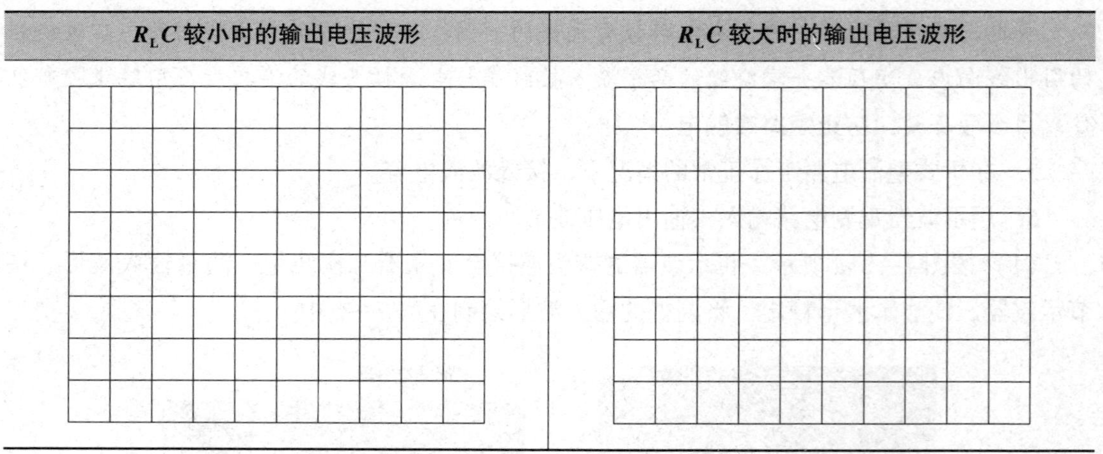	

五、实训总结

1. 写出检测与安装、焊接变压器和电容器的体会。
2. 比较输出电压测试波形，说明 R_LC 的大小与滤波效果的关系。

六、测评记录

按表 7—8 所列项目进行测评，并做好记录。

表 7—8　　测评记录表

序号	测评项目	配分（分）	得分（分）
1	判别变压器一次、二次绕组	2	
2	检测电容器质量	1	
3	按工艺要求安装焊接电路	2	
4	用示波器测量整流滤波电路输入电压波形	2	
5	用示波器测量整流滤波电路输出电压波形	3	

§7—3　分立元件组成的直流稳压电源

学习目标

1. 理解稳压管稳压电源的组成和工作原理。
2. 了解带放大环节的直流稳压电源的组成和工作原理。
3. 能安装和测试带放大环节的直流稳压电源。

经整流滤波后的直流电压已变得较为平滑，但不能确保其稳定，当电网电压波动或负载电流变化时，都会引起输出电压变化。为了保证输出电压稳定，必须在整流滤波电路之后再加上稳压环节。

本节介绍由分立元件组成的直流稳压电源，包括稳压管稳压电源和带放大环节的直流稳压电源。

一、稳压管稳压电源

1. 电路组成

在第一章已经介绍了稳压二极管，当稳压二极管工作在反向击穿区时，反向电流在较大的范围内变化，而稳压二极管两端电压几乎不变。利用这一特性可以组成一个简单的直流稳压电源，如图 7—26 所示。由于稳压二极管与负载是并联的，因此也称**并联型直流稳压电源**。稳压电路的输入电压 U_i 来自整流滤波电路的输出电压。

2. 稳压过程

当电网电压升高或负载阻值变大时，输出电压 U_o（即 U_Z）随之升高，从而引起 I_Z 急剧增大，流过 R 的电流也增大，导致 R 上的压降上升，从而抵消了 U_o 的波动。其稳压过程可用简式表示如下：

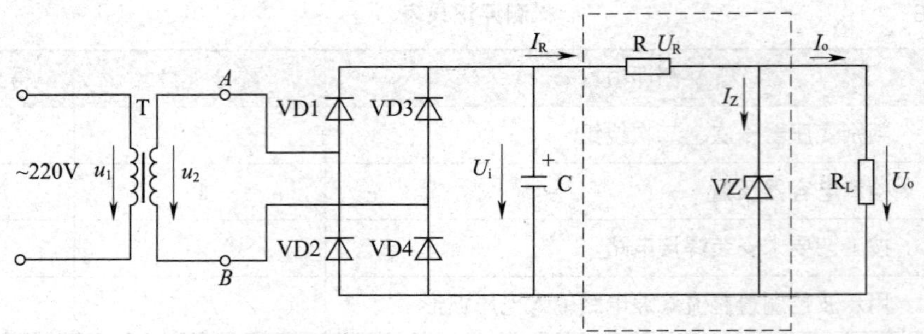

图 7—26　稳压管稳压电源原理图

$$U_i\uparrow（或 R_L\uparrow）\rightarrow U_o\uparrow\rightarrow I_Z\uparrow\rightarrow I_R\uparrow$$
$$U_o\downarrow\leftarrow U_R\uparrow$$

同理，当电网电压降低或负载阻值变小时，也可分析得到 U_o 基本保持稳定。

在上述稳压过程中，电阻 R 起着**限流**和**调压**的双重作用。如果 $R=0$，则 $U_o=U_i$，电路根本没有稳压作用，同时由于 U_i 直接加到稳压管两端，当 U_i 变化时有可能引起过大的反向电流而使稳压管烧坏。R 大则电压调节性能好，但 R 太大，电流过小，稳压管可能会失去稳压作用。可见，要使电路正常稳压，电阻 R 必须选择适当。

稳压管并联型稳压电源结构简单，设计制作容易。但由于受到稳压管自身参数的限制，其输出电流较小，输出电压不可调节，因此只适用于输出电压固定且电流变化范围不大的小功率负载。当负载电流较大且要求稳压性能较好时，可采用带放大环节的直流稳压电源。

二、带放大环节的直流稳压电源

1．电路组成

图 7—27 所示为带放大环节的直流稳压电源。电路由**基准电路**、**取样电路**、**比较放大电路**和**调整管**四部分组成。三极管 VT1（调整管）接成射极输出形式，因为它与负载相串联，所以又称**串联型直流稳压电源**。

稳压管 VZ 和限流电阻 R2 构成基准电压电路。电阻 R3、RP 和 R4 为取样电路，当输出电压变化时，取样电路电阻将其变化量的一部分送到比较放大电路。三极管 VT2 组成比较放大电路。取样电压和基准电压 U_Z 分别送至三极管 VT2 的基极和发射极，进行比较放大，VT2 的集电极和调整管的基极相连，以控制调整管的基极电位。

2．稳压原理

假设由于某种原因（如电网电压波动或负载电阻变化等）使输出电压 U_o 上升，取样电路将这一变化趋势送到比较放大管 VT2 的基极与发射极基准电压 U_Z 进行比较，并将二者的差值进行放大，VT2 管集电极电位 U_{C2}（即调整管的基极电位 U_{B1}）降低。由于调整

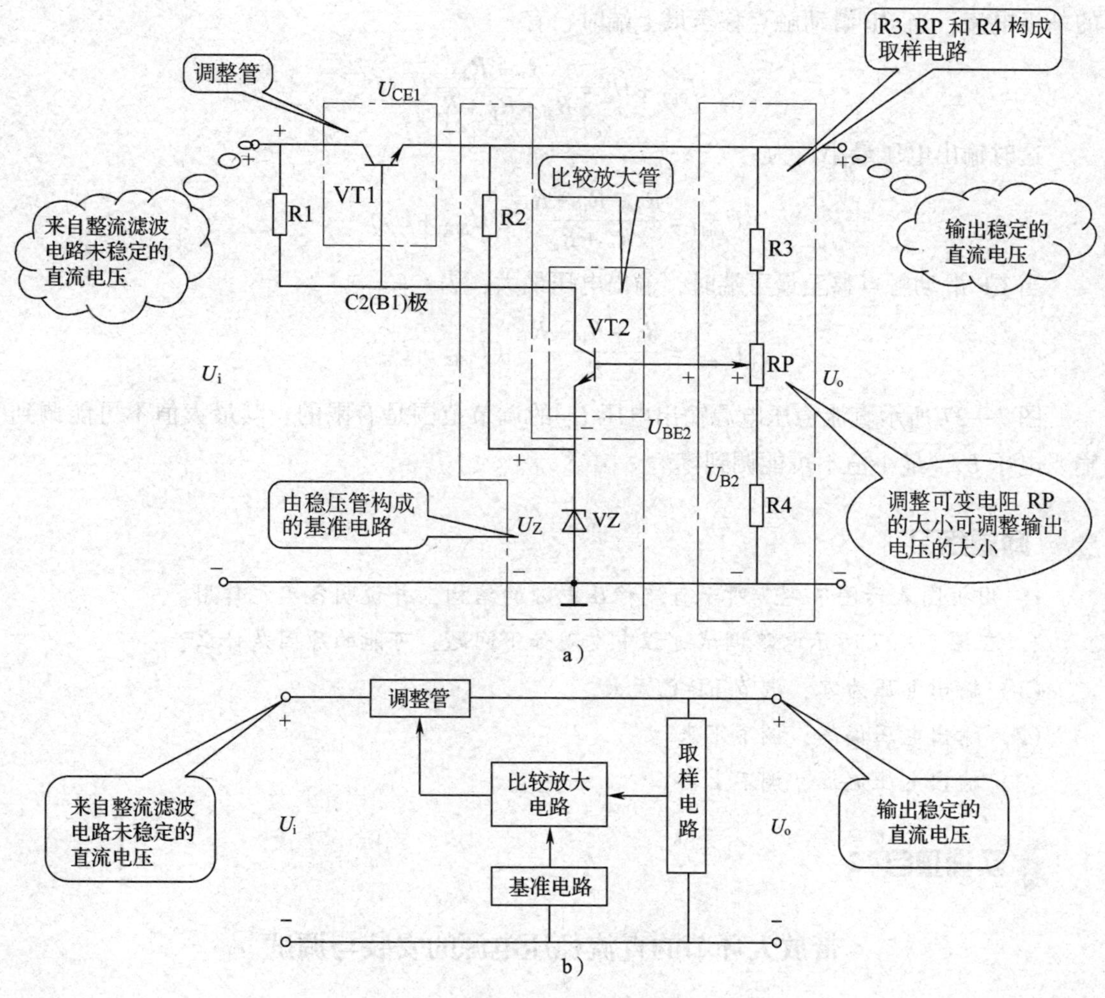

图 7—27　带放大环节的直流稳压电源

a）原理图　b）方框图

管采用射极输出形式，所以输出电压 U_o 必然降低，从而保证 U_o 基本稳定。其稳定过程可用简式表示如下：

$$U_o\uparrow\rightarrow U_{B2}\uparrow\rightarrow U_{BE2}\uparrow\rightarrow I_{C2}\uparrow\rightarrow U_{C2}\ (U_{B1})\downarrow\rightarrow U_o\downarrow$$

反之，则有如下稳压过程。

$$U_o\downarrow\rightarrow U_{B2}\downarrow\rightarrow U_{BE2}\downarrow\rightarrow I_{C2}\downarrow\rightarrow U_{C2}\ (U_{B1})\uparrow\rightarrow U_o\uparrow$$

分析上述稳压过程可见，电路实质上是靠引入深度负反馈来稳定输出电压的。

3．输出电压的调节

调节 RP 可以调节输出电压 U_o 的大小，使其在一定的范围内变化。忽略三极管 VT2

的基极电流，当 RP 滑动触点移至最上端时，有

$$U_{BE2}+U_Z=\frac{R_P+R_4}{R_3+R_P+R_4}U_o$$

这时输出电压最小，为

$$U_{omin}=\frac{R_3+R_P+R_4}{R_P+R_4}\ (U_{BE2}+U_Z)$$

当 RP 滑动触点移至最下端时，输出电压最大，为

$$U_{omax}=\frac{R_3+R_P+R_4}{R_4}\ (U_{BE2}+U_Z)$$

图 7—27 所示直流稳压电源输出电压 U_o 的调节范围是有限的，其最大值不可能调到输入电压 U_i，最小值不可能调到零。

随堂练习

1. 用框图表示图 7—27 所示直流稳压电源的结构，并说明各单元作用。
2. 在图 7—27 所示电路调试过程中发现如下问题，可能的原因是什么？

（1）输出电压为零，调节 RP 已无效。

（2）输出电压偏高，调不下来。

（3）输出电压偏低，调不上去。

实训项目 12

带放大环节的直流稳压电源的安装与调试

一、实训要求

1. 熟悉带放大环节的直流稳压电源的组成，理解其工作原理。
2. 能用万用表检测电路元件，并正确安装和调试电路。
3. 能判断和检修直流稳压电源的简单故障。

二、实训电路

图 7—28 所示为带放大环节的直流稳压电源电路图。图中，稳压二极管 VZ 提供基准电压，VT1 为调整管，VT2 为比较放大管。通过调节 RP1 可以调节输出电压的大小。

三、器材准备

万用表 1 只，直流稳压电源、示波器各 1 台，常用电子组装工具 1 套。

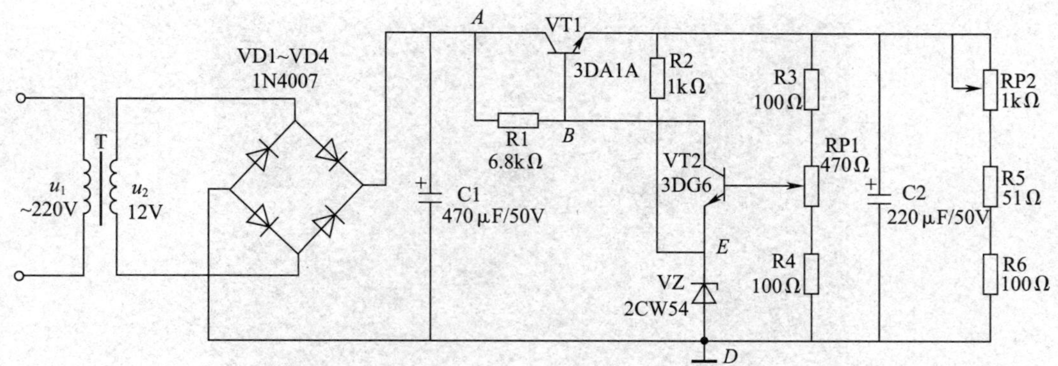

图 7—28　带放大环节的直流稳压电源电路图

元器件型号规格见表 7—9。

表 7—9　　元器件明细表

代号	名称	型号规格	检测结果
R1	碳膜电阻器	6.8 kΩ	实测值：
R2	碳膜电阻器	1 kΩ	实测值：
R3、R4、R6	碳膜电阻器	100 Ω	实测值：
R5	碳膜电阻器	51 Ω	实测值：
RP1	微调电位器	470 Ω	质量：
RP2	微调电位器	1 kΩ	质量：
C1	电解电容器	470 μF/50 V	质量：
C2	电解电容器	220 μF/50 V	质量：
VD1 ~ VD4	二极管	1N4007	质量：
VT1	三极管	9011 或 3DA1A	质量：
VT2	三极管	9013 或 3DG6	质量：
VZ	稳压二极管	2CW54	质量：
T	变压器	220 V/12 V，10 W	质量：

四、安装调试

1. 按图 7—28 所示电路原理图，在通用电路板上画出安装布线图。

2. 对表 7—9 中所列各元器件逐一进行检测，并将检测结果填入表中。

3. 按工艺要求对元器件引脚进行成形加工，并参考图 7—29 所示实物图安装焊接电路。

图 7—29　带放大环节的直流稳压电源安装实物图

安装时要注意电解电容器、二极管的极性，正确连接电位器的三个端和三极管的三个引脚，尤其要注意稳压二极管在电路中不可接错。

4. 电路检查无误后，将 RP2 调到中间阻值，接通电源，调节 RP1，使输出电压从最小变化到最大，并测得输出电压的最小值为________V，最大值为________V。

5. 调节 RP1，使输出电压 U_o 为 12 V，然后调节 RP2，观察输出电压的变化情况。按表 7—10 所列条件，用万用表分别测量电路中 *A*、*B*、*E* 各点对应电压及输出电压，并记入表 7—10。

表 7—10　　测量记录表

RP2 调节位置	*A* 点电压（V）	*B* 点电压（V）	*E* 点电压（V）	输出电压（V）
阻值最大				
阻值最小				

6. 用示波器测量变压器二次侧输出、整流滤波电路输出、稳压电路输出各点实际工作波形。

五、实训总结

1. 分析该稳压电源的稳压原理。
2. 分析该稳压电源中哪些元件有缺陷会显著影响稳压性能。
3. 想一想，应如何测试该稳压电源的稳压性能。

六、测评记录

按表 7—11 所列项目进行测评，并做好记录。

表 7—11　　　　　　　　　　　　测评记录表

序号	测评项目	配分（分）	得分（分）
1	检测电路元器件质量	2	
2	按工艺要求安装焊接电路	2	
3	调试稳压电源输出电压变化范围	2	
4	测量 A、B、E 各点对应电压及输出电压	2	
5	用示波器观察电压波形	2	

§7—4　集成稳压器

学习目标

1. 能识读集成稳压器电路图。
2. 了解集成稳压器典型应用电路中元器件的主要作用。
3. 能安装和调试由集成稳压器构成的直流稳压电路。

分立元件稳压电路存在组装烦琐、可靠性差、体积大等缺点，随着半导体集成电路工艺的发展，集成稳压器得到广泛应用。

集成稳压器有多种类型，按稳压原理不同，可分为**串联调整式**、**并联调整式**和**开关调整式**；按输出电压是否可调，可分为**固定式**和**可调式**；按封装形式不同，可分为**金属封装**和**塑料封装**；按引出端数目不同，可分为**三端集成稳压器**和**多端集成稳压器**。常用集成稳压器外形如图 7—30 所示。

a）　　　　　　　　　　　　b）

图 7—30　集成稳压器外形

a）金属封装　b）塑料封装

一、三端固定式集成稳压器

1．型号和引脚排列

三端固定式集成稳压器属于串联调整式，除了基准、取样、比较放大和调整等环节外，还有较完整的保护电路。常用的 CW78××系列是正电压输出，CW79××系列是负电压输出。根据国家标准，其型号意义如下：

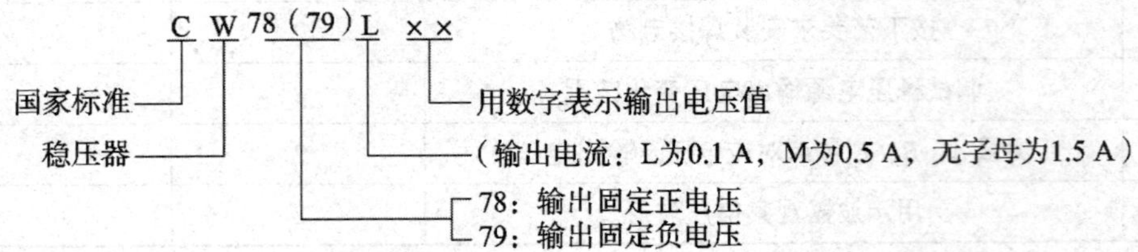

三端固定式集成稳压器有**输入端**（IN）、**输出端**（OUT）和**公共端**（GND）三个引出端，引脚排列规则如图 7—31 所示。

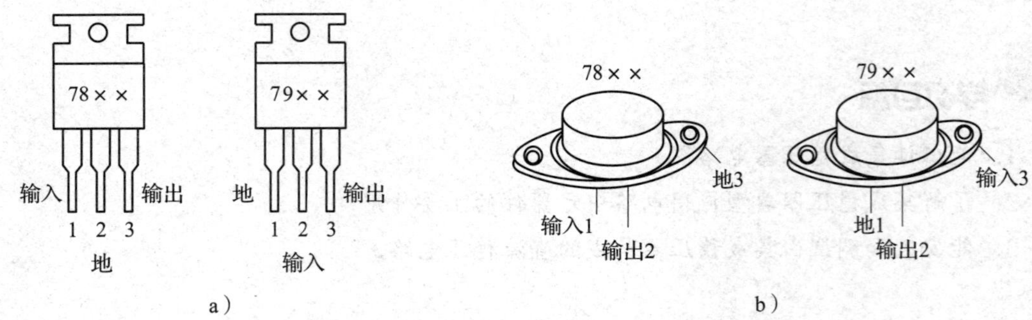

图 7—31　三端集成稳压器引脚排列示例

a）TO－220 塑料封装集成稳压器　b）TO－3 金属封装集成稳压器

2．典型应用电路

图 7—32 所示为三端固定式集成稳压器的典型应用电路。图中，输入端电容 C1 用于减少输入电压的脉动和防止过电压，通常取 0.33 μF；输出端电容 C2 用于削弱电路的高频干扰，并具有消振作用，通常取 0.1 μF。为保证稳压器正常工作，输入与输出电压之间至少相差 2～3 V。

3．集成稳压器的功能扩展

（1）扩大输入电压

CW78××系列集成稳压器最大输入电压一般不能超过 40 V，如果遇到输入电压大于 40 V 时，可采用图 7—33 所示连接方法。电路中串入三极管 VT 后，输入电压的一部分降落在 VT 的集电极和发射极间，这样就相当于提高了集成稳压器的输入电压所允许的最大值。

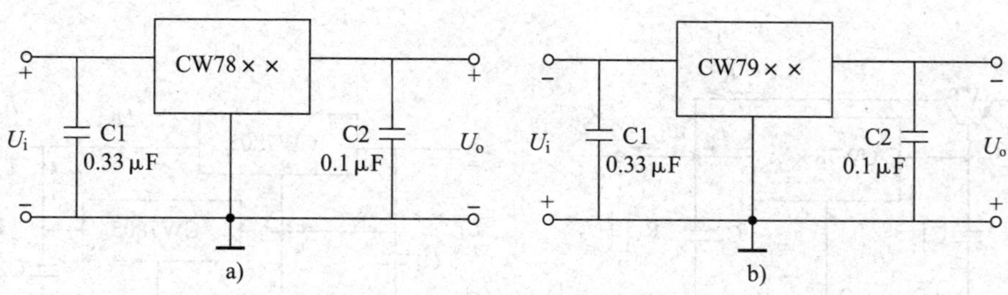

图 7—32　三端固定式集成稳压器典型应用电路

a）正电压输出　b）负电压输出

（2）提高输出电压

电路如图 7—34 所示，它能使输出电压高于集成稳压器的固定输出电压。

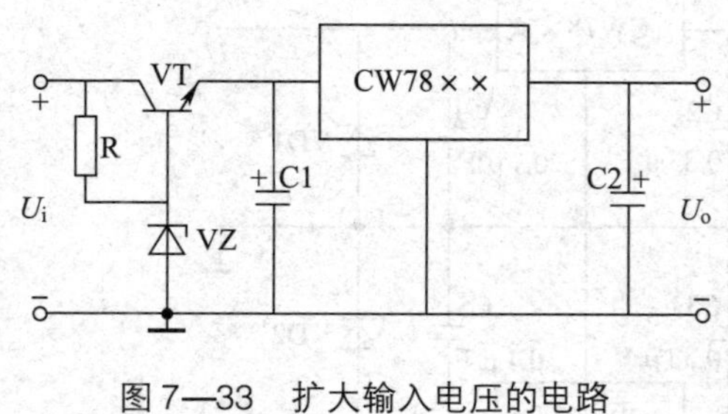

图 7—33　扩大输入电压的电路

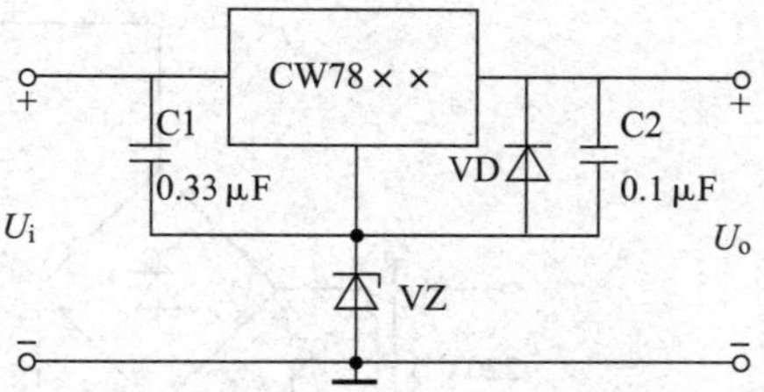

图 7—34　提高输出电压的电路

设集成稳压器的固定输出电压为 U_R，稳压管的稳定电压为 U_Z，则该电路的输出电压为

$$U_o = U_R + U_Z$$

该电路中 VD 是输出保护二极管，正常工作时处于截止状态，一旦输出电压低于 VZ 稳压值，VD 即导通，将输出电流旁路，保护 CW78××稳压器输出级不被损坏。

（3）扩大负载电流

当负载电流需要大于集成稳压器的最大输出电流时，可采用如图 7—35 所示电路扩大输出电流。图 7—35a 所示是外接大功率三极管的电路。设集成稳压器的输出电流为 I_o，负载电流为 I_L，三极管 VT 的集电极电流为 I_C，由图可知，负载电流为

$$I_L = I_o + I_C$$

适当选择电阻 R 的阻值，可使大功率管 VT 只有在输出电流 I_o 较大时导通。

图 7—35b 所示电路中，将两只集成稳压器并联使用，可使输出电流扩大一倍。但应注意，这两个集成稳压器的型号、参数最好相同，至少参数要接近。

（4）输出正、负电压的电路

电路如图 7—36 所示。要求电源变压器带中心抽头，该抽头作为参考点，以便输出一对幅度相等、相位相反的电压。图中，二极管 VD1 和 VD2 对集成稳压器起保护作用，正常工作时均处于截止状态。当电路中任意一只集成稳压器未接入电压时，该稳压器输出端

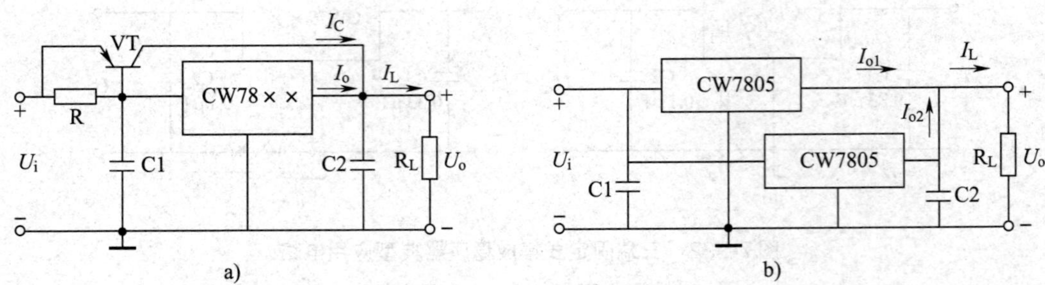

图 7—35 扩大输出电流的电路

a）外接大功率三极管 b）集成稳压器并联

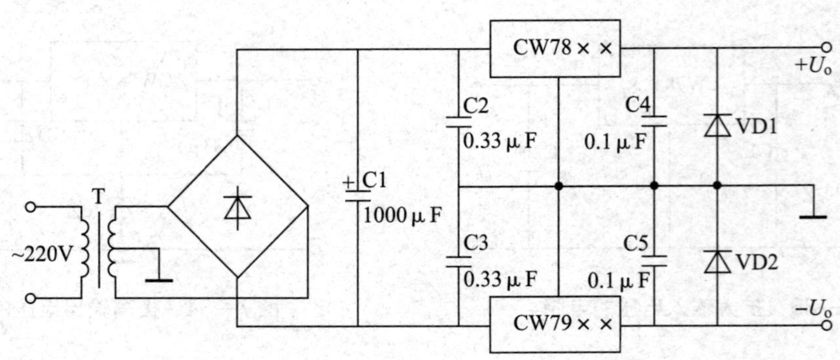

图 7—36 输出正、负电压的电路

二极管导通，保护其不致损坏。例如，若 CW79××的输入端未接输入电压，CW78×× 的输出电压将通过负载电阻使 VD2 导通，从而将 CW79××的输出端钳位在 0.7 V 左右。

二、三端可调式集成稳压器

1. 型号和引脚排列

三端可调式集成稳压器不仅输出电压可调，且稳压性能优于固定式。常用的三端可调式集成稳压器的产品有国产型号 CW317、CW337 等，进口型号 LM317、LM337 等。其型号含义如下：

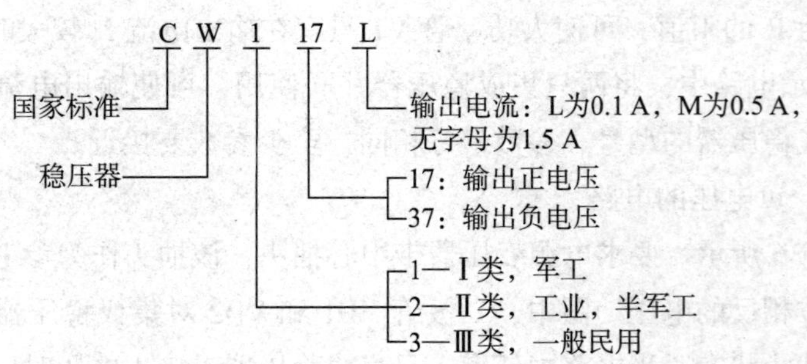

三端可调式集成稳压器有三个引出端，分别为**输入端**、**输出端**和**调整端**。CW317 和 CW337 引脚排列如图 7—37 所示。

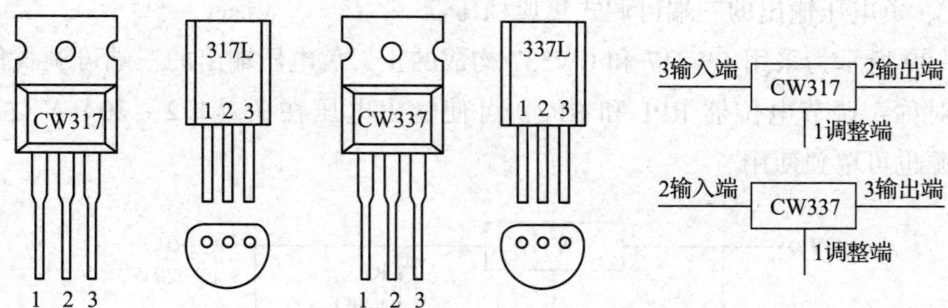

图 7—37　CW317 和 CW337 引脚排列

2. 典型应用电路

图 7—38 所示为三端可调式集成稳压器的典型应用电路。

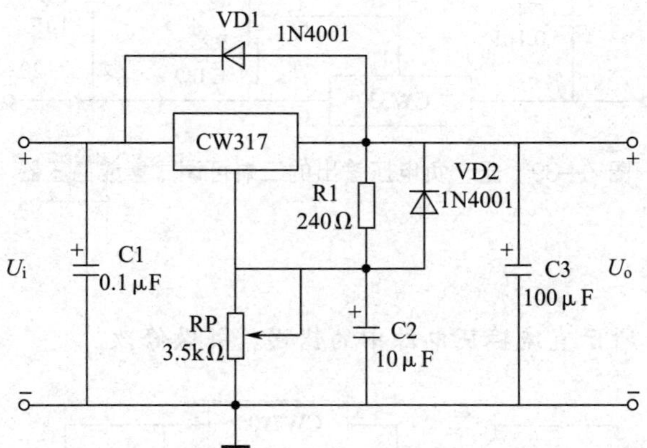

图 7—38　三端可调式集成稳压器的典型应用电路

由于 CW317 的输出端与调整端之间具有很强的维持 1.25 V 电压不变的能力，所以 R1 上电流值基本恒定，又由于调整端输出电流极小（50 μA），故可忽略，则输出电压为

$$U_o = \left(1 + \frac{R_P}{R_1}\right) \times 1.25 \ (\mathrm{V})$$

调整 RP 的电阻值，输出电压可在 1.25 ~ 37 V 范围内连续可调。最大输出电流 I_L 为 1.5 A。

图中，C1 是输入滤波电容，C3 是输出滤波电容，C2 的作用是减小 RP 两端的纹波电压。VD1 和 VD2 为保护二极管。稳压器运行时，若输入端突然短路，而 U_o因 C3 作用保持原来电压，就会使 CW317 输入与输出间承受较大反向电压而损坏。接入 VD1 后，在正常运行时 VD1 反偏，可视为开路。若输入端突然短路，VD1 随即正偏，使输入与输出间的反向电压仅为 0.7 V，起到保护 CW317 的作用。VD2 起输出短路保护作用，电路正常工作时 VD2 截止，当输出端突然短路时，VD2 正偏导通，使调整端与输出端之间仅有 0.7 V 电压，起到保护 CW317 的作用。

3. 正、负电压输出的三端可调式集成稳压器

图 7—39 所示为采用 CW317 和 CW337 构成的正、负电压输出的三端可调式集成稳压器，电路对称，调节电位器 RP1 和 RP2，可使输出电压在 ±（1.2～20）V 之间可调，正、负电源也可单独使用。

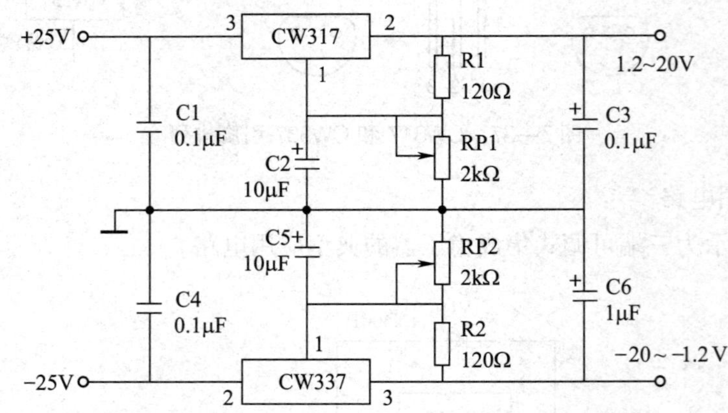

图 7—39　正、负电压输出的三端可调式集成稳压器

随堂练习

1. 指出图 7—40 所示直流稳压电源中的错误，并做修改。

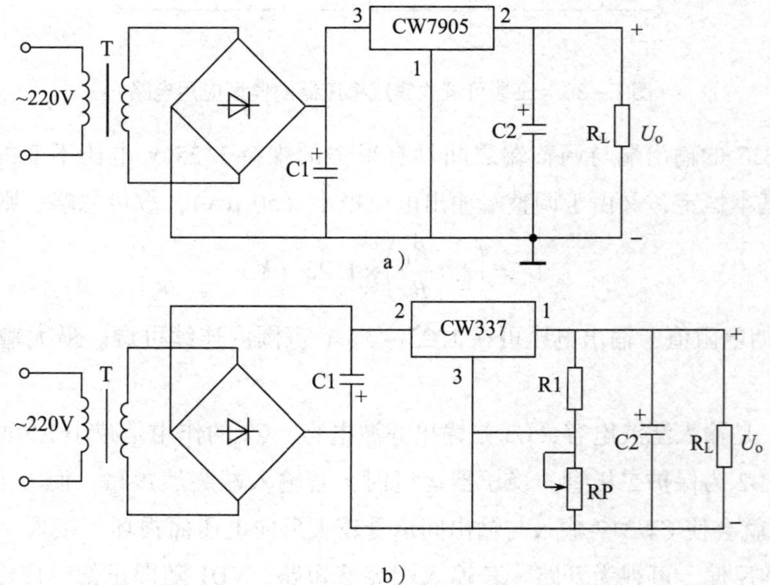

图 7—40　题 1 图

2．将图 7—41 中的元器件正确地连接起来，组成一个电压可调的直流稳压电源。

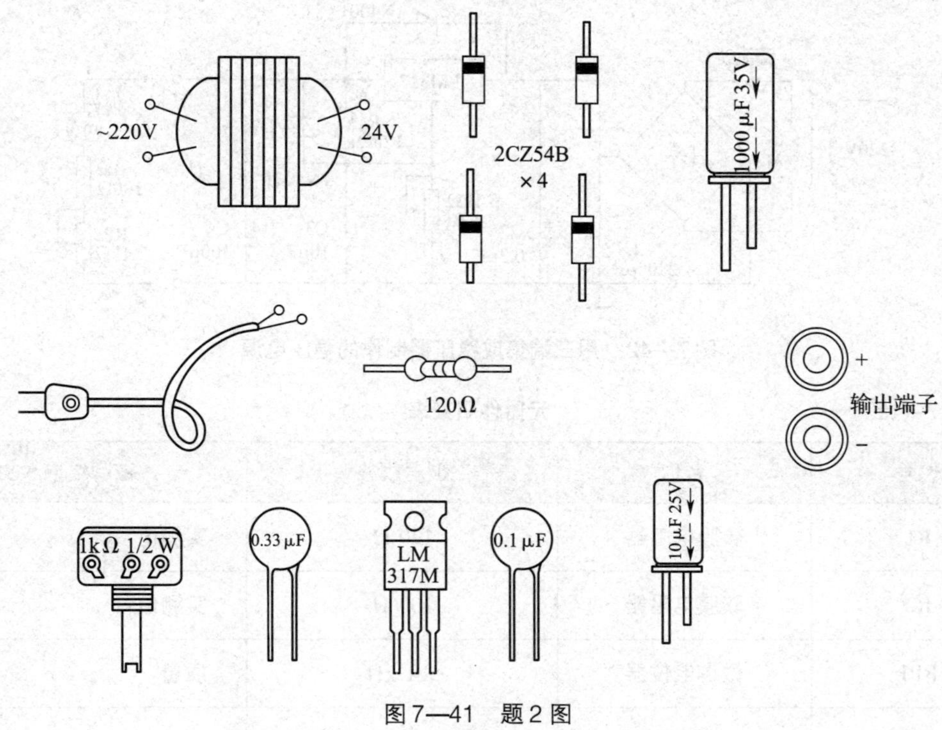

图 7—41　题 2 图

实训项目 13

用三端集成稳压器制作稳压电源

一、实训目的

1．熟悉三端集成稳压器的功能，了解三端集成稳压器典型应用电路的组成。

2．能制作用三端集成稳压器组成的稳压电源。

3．能完成用三端集成稳压器制作的稳压电源的基本调试和测量。

二、实训电路

用三端集成稳压器制作的稳压电源如图 7—42 所示。

三、器材准备

万用表 1 只，直流稳压电源、单相自耦变压器、示波器各 1 台，常用电子组装工具 1 套。

元器件型号规格见表 7—12。

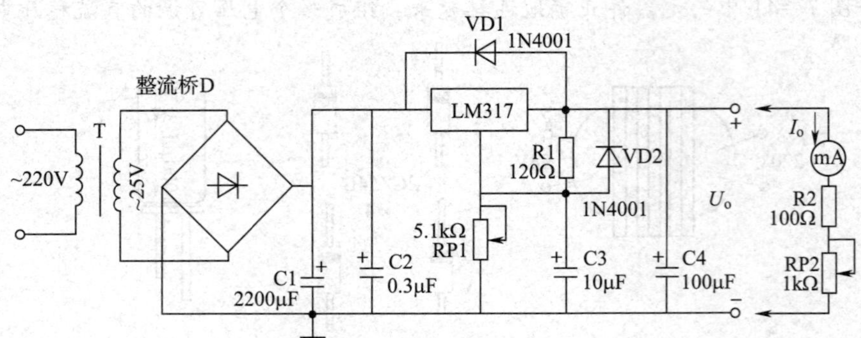

图 7—42　用三端集成稳压器制作的稳压电源

表 7—12　　元器件明细表

代号	名称	型号规格	检测结果
R1	碳膜电阻器	120 Ω	实测值：
R2	碳膜电阻器	100 Ω	实测值：
RP1	微调电位器	5. 1 kΩ	质量：
RP2	微调电位器	1 kΩ	质量：
D	整流桥	1N4004	质量：
VD1、VD2	二极管	1N4001	质量：
C1	电解电容器	2 200 μF/25 V	质量：
C2	涤纶电容器	0. 3 μF	质量：
C3	电解电容器	10 μF/25 V	质量：
C4	电解电容器	100 μF/25 V	质量：
LM317	三端集成稳压器	LM317 或自定	质量：
T	变压器	220 V/25 V，10 W	质量：

四、安装调试

1. 按图 7—42 所示电路原理图，在通用电路板上画出安装布线图。
2. 对表 7—12 中所列各元器件逐一进行检测，并将检测结果填入表中。

三端可调式集成稳压器 LM317 的检测方法如下：

（1）将 LM317 引脚朝下，把标记有“LM317”的一面正对自己，从左边引脚开始依次是调整端、输出端和输入端，如图 7—43a 所示。

（2）LM317 的引脚确定后，将万用表置于电阻挡“R×1 k”挡，万用表红表笔接 LM317 的散热片（带小圆孔的金属片），黑表笔逐一接 1、2、3 脚（图 7—43b），测量此时三个引脚的电阻值。测量值应与表 7—13 所列参考值相似。

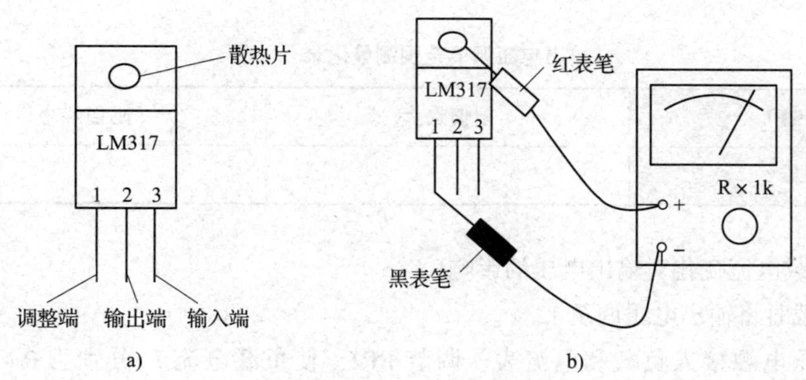

图 7—43　LM317 集成稳压器的检测

a）引脚排列　b）质量检测

表 7—13　　LM317 集成稳压器引脚间电阻参考值

黑表笔位置	1	2	3
电阻值	24 kΩ	0	4 kΩ

3. 按工艺要求对元器件引脚进行成形加工，并参考图 7—44 所示实物图安装焊接电路。

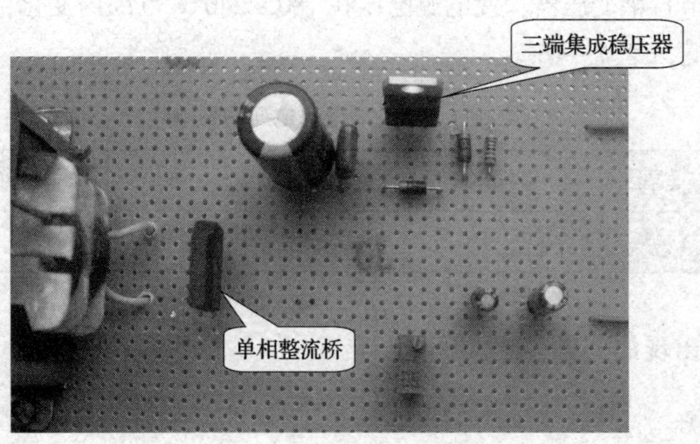

图 7—44　用三端集成稳压器制作的稳压电源安装实物图

注意

（1）三端集成稳压器的三个引脚不可接错，同时注意接地端不可悬空。

（2）为了保证三端集成稳压器正常工作，应使其输入电压高于输出电压 2 ~ 3 V。

4. 电路检查无误后，接通电源。将万用表置直流电压 50 V 挡，黑表笔接地，红表笔接 LM317 的 2 脚，调节 RP1 阻值分别为最大和最小，测量输出电压 U_o 的调节范围，将数据记入表 7—14。

表 7—14　　输出电压调节范围测量记录

调节 RP1	阻值最大	阻值最小
输出电压 U_o		

5. 测量负载电流变化对输出电压的影响

（1）在空载时将输出电压调至 12 V。

（2）将稳压电源接入负载和电流表，调节 RP2，使负载电流 I_o 分别为 0、20 mA、40 mA、60 mA、80 mA，测量对应的输出电压 U_o，并记入表 7—15。

表 7—15　　负载电流变化对输出电压的影响

负载电流 I_o（mA）	0	20	40	60	80
输出电压 U_o（V）					

6. 测量电源电压波动对输出电压的影响

（1）调整自耦变压器，使电源电压为 220 V，电路输出电压 $U_o = 12$ V。然后调节 RP2，使负载电流 $I = 80$ mA。

（2）重新调节自耦变压器，使电源电压在 180 ~ 240 V 范围内变化，测出相应的输出电压 U_o，将数据记入表 7—16。

表 7—16　　电源电压波动对输出电压的影响

电源电压 $U_{电源}$（V）	180	200	220	230	240
输出电压 U_o（V）					

五、调试中可能出现的问题

1. 无输出电压

此故障可以从以下两个方面进行检测。

（1）电源断电，用万用表检测电路输出端的电阻值。如果阻值为 $R_2 + R_{P2}$，则电路输出端正常；如果电阻为0，则输出端短路；如果电阻为∞，则输出端断路。

（2）接通电源，从前往后，依次测变压器的输入电压、输出电压，三端集成稳压器的输入电压、输出电压，以判断这几个主要器件的好坏以及相关连线是否正常，如测到某个器件的输入电压或输出电压异常，则有可能是该器件损坏或相关连线故障。

2．输出电压的调整范围很小

此故障通常是因 R1 或 RP1 阻值不在参数范围内，使调压电路的分压比达不到要求造成的。

3．输出电压只有 2 V 且不可调

此故障通常是因电阻器 R1 开路造成的。

4．输出电压的最大值为 12.5 V 且不可调

此故障的原因可能是：LM317 的 3 脚虚焊或电位器 RP1 开路。

5．输出电压的最小值为 1.25 V 且不可调

此故障通常是因电位器 RP1 短路造成的。

六、实训总结

1．分析该稳压电源中各元件的作用。

2．怎样用万用表检测三端集成稳压器的质量？

3．采用什么方法可以扩展该稳压电源的输出电流？

4．怎样检测该稳压电源的稳压性能？

七、测评记录

按表 7—17 所列项目进行测评，并做好记录。

表 7—17　　　　测评记录表

序号	测评项目	配分（分）	得分（分）
1	集成稳压器 LM317 的检测	2	
2	按工艺要求安装焊接电路	2	
3	输出电压的调节和测量	2	
4	测量负载电流变化对输出电压的影响	2	
5	测量电源电压波动对输出电压的影响	2	

§7—5 开关型直流稳压电源

学习目标

1. 了解开关型直流稳压电源的特点。
2. 了解开关型集成稳压器的功能。
3. 能用开关型集成稳压器构成开关型直流稳压电源。

前面所介绍的带放大环节的稳压电源属于**线性稳压电源**，调整管始终工作于线性放大区，因此本身功率消耗大、效率低。为了解决调整管的散热问题，还要安装散热器，这必然要增大电源设备的体积。

在开关型直流稳压电源中，调整管工作于开关状态，所以称为**开关调整管**。调整管截止时，电流很小，因而管耗很小；当其饱和时，管压降很小，因而管耗也很小。这样就提高了效率，同时也可减小电源设备的体积。此外，开关型直流稳压电源更易于实现自动保护，因此在许多电子设备（如电视机、影碟机、计算机、仪器仪表等）中都得到广泛应用。

一、串联开关型稳压电路

1. 串联开关控制平均输出电压

图 7—45a 中，调整管 VT 与负载 R_L 串联，加到调整管基极的矩形脉冲用来控制调整管的导通或截止。调整管饱和时，相当于开关接通，输入的未稳定直流电压 U_i 可以加到负载上；调整管截止时，相当于开关断开，U_i 不能送到负载。可见调整管在电路中相当于一个受控的开关。

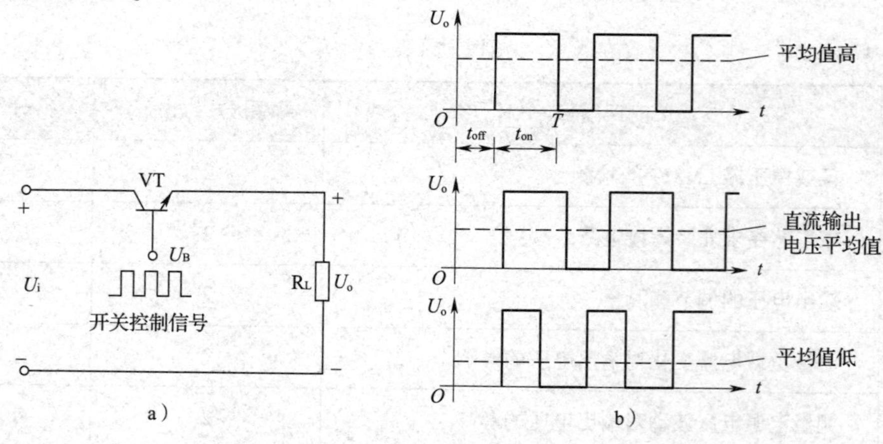

图 7—45 开关调整管的作用

a）开关调整管与负载串联 b）开关控制输出电压原理

在开关的作用下，负载两端电压 U_o 应是如图 7—45b 所示的矩形脉冲电压。调整管的导通时间 t_{on} 与开关周期 T 之比称为脉冲电压的**占空比**（t_{on}/T），显然，平均输出电压与脉冲电压的占空比成正比。占空比增大，平均输出电压增大；占空比减小，则平均输出电压减小。这说明输出平均电压的大小可以通过改变脉冲电压的占空比来控制。

2. 加接滤波器使输出电压平滑

为了使输出的矩形脉冲电压变成平滑的直流电，还要在开关调整管后面加接**滤波器**，如图 7—46a 所示。

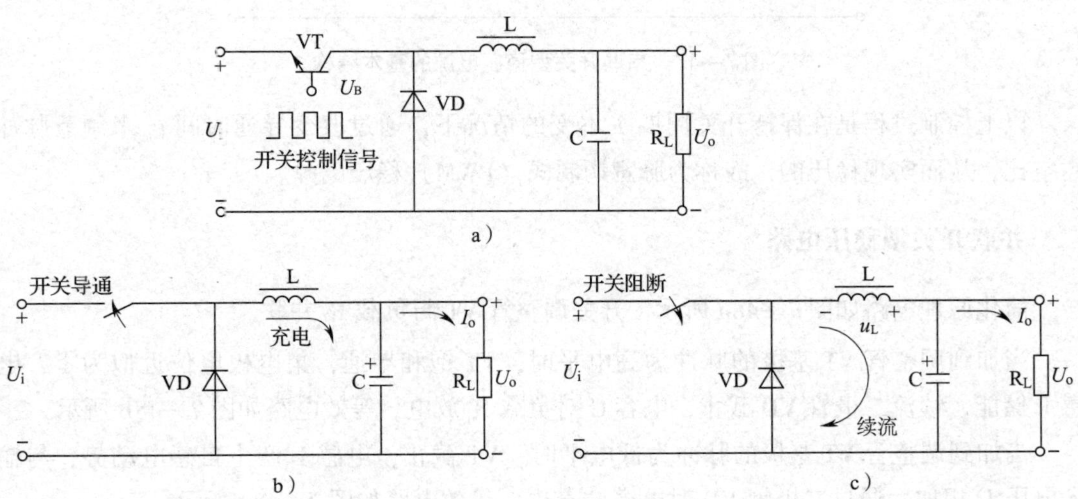

图 7—46　串联开关型稳压电路示意图

a）简化原理电路　b）调整管饱和导通时的等效电路　c）调整管截止时的等效电路

当加到调整管 VT 基极的脉冲为高电平时，VT 饱和导通，电容 C 充电，二极管 VD 截止，等效电路如图 7—46b 所示。

当加到调整管 VT 基极的脉冲为低电平时，VT 截止，电感 L 产生自感电动势，二极管 VD 导通（电容 C 同时放电），负载 R_L 中继续保持原方向电流，所以二极管 VD 通常称为**续流二极管**。等效电路如图 7—46c 所示。

3. 串联开关型稳压电源的基本结构

串联开关型稳压电源的基本结构如图 7—47 所示。

图中，U_i 是输入的非稳定直流电压，U_o 是输出的稳定直流电压。由**取样电路**获得的取样电压与**基准电压**在**比较放大电路**中进行比较，其差值形成**开关控制信号**，再控制**开关电路**，从而使输出电压 U_o 得到稳定。这实际上是一个负反馈的过程。

例如，当输出电压 U_o 升高时，取样电压同时增大，与基准电压比较后所形成的开关控制信号便会控制开关电路，使其导通时间 t_{on} 减小，占空比减小，输出电压 U_o 随之减小，结果使 U_o 基本不变。

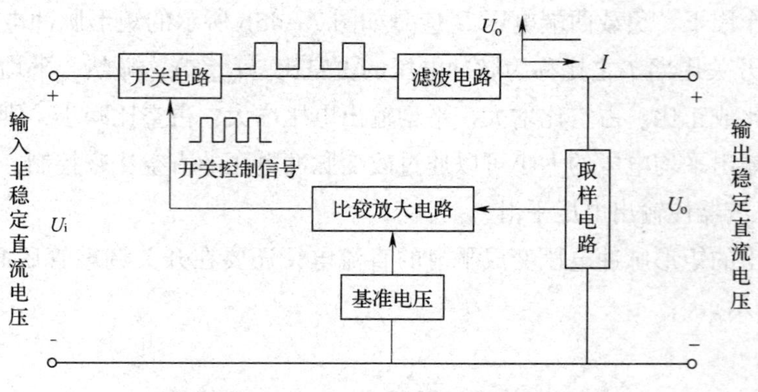

图 7—47　串联开关型稳压电源的基本结构

以上控制过程是在保持开关周期 T 不变的情况下，通过改变导通时间 t_{on} 来调节脉冲占空比，从而实现稳压的，故称为**脉宽调制式**（PWM）稳压电源。

二、并联开关型稳压电路

简化原理电路如图 7—48a 所示，开关调整管 VT 与负载 R_L 并联。

当加到调整管 VT 基极的脉冲为高电平时，VT 饱和导通，集电极电位近似为零，电感 L 储能，续流二极管 VD 截止，电容 C 对负载 R_L 放电，等效电路如图 7—48b 所示。

当加到调整管 VT 基极的脉冲为低电平时，VT 截止，电感 L 产生自感电动势，与输入电压 U_i 相加后通过二极管 VD 对电容 C 充电，等效电路如图 7—48c 所示。

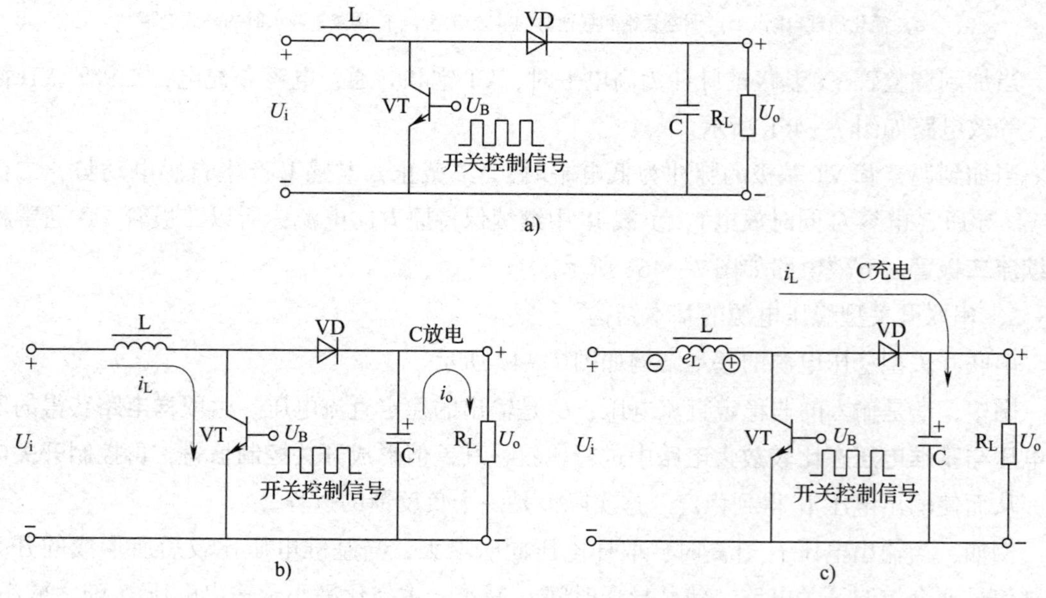

图 7—48　并联开关型稳压电路示意图

a）简化原理电路　b）调整管饱和导通时的等效电路　c）调整管截止时的等效电路

并联开关型稳压电路的输出电压总是大于输入电压，电感 L 越大，储能时间越长，输出电压也就越大于输入电压。电容 C 越大，输出电压的脉动则越小。

三、开关电源集成芯片

开关型直流稳压电源结构复杂，目前开关电源集成芯片已广为应用。下面介绍一种 TOP Switch 集成芯片，它只有 3 个引出端，使用简单方便。

1. 外形和内部结构

TOP Switch 是一种脉宽调制式（PWM）开关电源集成芯片，其外形和内部结构如图 7—49 所示。

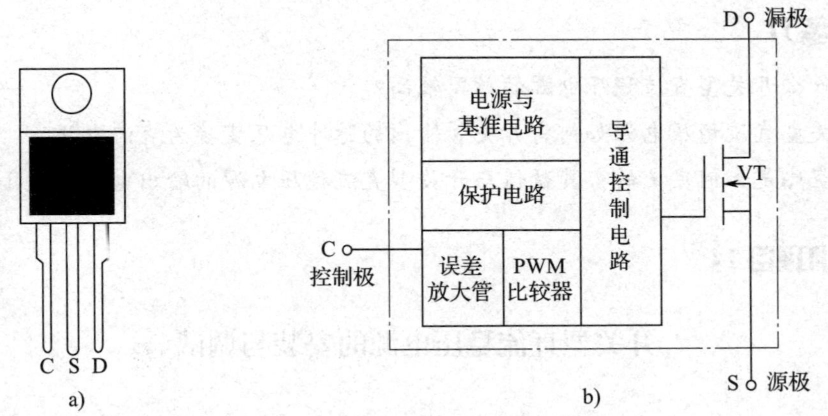

图 7—49　TOP Switch 开关电源集成芯片

a）外形图　b）内部结构框图

TOP Switch 外形与三端集成稳压器相似，其内部结构如图 7—49b 所示。开关调整管 VT 为 MOS 管，它的源极 S 和漏极 D 分别为端子 2 和端子 3。端子 1 称为控制极 C，用以输入从开关电源输出端得到的取样电压。该取样电压与内部的基准电压进行比较，并通过脉宽调制（PWM）比较器控制开关管导通时间来稳定输出电压。

2. 典型应用电路

图 7—50 所示是用 TOP Switch 构成的开关电源电路。其工作原理简述如下：交流电压经整流、滤波后在 C1 两端得到的直流电压，经脉冲变压器 T 的一次绕组 1 - 2、TOP Switch 组件的 D 端和 S 端形成回路。TOP Switch 以固定的频率导通、截止，使经过整流、滤波后的直流电压转变为脉冲电压。脉冲变压器 T 的二次绕组 3 - 4 的脉冲电压经过二极管 VD2 的整流、LC - π 型滤波后转换为平滑的直流输出电压。从脉冲变压器 T 的另一组二次绕组 5 - 6 取样得到反馈电压，经二极管 VD3 整流后送到开关组件的 C 端，组件根据反馈电压的大小调整内部开关调整管的导通、截止时间，从而达到稳压的目的。

改变脉冲变压器 T 一、二次绕组的匝数比，即可改变输出直流电压 U_o 的大小。

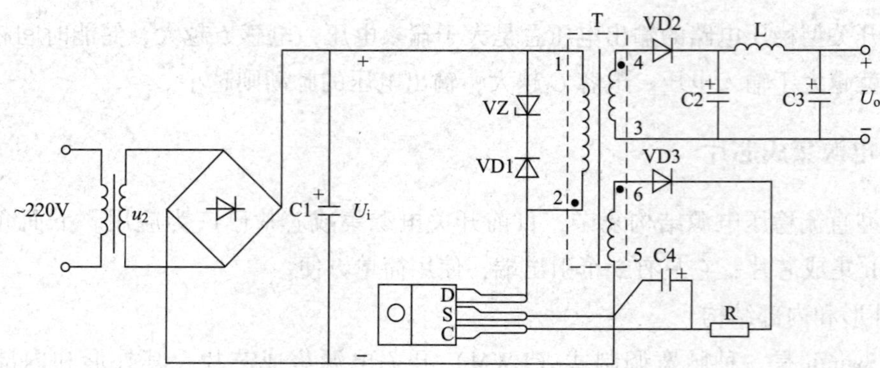

图 7—50　用 TOP Switch 构成的开关电源电路

随堂练习

1. 为什么开关型直流稳压电源的效率较高？
2. 开关型直流稳压电源如何将开关管输出的脉冲电压变换为直流电压？
3. 占空比是如何定义的？其数值与开关型直流稳压电源的输出电压的大小有何关系？

实训项目 14

开关型直流稳压电源的安装与调试

一、实训目的

1. 了解开关型直流稳压电源的组成和特点。
2. 了解开关型集成稳压器的功能。
3. 能用开关型集成稳压器安装集成稳压电源。

二、实训电路

用 BTS412 构成的开关电源电路如图 7—51 所示。

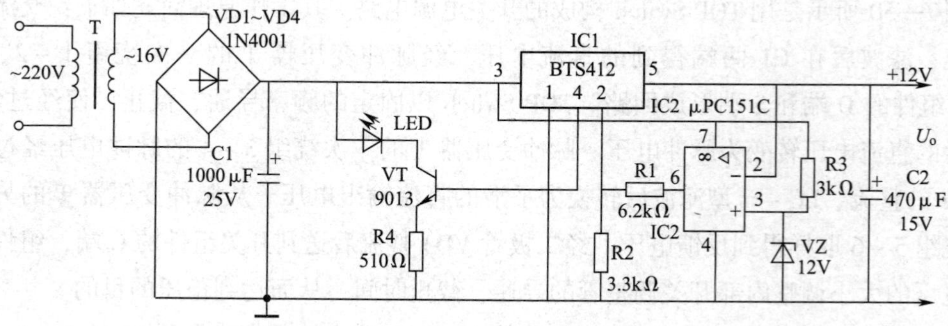

图 7—51　用 BTS412 构成的开关电源电路

BTS412 是一种智能型开关集成电路，其内部结构及外形如图 7—52 所示，各引脚功能见表 7—18。

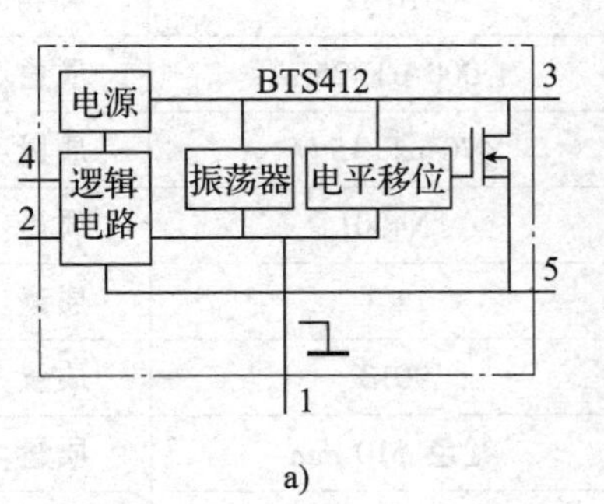

a)

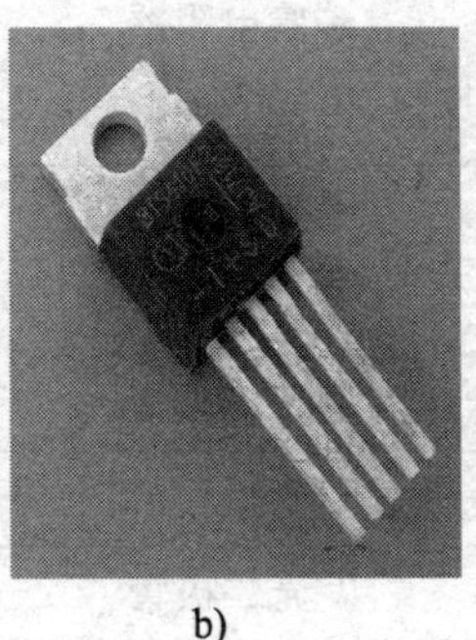
b)

图 7—52　BTS412 智能型开关集成电路

a）内部结构　b）外形图

表 7—18　　BTS412 引脚功能

引脚号	1	2	3	4	5
功能	接地端	检测信号输入端	直流电压输入端	故障诊断端	电压输出端

图 7—51 所示电路主要由整流滤波、开关电路、比较放大电路组成。比较放大电路采用 μPC151C 单运算放大器，放大器同相输入端 3 接基准电压，该基准电压由稳压管 VZ 获得；反相输入端 2 与 BTS412 的 5 脚相接。

当输出电压低于集成运放 3 脚上的基准电压时，集成运放的 5 脚输出高电平，BTS412 启动导通，使输出电压升高；当输出电压低于集成运放 3 脚上的基准电压时，集成运放的 6 脚输出低电平，BTS412 关断，使输出电压降低，从而使输出电压稳定。

当电路正常工作时，发光二极管 LED 导通发光。

三、器材准备

直流稳压电源 1 台、万用表 1 只、常用电子组装工具 1 套。

元器件型号规格见表 7—19。

表 7—19　　元器件明细表

代号	名称	型号规格	检测结果
R1	碳膜电阻器	6. 2 kΩ	实测值：
R2	碳膜电阻器	3. 3 kΩ	实测值：
R3	碳膜电阻器	3 kΩ	实测值：

续表

代号	名称	型号规格	检测结果
R4	碳膜电阻器	510 Ω	实测值：
C1	电解电容器	1 000 μF/25 V	质量：
C2	电解电容器	470 μF/15 V	质量：
VD1 ~ VD4	整流二极管	1N4001	质量：
VZ	稳压二极管	12 V	质量：
VT	三极管	9013	质量：
LED	发光二极管	红色 ϕ10 mm	质量：
IC1	开关集成电路	BTS412	质量：
IC2	集成运放	μPC151C	质量：
	插座	8 脚	质量：
T	变压器	220 V/16 V，10 W	质量：

四、安装调试

1. 按图 7—51 所示电路原理图，在通用电路板上画出安装布线图。

2. 对表 7—19 中所列各元器件逐一进行检测，并将检测结果填入表中。

3. 按工艺要求对元器件引脚进行成形加工，并参考图 7—53 所示实物图安装焊接电路。

图 7—53　开关型直流稳压电源安装实物图

4. 电路检查无误后，接通电源，输出直流电压应为 12 V，发光二极管 LED 导通发光。

BTS412 的 4 脚为故障诊断端，若电路工作正常，该端输出为高电平（约 5 V），从而使发光二极管导通；若输出电压过低，甚至出现短路故障时，该端输出则为低电平，发光二极管熄灭，同时，BTS412 内部电路也进入自动保护状态。

输出滤波电容 C2 的电容量不可过大，否则会因启动电流过大而导致 μPC151C 自动保护。

5. 测量输出电压为________V。

五、实训总结

1. 分析该直流稳压电源的工作原理。

2. 总结在安装调试过程中遇到的问题及解决方法。

六、测评记录

按表 7—20 所列项目进行测评，并做好记录。

表 7—20　　测评记录表

序号	测评项目	配分（分）	得分（分）
1	识别 BTS412 引脚功能	2	
2	检测元器件的质量	2	
3	按工艺要求安装焊接电路	2	
4	测量输出电压	2	
5	检测电路保护功能	2	

1. 直流稳压电源由变压电路、整流电路、滤波电路和稳压电路组成。电源变压器的作用是将电网 220 V 交流电压变为整流电路需要的交流电压，整流电路将交流电压变为脉动的直流电压，滤波电路可减小脉动使直流电压平滑，稳压电路的作用是在电网电压波动或负载发生变化时保持输出电压基本不变。

2. 最常见的整流电路是单相桥式整流电路，其输出电压约为 $0.9U_2$（U_2 为变压器二次侧电压有效值）。

3. 滤波电路可分为电容滤波、电感滤波和复式滤波。负载电流较小时，可采用电容滤波；负载电流较大时，应采用电感滤波；对滤波效果要求较高时，可采用复式滤波。

4. 稳压管稳压电源依靠稳压管的电流调节作用和限流电阻的电压调节作用，使得输出电压稳定。其电路结构简单，但输出电压不可调，只适用于负载电流较小且变化范围也较小的场合。

5. 串联型直流稳压电源主要由基准电压电路、取样电路、比较放大电路和调整管四部分组成。调整管接成射极输出形式，引入深度电压负反馈，从而使输出电压稳定。由于调整管始终工作于线性放大状态，功耗较大，因而效率较低。

6. 三端集成稳压器只有三个引出端：输入端、输出端和调整端（或公共端）。使用时，要注意不同型号集成稳压器引脚排列及其功能的差异，同时要注意电压、电流及耗散功率等参数不能超过其极限值。

7. 开关型直流稳压电源中的调整管工作于开关状态，自身功耗小，效率高，但一般输出纹波电压较大。串联开关型稳压电源是降压型电路，并联开关型稳压电源是升压型电路。脉宽调制式（PWM）开关型稳压电源是在控制脉冲频率不变的情况下，通过调节脉冲波形的占空比，进而改变调整管饱和导通的时间来稳定输出电压。调整管导通时间越长，输出电压越高，反之输出电压越低。

第八章　晶闸管及其应用

晶闸管是硅晶体闸流管的简称，俗称**可控硅**（SCR）。它是一种大功率半导体器件。它也像二极管那样具有单向导电性，但它的导通时间是可控的，更重要的是它能以小功率信号去控制大功率系统，可作为强电与弱电的接口，高效完成对电能的变换和控制。

晶闸管具有体积小、质量轻、效率高、动作迅速、操作方便、容量大、使用寿命长等优点，在可控整流、无触点开关、交流调压、电源逆变、电动机无级调速等方面得到广泛应用。

图 8—1 所示为晶闸管应用举例。

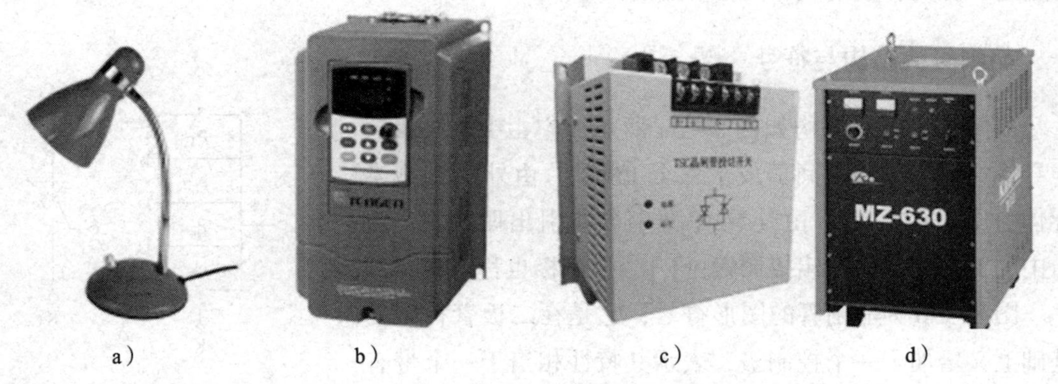

a）　b）　c）　d）

图 8—1　晶闸管应用举例

a）晶闸管调光台灯　b）晶闸管软启动器　c）晶闸管投切开关　d）晶闸管直流焊机

§8—1　普通晶闸管

学习目标

1. 熟悉晶闸管的图形符号、主要参数，掌握晶闸管的导电特性。
2. 掌握晶闸管的电极判别和质量判断方法。

晶闸管的种类很多，可分为**普通晶闸管**和**特种晶闸管**两大类，普通晶闸管有塑封型（小功率）、平板型（中功率）和螺栓型（中、大功率）几种，其外形如图 8—2 所示。平板型和螺栓型晶闸管使用时固定在散热器上。特种晶闸管包括双向晶闸管、快速晶闸管、可关断晶闸管和光控晶闸管等。

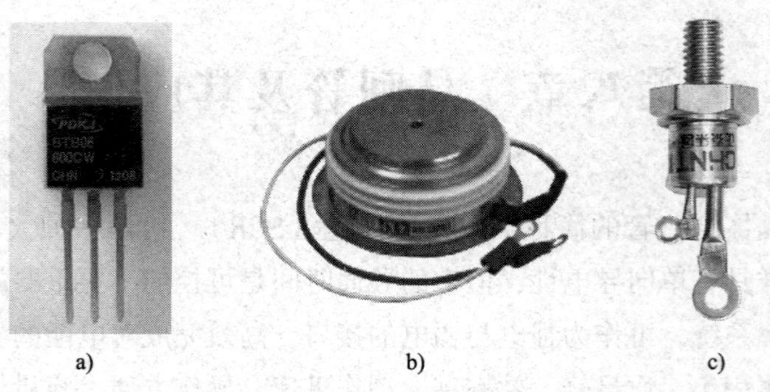

图 8—2　晶闸管外形
a）塑封型　b）平板型　c）螺栓型

普通晶闸管应用最广，而且其结构及工作原理也是分析其他晶闸管的基础。以下所称晶闸管，如无特别说明，均指普通晶闸管。

一、晶闸管的结构与符号

晶闸管的内部结构如图 8—3a 所示。它由 PNPN 四层半导体材料构成，中间形成了三个 PN 结。由外层 P 型半导体引出**阳极**（A），由外层 N 型半导体引出**阴极**（K），由中间 P 型半导体引出**控制极**（G），控制极也称**门极**。

图 8—3b 为晶闸管的图形符号，它是在二极管符号的基础上又增加了一个控制极，表示其特性相当于一个带有控制端的特殊二极管。

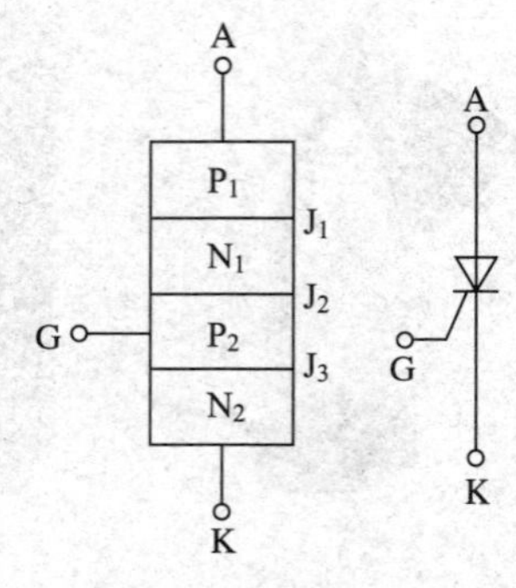

图 8—3　晶闸管结构与图形符号
a）内部结构　b）图形符号

二、晶闸管的导电特性

晶闸管的导电特性可通过如图 8—4 所示的实验加以说明。图中晶闸管阳极 A、阴极 K、灯泡 HL 和电源 GB1 构成**主回路**，控制极 G、阴极 K、开关 SA 和电源 GB2 构成**控制回路**。

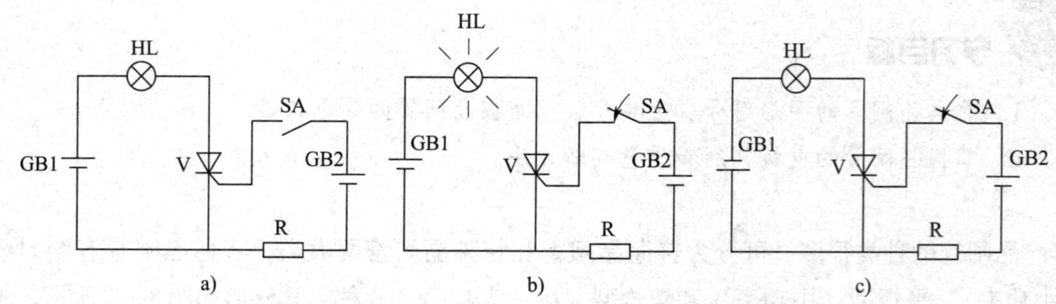

图 8—4　普通单向晶闸管工作特性
a）正向阻断　b）触发导通　c）反向阻断

观察实验现象，可以发现晶闸管工作有以下特点。

（1）给晶闸管加正向电压，控制极不加正向电压（开关 SA 断开），灯不亮，这种状态称为**正向阻断**，如图 8—4a 所示。

（2）给晶闸管加正向电压，再闭合开关 SA，使控制极和阴极之间也加上正向电压（**触发电压**），这时灯亮，说明晶闸管已导通，这种状态称为**触发导通**，如图 8—4b 所示。这时断开开关 SA，灯仍亮。这说明，晶闸管一旦导通，控制极就失去控制作用。

晶闸管由导通转为截止必须使阳极电流小于**维持电流**（保持晶闸管正向导通的最小阳极电流），这就是晶闸管的**触发维持特性**。

（3）晶闸管加反向电压，这时不论是否加控制电压，也不论控制极所加是正向电压还是反向电压，灯都不亮，晶闸管都不导通，这种状态称为**反向阻断**，如图 8—4c 所示。

由以上实验可知，晶闸管和半导体二极管比较，反向阻断特性是相同的，只是晶闸管还具有正向阻断和触发维持特性。

三、晶闸管的主要参数

1．通态平均电流 I_F

通态平均电流 I_F 是指在环境温度小于 40℃和标准散热条件下，允许连续通过晶闸管阳极的工频（50 Hz）正弦波半波电流的平均值。

2．维持电流 I_H

维持电流 I_H 是指在控制极开路和规定的环境温度下，晶闸管维持导通时的最小阳极电流。

3．正向平均管压降 U_F

正向平均管压降 U_F 是指晶闸管正向导通状态下，阳极和阴极之间的平均电压降，一般为 0.4 ~1.2 V。U_F 越小，晶闸管的耗散功率也越小。

4．触发电压 U_G 和触发电流 I_G

触发电压 U_G 和触发电流 I_G 是指在室温下，阳极和阴极之间加 6 V 正向电压时，使晶闸管从阻断到完全导通所需的最小控制极直流电压和电流。

5．正向重复峰值电压 U_{DRM}

正向重复峰值电压 U_{DRM} 是指在控制极开路的条件下，允许重复作用在晶闸管上的最大正向电压。

6．反向重复峰值电压 U_{BRM}

反向重复峰值电压 U_{BRM} 是指在控制极开路的条件下，允许重复作用在晶闸管上的最高反向工作电压。

四、晶闸管的简易检测

1．判别管脚极性

常见晶闸管引脚排列见表 8—1。

表 8—1　　常见晶闸管引脚排列

类型	图示	管脚排列
金属封装螺栓型晶闸管	K G A	螺栓一端为阳极 A 较细的引线端为门极 G 较粗的引线端为阴极 K
平板型晶闸管	G K A G	引出线端为门极 G 平面端为阳极 A 另一端为阴极 K
塑封（TO－220）晶闸管	G A K CR3AM K A G	中间引脚为阳极 A 且多与自带散热片相连
塑封晶闸管	MCR100-6 KGA MCR 100-6 P86	因型号不同引脚排列有所不同
贴片式晶闸管	A A K G	因型号不同引脚排列有所不同

螺栓型、平板型晶闸管一般凭外形即可判断各个电极。对于一些小电流的塑封管可按以下方法判别：

将万用表置“R×100”挡，测量晶闸管任意两脚间电阻，当万用表指示低阻值时，黑表笔所接为控制极 G，红表笔所接为阴极 K，其余一脚为阳极 A，如图 8—5 所示。其他情况下所测电阻均为无穷大。

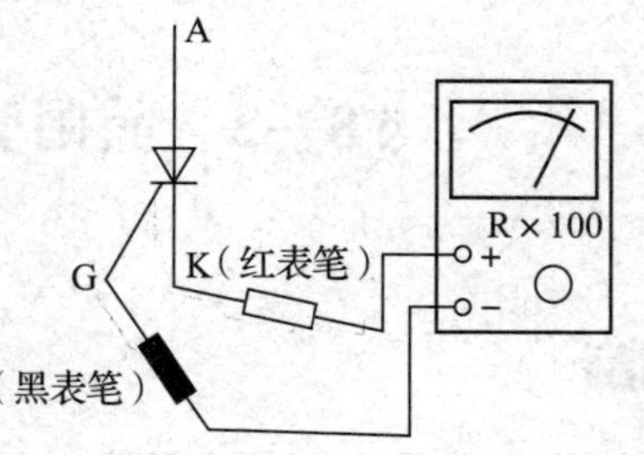

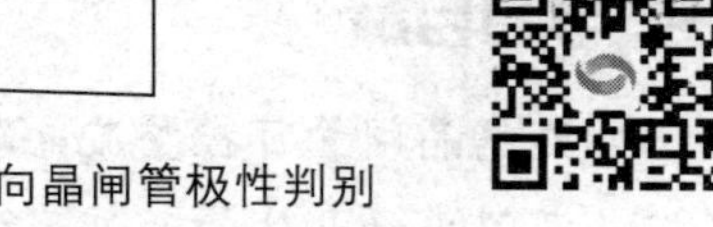

图 8—5 单向晶闸管极性判别

2. 检测晶闸管质量

（1）将万用表置“R × 1k”挡，测量阳极 A 和阴极 K 间的正反向电阻，均应为高阻值；测量控制极 G 与阳极 A 间的正反向电阻，也均应为高阻值；测量控制极 G 与阴极 K 间的正反向电阻应有差别，即正向电阻小。若 G 极与 A 极之间、A 极与 K 极之间的正反向电阻都很小，说明单向晶闸管内部击穿。

（2）对小功率的晶闸管可按下述方法进行检测：将万用表置“R × 10”挡，黑表笔接晶闸管阳极 A，红表笔接阴极 K，表针应接近∞处。在不断开与阳极 A 接触的同时用黑表笔接触控制极 G（相当于在控制极加触发电压），此时表针摆动，说明晶闸管导通。然后在不断开与阳极 A 接触的情况下，将黑表笔与控制极 G 脱开，表针并不返回原处，说明晶闸管仍维持导通。据此可判断该晶闸管质量良好。

（3）如果是用数字式万用表检测晶闸管，可将万用表置“h_{EF}”挡，晶闸管阳极接 C 孔，阴极接 E 孔，控制极悬空。这时应显示“0”，若显示千位为“1”，则表明晶闸管已击穿。当显示为“0”时，把控制极接到阳极，这时若显示千位为“1”，或同时后三位也有数字闪动，说明晶闸管已触发导通。断开控制极与阳极的连线，显示数字仍保持不变，说明该管质量良好。

随堂练习

1. 晶闸管导通的条件是什么？导通后的晶闸管在什么情况下可以关断？

2. 图 8—6 所示为一种简单的晶闸管开关电路，试简要说明其工作原理。

3. 图 8—7 所示为一个防盗报警电路，使用时，A、B 间用短路线连接，若短路线断开则报警。试简要说明其工作原理。

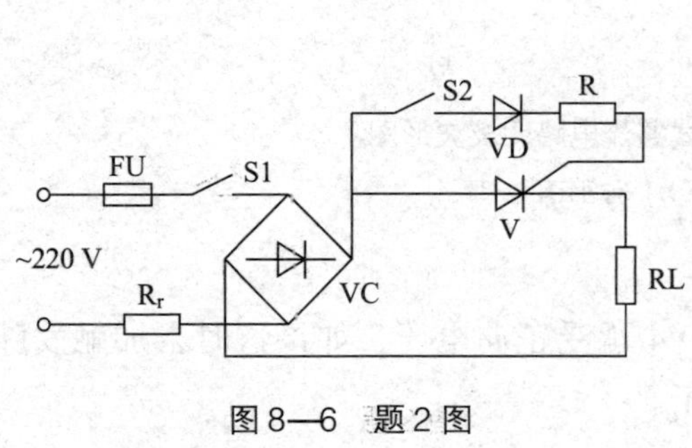

图 8—6 题 2 图

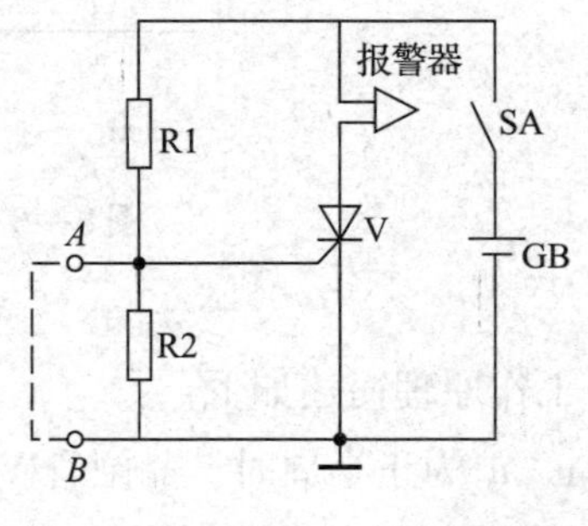

图 8—7 题 3 图

§8—2 晶闸管可控整流电路

学习目标

1. 熟悉晶闸管可控整流电路的形式，理解其工作原理。
2. 了解单结晶体管的外形、功能和应用。
3. 了解可控整流触发电路的基本形式和工作原理。

二极管整流电路有个很大的缺点，就是当变压器二次侧电压确定后，整流电路输出的直流电压随之确定，如果要改变其大小，首先要改变变压器的变压比，但有许多电气设备，都要求直流电压具有可控的特点，并且希望调压方法经济而简便。采用晶闸管可控整流电路，不需要改变变压器的变压比，就可以很方便地将交流电转换为电压大小可以调节的直流电。

一、单相半控桥式整流电路

图 8—8 所示为单相半控桥式整流电路图及波形图。电路中有四个整流元件，两个是晶闸管（V1、V2），两个是二极管（V3、V4），故称**半控**桥式。

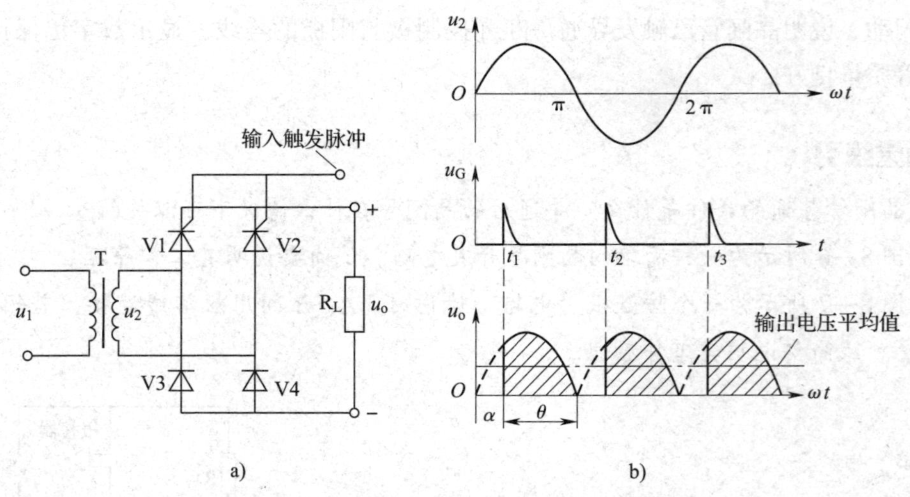

图 8—8 单相半控桥式整流电路图及波形图

a）电路图 b）波形图

工作原理简述如下：

1. u_2为正半周时，晶闸管 V1 和二极管 V4 承受正向电压，如果这时未加触发脉冲，则晶闸管处于正向阻断状态，输出电压 $u_o=0$。

2．在 t_1 时刻（$\omega t=\alpha$）加触发脉冲 u_G，晶闸管 V1 触发导通。

3．在 $\omega t=\alpha \sim \pi$ 期间，尽管触发脉冲 u_G 已消失，但晶闸管仍保持导通，直至 u_2 过零（$\omega t=\pi$）时，晶闸管才自行关断，在此期间 $u_o=u_2$，极性为上正下负。

4．u_2 为负半周时，晶闸管 V2 和二极管 V3 承受正向电压，只要触发脉冲 u_G 到来，晶闸管就导通，负载上所得到的仍为上正下负的电压。

在控制极加上触发脉冲使晶闸管开始导通的角度 α 称为**控制角**。在 $0\sim\alpha$ 期间，晶闸管处于正向阻断状态。$\pi-\alpha$ 被称为晶闸管的**导通角** θ。显然控制角越小，导通角越大，输出电压越高。当 $\alpha=0$ 时，导通角 $\theta=\pi$，称为**全导通**。

可见，改变触发脉冲输入的时刻，即可改变控制角 α 的大小，进而可改变导通角 θ，负载 R_L 上的电压平均值也随之改变，从而达到可控整流的目的。控制角分别为 0°、30°、60°、90°、180°时所对应的整流波形见表 8—2。

表 8—2　　不同控制角 α 对应的整流波形

控制角 α	导通角 θ	理论波形	实测波形
$\alpha=0°$	$\theta=180°$	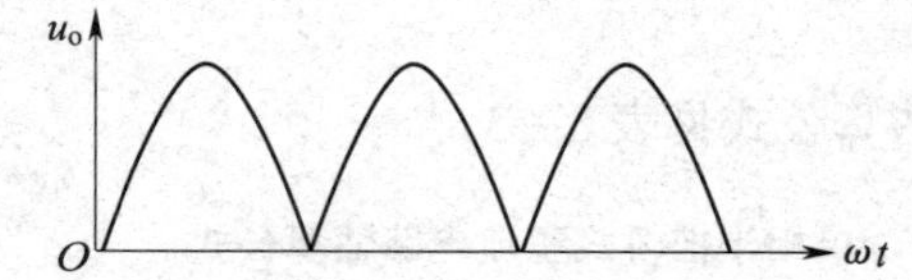	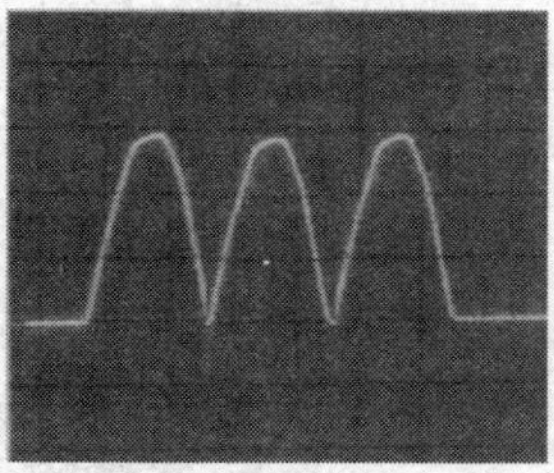
$\alpha=30°$	$\theta=150°$	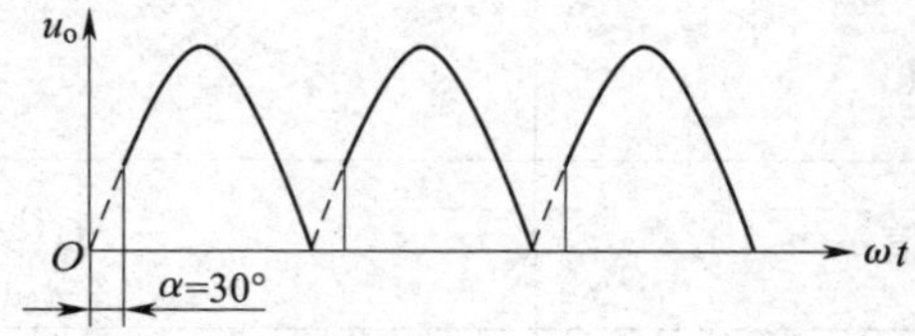	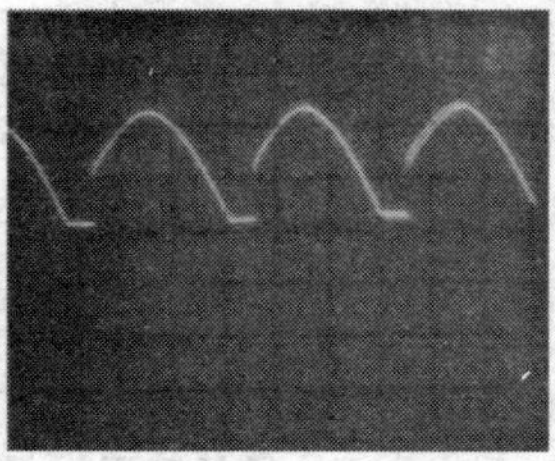
$\alpha=60°$	$\theta=120°$	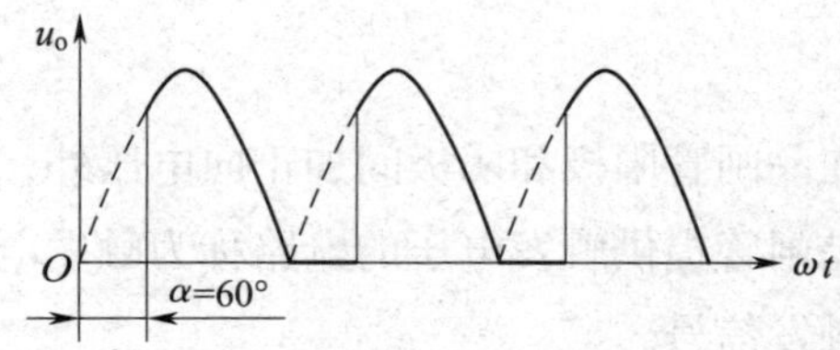	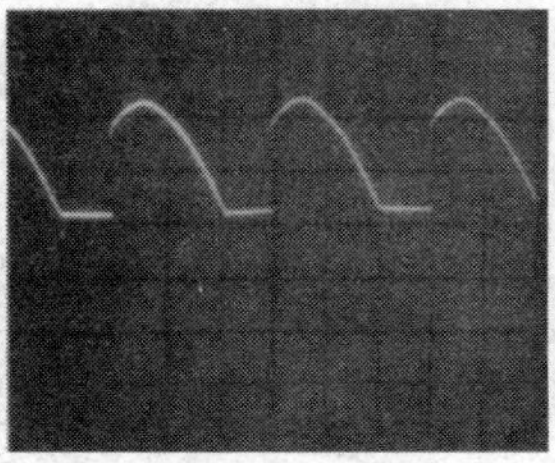

续表

控制角 α	导通角 θ	理论波形	实测波形
$\alpha=90°$	$\theta=90°$	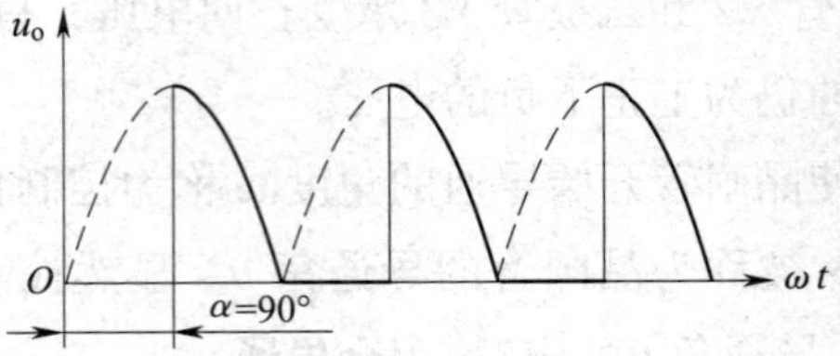	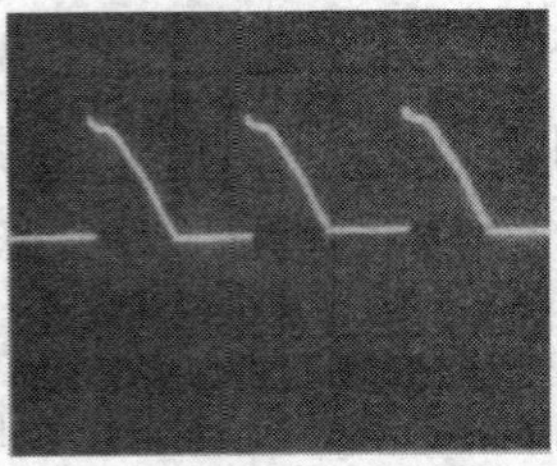
$\alpha=180°$	$\theta=0°$	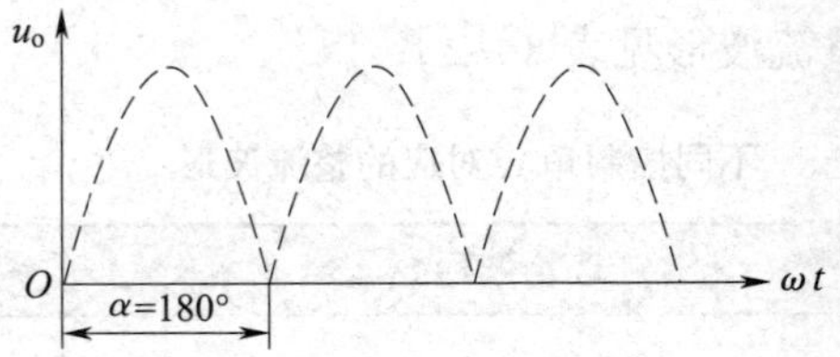	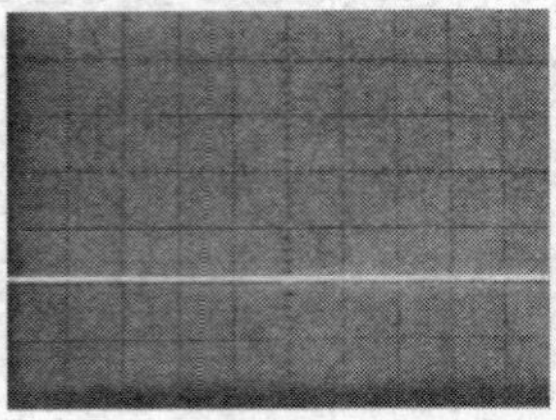

单相半控桥式整流电路估算公式见表 8—3。

表 8—3　　单相半控桥式整流电路估算公式

电路参数	估算公式
输出电压平均值	$U_o=0.9U_2\dfrac{1+\cos\alpha}{2}$
负载电流平均值	$I_o=\dfrac{U_o}{R_L}$
晶闸管电流平均值	$I_T=\dfrac{1}{2}I_o$
晶闸管承受最大电压	$U_{RM}=\sqrt{2}U_2$

二、单结晶体管触发电路

要使晶闸管导通，除了在晶闸管阳极和阴极间加正向电压外，还要在它的控制极和阴极之间加上触发电压。能为晶闸管提供触发电压的电路称为触发电路，单结晶体管自激振荡电路常用于为晶闸管提供触发信号。

1. 单结晶体管的工作特性

单结晶体管也称**双基极晶体管**，其外形与普通小功率三极管相似，其外形及管脚排列如图 8—9a 所示。常用的型号有 BT31、BT32、BT33、BT35 等。B 表示半导体器件，T 表示特种管，3 表示有 3 个电极，第四部分表示耗散功率为 100、200、300、500 mW 等。它只有一个 PN 结，有三个电极，分别为**发射极** E、**第一基极** B1、**第二基极** B2，其结构及图形符号如图 8—9b、c 所示。文字符号用“V”或“VT”表示。

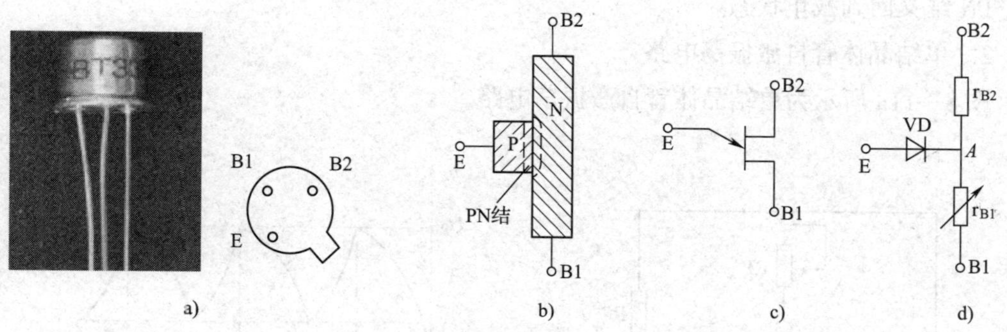

图 8—9　单结晶体管外形、结构、图形符号及等效电路

a）外形及管脚排列　b）结构示意图　c）图形符号　d）等效电路

单结晶体管的等效电路如图 8—9d 所示。发射极与第一基极之间为一个 PN 结，故用二极管等效，二极管负极与第二基极之间的等效电阻为 r_{B2}，二极管负极与第一基极之间的等效电阻为 r_{B1}，r_{B1}的阻值受 E－B1 之间的电压控制，所以等效为可变电阻。单结晶体管的伏安特性曲线如图 8—10 所示。

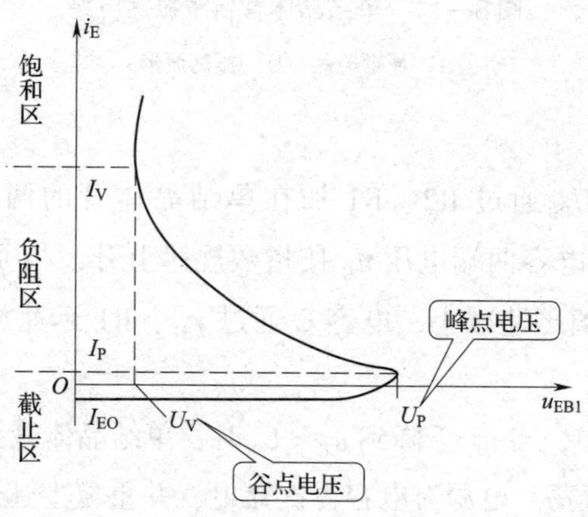

图 8—10　单结晶体管的伏安特性曲线

当发射极不加电压时，外加电压 U_{BB} 在 r_{B1} 和 r_{B2} 之间分压：

$$U_{AB1} = \frac{r_{B1}}{r_{B1} + r_{B2}} U_{BB} = \eta \times U_{BB}$$

式中，η 称为单结晶体管的分压比，是它的主要技术参数，其数值与单结晶体管的结构有关，一般为0.5～0.85。

当 U_E 小于 $U_{AB1}+U_{EA}$ 时，PN 结承受反向电压而截止；当 U_E 增大至**峰点电压** U_P（$U_{AB1}+U_{EA}$）时，PN 结正向导通，使 r_{B1} 急剧减小，η 下降，呈现**负阻特性**，进入导通状态。所谓负阻特性，是指输入电压增大到某一数值后，输入电流越大，输入端等效电阻越小的特性。随着 I_E 增大，r_{B1} 减小，U_{EB1} 等于**谷点电压** U_V 时，PN 结进入饱和状态；当 U_E 小于 U_V 时，PN 结又回到截止状态。

2. 单结晶体管自激振荡电路

图 8—11a 所示为单结晶体管自激振荡电路。

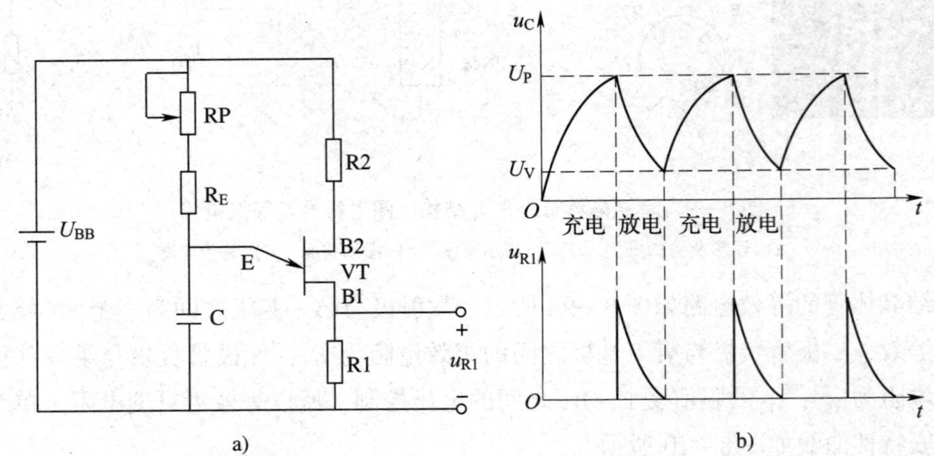

图8—11 单结晶体管自激振荡电路

a) 原理电路 b) 振荡波形

工作原理简述如下：

接通电源后，电源 U_{BB} 通过 R2、R1 加在单结晶体管的两个基极上，同时，通过 RP、R_E 给电容 C 充电，电容两端电压 u_C 按指数规律上升，当 u_C 达到峰点电 U_P 时，单结晶体管导通，r_{B1} 的阻值迅速减小，电容 C 通过 r_{B1}、R1 迅速放电，在 R1 上形成脉冲电压。

在电容 C 放电过程中，当 u_C 下降到 $u_C < U_V$ 时，单结晶体管截止，放电结束，输出电压又降到零，完成一次振荡。电源对电容再次充电，并重复上述过程，于是在 R1 上产生一系列的尖脉冲电压，如图 8—11b 所示。

改变 RP 的阻值（或电容 C 的大小），便可改变电容充电的快慢，使输出脉冲波形前移或后移，从而控制晶闸管的触发导通时刻。显然，当 $R_P C$ 增大时，触发脉冲后移，控制角增大；$R_P C$ 减小时，触发脉冲前移，控制角减小。

3．单结晶体管同步触发电路

单结晶体管司步触发电路如图 8—12 所示。图中下半部分是晶闸管可控整流主电路，上半部分是单结晶体管触发电路。它们都接于同一电源，因此这两部分电路的交流电压是同频、司相的，在交变过程中均同时过零，这样也就确保了触发电路与主电路的同步。

变压器二次侧电压 u_2 经桥式整流，再经稳压管削波后得到梯形波电压（图 8—13b），此电压作为单结晶仁管的同步电压。每半个周期内单结晶体管会输出多个脉冲（图 8—13c），但只有第一个脉冲起作用，一旦晶闸管被触发导通，其后输入的脉冲就不再起作用。由于电容 C 在电源每次过零后都从零开始充电，因此电源的过零点至产生第一个脉冲的时间间隔是固定的，这就保证了每半个周期内控制角都相等，从而实现同步触发。

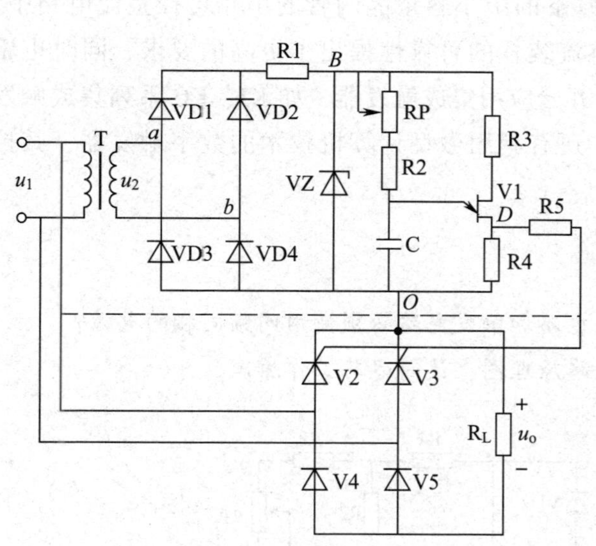

图 8—12　单结晶体管同步触发电路

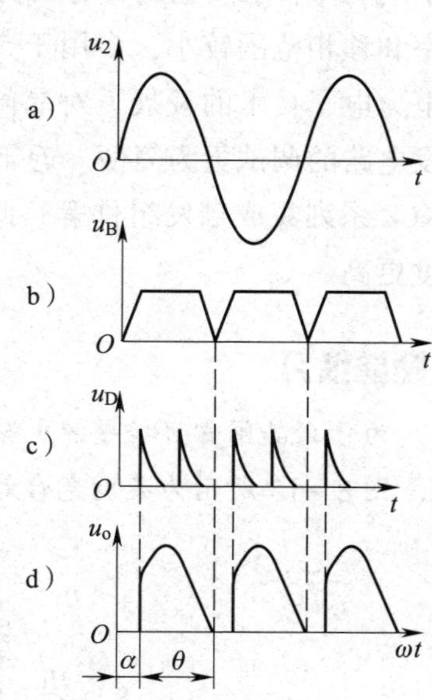

图 8—13　桥式可控整流电压波形

实际应用中可通过改变 RP 阻值的大小来改变控制角的大小，从而调节输出电压平均值。RP 阻值调大，电容充电变慢，控制角 α 变大，晶闸管导通时间变短，输出电压平均值 U_o 就减小。反之，RP 阻值调小，U_o 就增大。可控整流的输出电压 u_o 波形如图 8—13d 所示。

图 8—14 所示为**利用控制电压进行移相控制**的单结晶体管触发电路。控制电压 u_K 经 V1 管放大后提高了控制灵敏度。若 u_K 增大，则 V1 和 V2 的电流均增大，电容 C 充电速度加快，输出脉冲提前；反之，输出脉冲后移。这样就可通过控制电压 u_K 实现对可控整流输出电压的自动控制。该电路采用了脉冲变压器输出方式。变压器一次侧并接二极管 VD1 可以抑制负脉冲输出，变压器二次侧接入二极管 VD2 是为了防止负脉冲加到控制极，导致控制极 PN 结反向击穿。

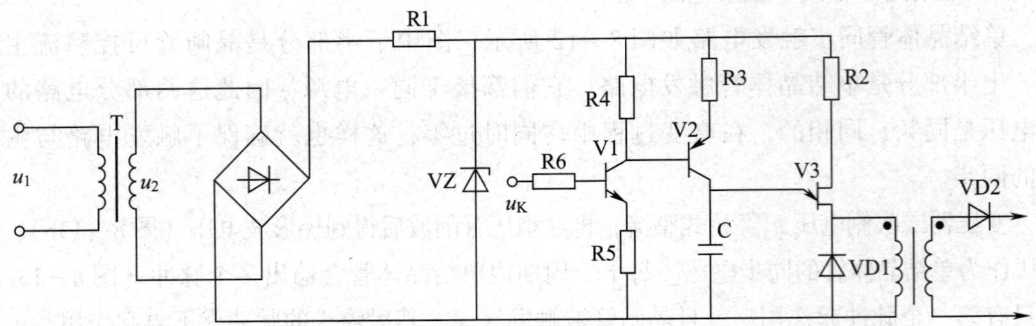

图 8—14　利用控制电压进行移相控制的单结晶体管触发电路

单结晶体管触发电路具有结构简单、调试方便、抗干扰能力强等优点。但是它的输出功率和移相范围较小，多用于 50 A 以下的中小容量晶闸管的单相可控整流电路中。随着电力电子技术的发展，对晶闸管整流装置的可靠性提出了更高的要求，同时也希望触发电路的调试更为简便。近年来已开始应用集成触发器，如 KJ、KC 系列集成触发器、KCZ 系列集成触发组件等，此外，还有利用微型计算机技术的数字触发器，其控制精度更高。

随堂练习

1. 为什么晶闸管可控整流电路的主电路和触发电路必须使用同频同相的电源？
2. 图 8—15 所示为某调光台灯的电路原理图，试简述其工作原理。

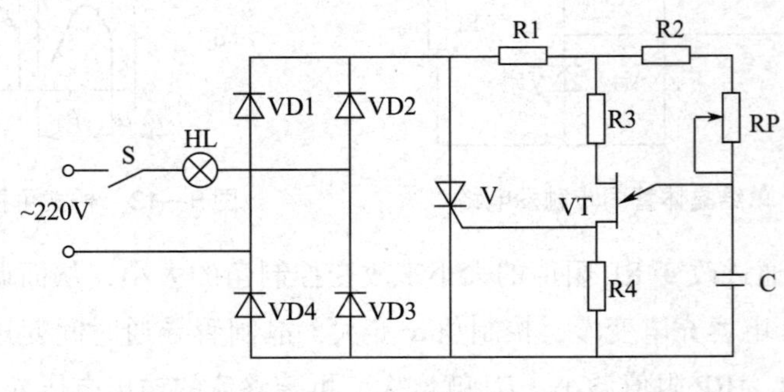

图 8—15　题 2 图

职业能力培养

晶闸管在电工电子领域有着极为广泛的应用，而电力电子技术（也称功率电子技术）这门新兴学科就是在晶闸管和晶闸管变流技术（整流、逆变、斩波、变频、变相等）的基础上确立和发展起来的。查阅相关资料或通过互联网检索，了解电力电子技术的发展及其典型应用实例。

实训项目 15

晶闸管调光电路的安装与调试

一、实训目的

1. 能用万用表检测晶闸管和单结晶体管。
2. 能安装和检测晶闸管调光电路。

二、实训电路

晶闸管调光电路如图 8—16 所示。

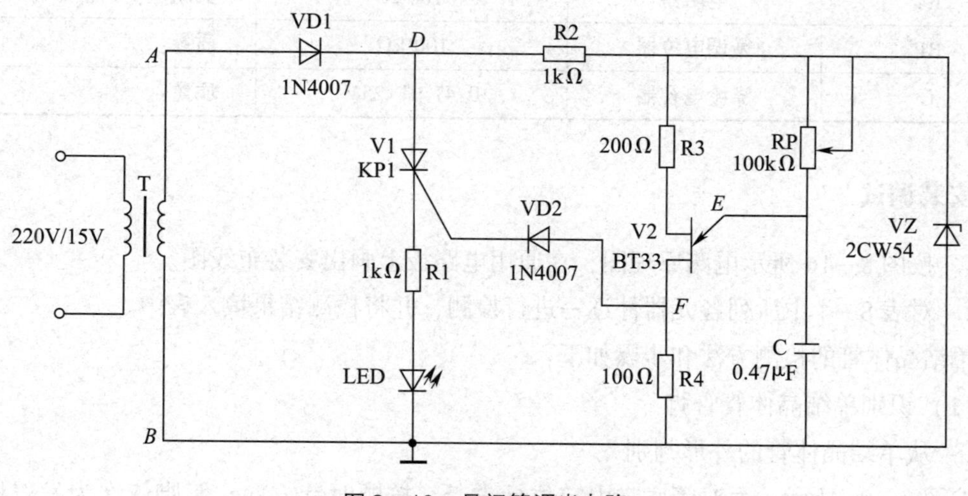

图 8—16 晶闸管调光电路

想一想

1. 二极管 VD1、VD2 分别起什么作用?
2. 整流电路是半波整流电路还是全波整流电路?
3. 当 RP 的滑动触点上移时，晶闸管导通角如何变化?
4. 稳压管 VZ 两端能否并接滤波电容，为什么?

三、器材准备

双踪示波器 1 台、万用表 1 只、常用电子组装工具 1 套。

元器件型号规格见表 8—4。

表 8—4　　　　元器件明细表

代号	名称	型号规格	检测结果
T	变压器	220 V/15 V，10 W	质量：
VZ	稳压二极管	2CW54	质量：
VD1、VD2	二极管	1N4007	质量：
V1	晶闸管	KP1	质量：
V2	单结晶体管	BT33	质量：
LED	发光二极管	ϕ3 mm，红色	质量：
R1、R2	电阻器	1 kΩ	实测值：
R3	电阻器	200 Ω	实测值：
R4	电阻器	100 Ω	实测值：
RP	微调电位器	100 kΩ	质量：
C	涤纶电容器	0.47 μF/25V	质量：

四、安装调试

1. 按图 8—16 所示电路原理图，在通用电路板上画出安装布线图。

2. 对表 8—4 中所列各元器件逐一进行检测，并将检测结果填入表中。

单结晶体管的检测方法和步骤如下：

（1）识别单结晶体管管脚

1）从单结晶体管的外形判别

按图 8—9a 所示，面对管底，由定位标志起，按顺时针方向，管脚依次为发射极 E、第一基极 B1、第二基极 B2。

2）用万用表判别

① 用万用表“R×1k”挡，依次测量三个电极每两个电极之间的正、反向电阻，若测得其中两个电极的正、反向电阻相等，则该两极均为基极，余下的电极为发射极 E。

② 分别测量发射极 E 与两基极之间的正向电阻（黑表笔接 E），其中阻值较小的一次，红表笔接的是第二基极 B2，另一个电极为第一基极 B1。

实际应用中第一基极 B1、第二基极 B2 接错，不会损坏管子，但会影响输出的脉冲幅度。

（2）单结晶体管质量判别

1）测量单结晶体管 E—B1 之间 PN 结的正向电阻和反向电阻，并记入表 8—5。E—B1 之间 PN 结特性和一般晶体管的 PN 结特性相似，正向电阻小于反向电阻，且正向电阻比一般晶体管的正向电阻略大。

2）测量 B1—B2 之间的电阻 R_{BB}，记入表 8—5。正常值约为 3 ~10 kΩ。其阻值随温度的上升而增大。

表 8—5　　单结晶体管测量记录表

项目	*E*—B1 之间 PN 结正向电阻	*E*—B1 之间 PN 结反向电阻	B1—B2 之间的电阻 R_{BB}
测量值			

3. 对元器件的引脚进行成形加工，按照图 8—17 所示实物图安装焊接电路。

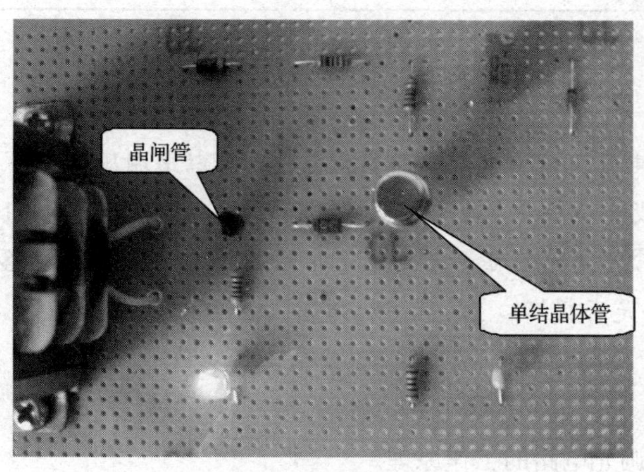

图 8—17　晶闸管调光电路安装实物图

4. 电路经检查无误后，将 15 V 交流电压由 *A*、*B* 两点输入。

5. 调节 RP，使 LED 灯达到中等亮度，用示波器观察电路中 *A*、*D*、*E* 各点以及第一基极 B1 的波形，记入表 8—6。

表 8—6　　测试记录表

测试点	*A*	*D*	*E*	B1
波形图				

6. 调节 RP，使 LED 灯的亮度从暗变亮，用万用表测量电路中 *D* 点直流电压的变化，用示波器观察 *D* 点波形的变化，记入表 8—7。

表 8—7　　测试记录表

LED 亮度	较暗	中等	较亮
D 点直流电压（V）			
D 点波形			

注意

（1）15 V 交流电压可以由电源变压器获得，也可以由调压器获得。

（2）如果不用发光二极管，也可以用 6.3 V 小灯泡（此时不用 R1）。

（3）发光二极管不亮或不可调光可能是单结晶体管自激振荡电路停振造成的，应检测 BT33 和 C 等元件是否损坏。

五、实训总结

1. 分析晶闸管调光电路的工作原理。
2. 分析晶闸管调光电路中 *A*、*D*、*E* 点和单结晶体管 B1 极的波形。
3. 研究该电路还可以移植应用于哪些场合。

六、测评记录

按表 8—8 所列项目进行测评，并做好记录。

表 8—8　　测评记录表

序号	测评项目	配分（分）	得分（分）
1	认识晶闸管的封装形式和图形符号	2	
2	用万用表检测单结晶体管和晶闸管	2	
3	晶闸管实训电路的安装焊接	2	

续表

序号	测评项目	配分（分）	得分（分）
4	用示波器观测波形	2	
5	整理测试记录，完成实训报告	2	

职业能力培养

实训项目中使用的是发光二极管，试应用相同的原理和相似的电路，设计安装一台可以控制白炽灯的调光电路。要求：（1）安全可靠；（2）使用方便；（3）外形美观；（4）成本低廉。可以独立完成，也可以合作完成，并按以上要求进行综合评比。

§8—3　特殊晶闸管及其应用

学习目标

1. 了解双向晶闸管等特殊晶闸管的功能及应用。
2. 了解晶闸管的选用和保护。

除了前面介绍的普通晶闸管外，还有一些特殊的晶闸管，如双向晶闸管、可关断晶闸管、光控晶闸管等，它们采用特殊工艺制造，具有特殊功能，在电子电路中得到广泛的应用。

表 8—9 所列为部分特殊晶闸管的图形符号。

表 8—9　　晶闸管图形符号及名称

图形符号	名称	图形符号	名称
	反向阻断二极晶闸管		反向阻断三极晶闸管 P 型门极（阳极受控）
	可关断晶闸管		双向三极晶闸管
	双向二极晶闸管		逆导三极晶闸管 （未指定门极）
	反向阻断三极晶闸管 N 型门极（阳极受控）		光控晶闸管

一、双向晶闸管

1. 结构、图形符号及管脚排列

双向晶闸管的结构、图形符号及管脚排列如图 8—18 所示。它是一个具有 NPNPN 五层结构的半导体器件，功能相当于一对反向并联的单向晶闸管，允许电流从两个方向通过。外形与单向晶闸管相似，有三个电极，分别称为**第一阳极** T1（A1）、**第二阳极** T2（A2）和**控制极** G。国产型号常用 3CTS 或 KS 表示。

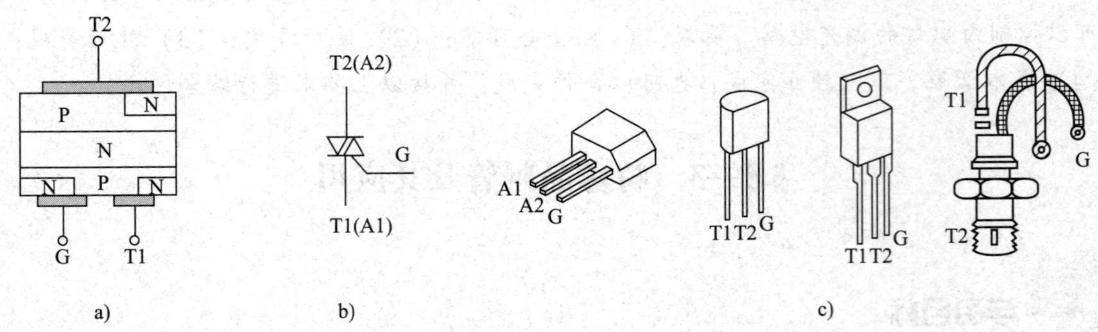

图 8—18 双向晶闸管的结构、图形符号及管脚排列

a）结构 b）图形符号 c）管脚排列

2. 导电特性

（1）双向晶闸管的主电极 T1、T2 无论加正向电压还是反向电压，其控制极 G 的触发信号无论是正向还是反向，晶闸管都能触发导通。

（2）双向晶闸管在导通后，去掉触发信号，依然能继续保持导通。

（3）当晶闸管工作电流小于维持电流值，或第一阳极 T1 与第二阳极 T2 间外加电压过零时，双向晶闸管都将截止。

双向晶闸管的整流波形如图 8—19 所示。

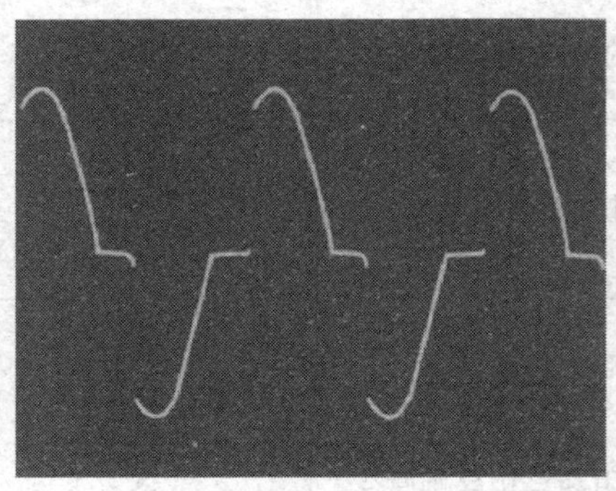

图 8—19 双向晶闸管的整流波形

3．检测方法

双向晶闸管的检测方法见表 8—10。

表 8—10　　双向晶闸管的检测方法

检测方法	说明
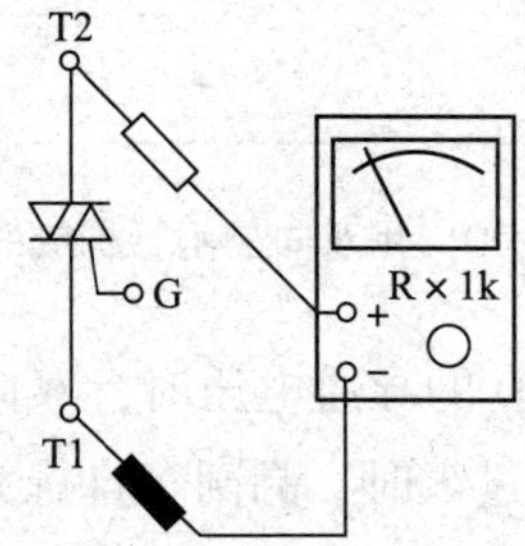 T2 G R×1k + − T1	万用表置“R×1k”挡，用两表笔分别接 T1 和 T2，表针停在某处，调换两表笔再次测量表针不动或微动为正常
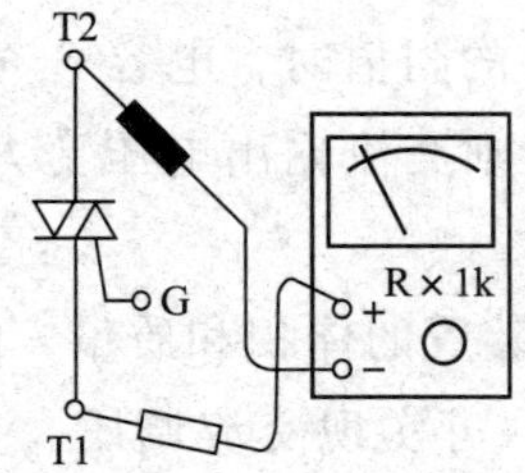 T2 G R×1k + − T1	
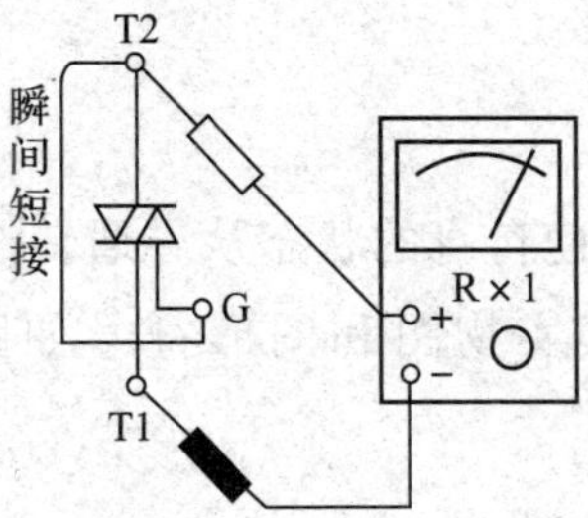 T2 瞬间短接 G R×1 + − T1	万用表置“R×1”或“R×10”挡，黑表笔接 T1，红表笔接 T2。将 G 极与 T2 极瞬间短接一下，表针应向右偏转，并保持几十欧姆以下的读数，说明晶闸管已经导通并能维持。导通方向为 T1→T2
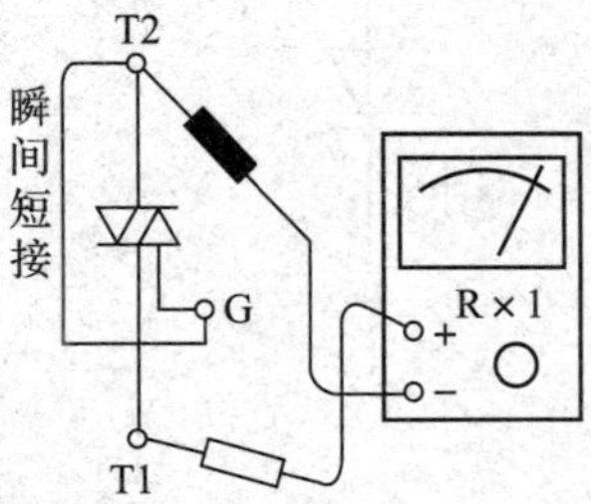 T2 瞬间短接 G R×1 + − T1	万用表置“R×1”或“R×10”挡，红表笔接 T1，黑表笔接 T2。将 G 极与 T2 极瞬间短接一下，表针应向右偏转，并保持几十欧姆以下的读数，说明晶闸管已经导通并能维持。导通方向为 T2→T1

上述检测结果表明双向晶闸管具有双向触发特性。如按以上方法测量，双向晶闸管一直保持高阻值，则表明该管已损坏。

4．双向晶闸管调光电路

图 8—20 所示为用双向晶闸管构成的调光电路。电路中 VD 为双向二极管，其功能相当于两只二极管反向并联。

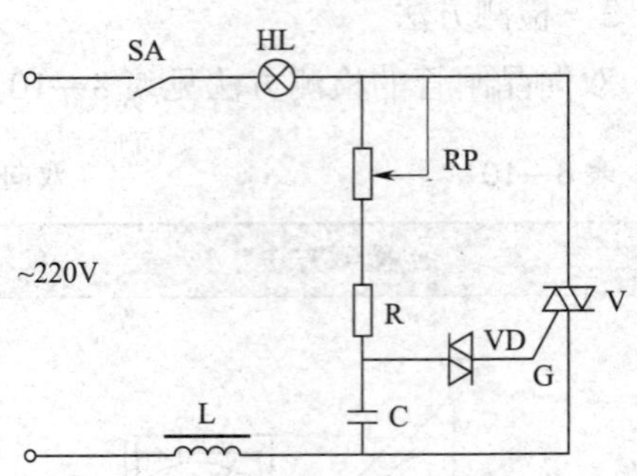

图 8—20　用双向晶闸管构成的调光电路

闭合开关 SA，当电源电压为上正下负时，电源通过 HL、RP、R 对电容 C 充电，电容 C 上的电压极性为上正下负，当该电压增大到双向二极管 VD 的导通电压时，双向二极管导通，双向晶闸管 V 触发导通，灯泡 HL 点亮。当交流电压过零时，晶闸管自行关断。

当电源电压为上负下正时，电容 C 反向充电，电压极性为上负下正，当该电压达到双向二极管 VD 的导通电压时，双向二极管反向导通，双向晶闸管 V 再次触发导通。

调节 RP 的阻值可调节输出电压。例如，当调大 RP 的阻值时，电容 C 充电速度变慢，晶闸管导通时间变短，交流输出电压变小；反之，则交流输出电压变大，从而起到调光作用。

在交流电路中，采用双向晶闸管可简化线路，减小装置的体积和质量，降低成本。双向晶闸管已广泛用于工业、交通、家电产品等领域，可实现交流调压、交流调速、交流开关、舞台调光、台灯调光等多种功能。此外，它还被用在固态继电器和固态接触器的电路中。

二、可关断晶闸管

可关断晶闸管是一种施加适当极性的控制信号，可使自身的状态从导通转换到阻断或从阻断转换到导通的晶闸管，一般用 GTO 表示，其实物图和图形符号如图 8—21 所示。

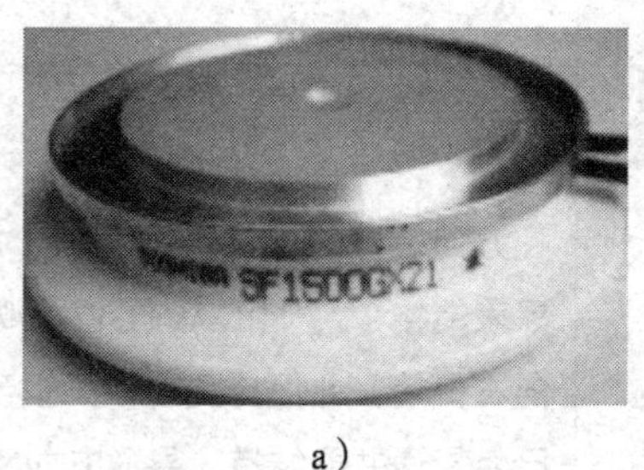

a）

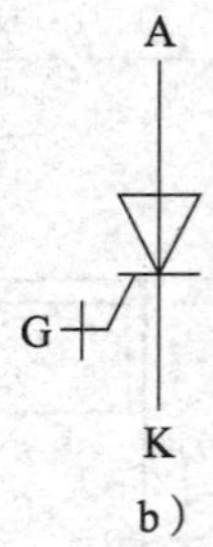

b）

图 8—21　可关断晶闸管

a）实物图　b）图形符号

可关断晶闸管属于 PNPN 四层三端结构，其等效电路与普通晶闸管相同。尽管它与普通晶闸管在结构和触发导通原理上相同，但两者的关断原理及关断方式却截然不同。普通晶闸管导通后欲使其关断，必须使正向电流低于维持电流，或施加反向电压强迫其关断，属于一种**半控型器件**；而可关断晶闸管导通后欲使其关断，只要在控制极上加负向触发脉冲即可，是一种**全控型器件**。

由于可关断晶闸管保留了普通晶闸管耐压高、电流大的优点，又具有可自行关断的特点，给使用带来很大方便，是一种理想的高压大电流开关器件，广泛应用于斩波器、逆变器、电子开关、恒压调频装置及电力系统中。

三、光控晶闸管

光控晶闸管是一种用光信号进行触发的晶闸管，也称光触发晶闸管，是一种光敏器件，其实物图和图形符号如图 8—22 所示。

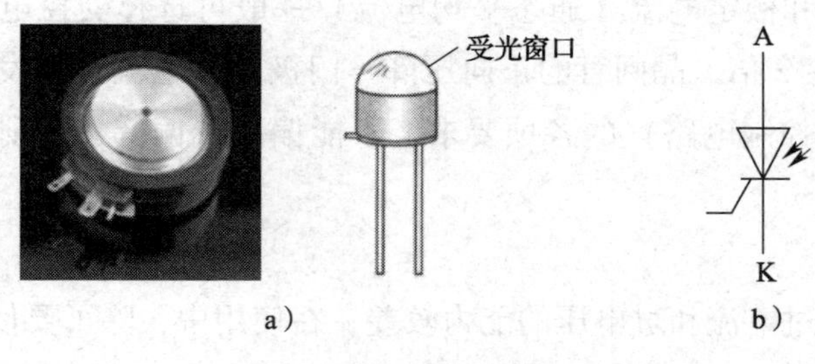

图 8—22 光控晶闸管

a）实物图 b）图形符号

光控晶闸管结构与普通晶闸管一样，也属于 PNPN 四层三端结构。但光控晶闸管的控制信号来自光的照射，没有必要再引出控制极，所以只有两个引出电极（即阳极 A 和阴极 K），控制极则为受光窗口（小功率光控晶闸管）或光导纤维、光缆（大功率光控晶闸管）。从外形上看，光控晶闸管有受光窗口，还有两条引脚，酷似光电二极管。

当在光控晶闸管的阳极 A 与阴极 K 之间加上正电压时，再用足够强的光照射一下其受光窗口，晶闸管即可导通。晶闸管受光触发导通后，即使光源消失也能维持导通状态，除非加在阳极 A 和阴极 K 之间的电压消失或极性改变，晶闸管才能关断。

光控晶闸管对光源的波长有一定的要求，即有选择性。目前，光控晶闸管较常用的触发光源有激光器、激光二极管和发光二极管等。

光控晶闸管采用光触发，保证了主电路与控制电路之间的电气隔离，同时可以避免电磁干扰的影响。因此，小功率光控晶闸管常应用于电隔离，为较大功率的晶闸管提供控制极触发信号；也可用于继电器、自动控制等方面。大功率光控晶闸管主要用于高压直流输电控制等场合。

四、晶闸管的选用和保护

1. 晶闸管的选用

(1) 选择晶闸管的类型

晶闸管有多种类型，应根据应用电路的具体要求合理选用。例如，若用于交直流电压控制、可控整流、逆变电源、开关电源保护电路等，可选用普通晶闸管。若用于交流开关、交流调压、交流电动机线性调速、灯具线性调光及固态继电器、固态接触器等电路中，应选用双向晶闸管。若用于交流电动机变频调速、斩波器、逆变电源及各种电子开关电路等，可选用可关断晶闸管。若用于光电耦合器、光探测器、光报警器、光计数器、光电逻辑电路及自动生产线的运行监控电路，可选用光控晶闸管。

(2) 选择晶闸管的主要参数

晶闸管的主要参数应根据应用电路的具体要求而定。所选晶闸管应留有一定的功率余量，其额定峰值电压和额定电流（通态平均电流）一般可选择受控电路的最大工作电压和最大工作电流 1.5 ~2 倍。晶闸管的正向压降、门极触发电流及触发电压等参数应符合应用电路（指门极的控制电路）的各项要求，不能偏高或偏低，否则会影响晶闸管的正常工作。

2. 晶闸管的保护

普通晶闸管承受过电流和过电压的能力较差，在使用中，除了要使它的工作参数留有充分的余量外，还要采取一定的保护措施。

(1) 过电压保护

若晶闸管电路中含有电感元件（如变压器、电抗线圈等)，则当变压器一次侧拉闸，或整流装置直流侧切断开关，或晶闸管由导通转变为阻断时，电感中都会产生很高的电动势，使晶闸管承受很高的电压，过电压虽然持续的时间极短，但也可能使晶闸管误导通，甚至击穿损坏。因此，要采取相应的保护措施。通常采用阻容吸收电路或压敏电阻等进行过电压保护。

1) 阻容吸收电路

阻容吸收电路是利用阻容元件来吸收过电压，其实质是当电路切断瞬间，电感回路产生的磁场能量（感应电动势）被电容吸收转换为电场能，然后电容又通过电阻放电，将电场能释放出来，从而抑制过电压，保护晶闸管。阻容吸收元件在电路中的接入方法有 3 种，如图 8—23 所示。

2) 压敏电阻

正常工作时，压敏电阻通过的漏电流很小，当遇到过电压时，它可以通过数千安的放电电流，之后又可恢复正常，因此它抑制过电压的能力很强。压敏电阻在电路中的接入方法有 3 种，如图 8—24 所示，图中 R_U 为压敏电阻。

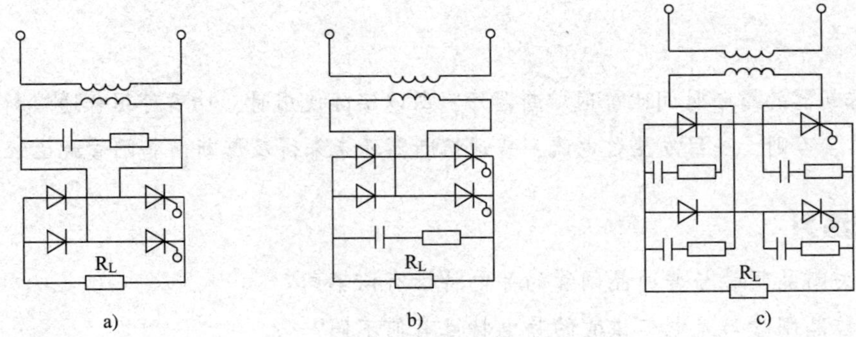

图 8—23　阻容保护电路

a）交流侧保护　b）直流侧保护　c）直接保护

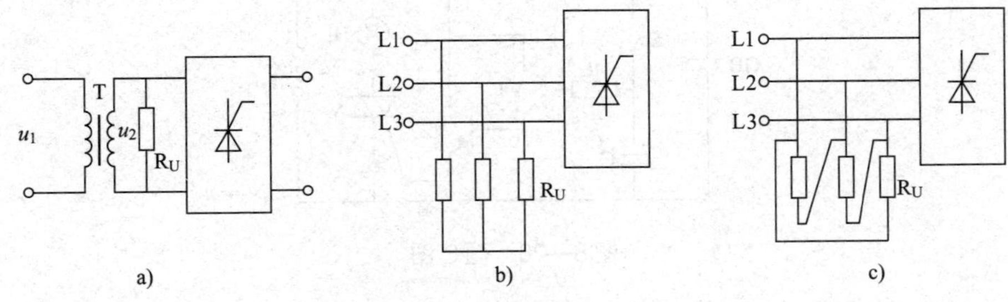

图 8—24　压敏电阻保护电路

a）单相电路中的接法　b）三相电路中的Y形接法　c）三相电路中的△形接法

（2）过电流保护

由于晶闸管的热容量很小，它在大功率条件下，当产生过电流时，温度会急剧升高，若超过允许值，晶闸管就会损坏。产生过电流的原因主要有负载过载、短路、其他晶闸管击穿或触发电路使晶闸管误触发等。

过电流保护的作用是：一旦有过电流产生并威胁晶闸管时，能在允许时间内快速地将过电流切断，以防晶闸管损坏。因此，常用快速熔断器进行过电流保护。快速熔断器保护电路有 3 种接法，如图 8—25 所示。

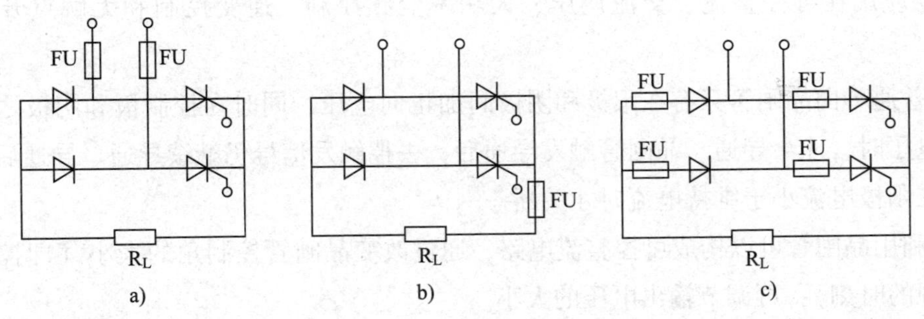

图 8—25　过电流保护电路

a）交流侧保护　b）直流侧保护　c）直接保护

注意

快速熔断器的熔断时间比普通熔断器短，所以实际使用时，切不可用普通熔断器来代替快速熔断器。否则，一旦发生过电流，普通熔断器还未来得及熔断，晶闸管就已经烧毁了。

随堂练习

1. 可关断晶闸管与普通晶闸管的导电特性有何不同？
2. 光控晶闸管与光电二极管的导电特性有何不同？
3. 图 8—26 所示是一个延时关灯电路，试简述其工作原理。

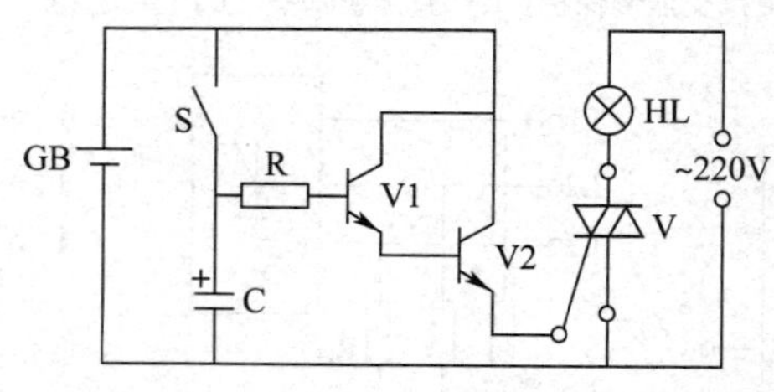

图 8—26 题 3 图

职业能力培养

在较系统地掌握了电子技术基础知识与基本操作技能的基础上，可通过到电子产品制造企业参观、互联网检索等途径，了解电子产品的生产与装配工艺，熟悉企业有关安全生产、节能环保和产品质量的规定，以及电子技术在自动控制、供配电等电气设备中的应用等。

本章小结

1. 晶闸管又称可控硅，通过它可用微小的信号功率对大功率的电源进行控制和变换。主要应用在可控整流、交流调压、大功率变频控制、逆变控制和无触点开关等方面。

2. 普通单向晶闸管只有在阳极和阴极间加正向电压，同时在控制极和阴极之间加正向触发电压时，才会导通。晶闸管触发导通后，去掉触发信号仍继续导通。导通后的晶闸管只有在阳极电流小于维持电流时才关断。

3. 利用晶闸管可以构成可控整流电路，通过改变晶闸管控制角的大小（即控制触发脉冲出现的时刻），可调节输出电压的大小。

4. 单结晶体管是一种具有负阻特性的半导体器件。利用单结晶体管和 RC 电路组成的自激振荡电路可为晶闸管提供触发信号。振荡电路和主电路必须采用同一电源变压器（称为同步变压器），这样才能使每半个周期内控制角均相等，从而保证输出电压幅度稳定。

5. 双向晶闸管相当于两个单向晶闸管反向并联，常用于交流调压及交流电路的可控无触点开关，它的触发电路常采用双向二极管。

6. 可关断晶闸管与普通晶闸管在触发导通原理上相同，但关断原理及关断方式不同。普通晶闸管导通后，必须使正向电流低于维持电流，或施加反向电压才能强迫其关断；而可关断晶闸管导通后欲使其关断，只要在控制极上加负向触发脉冲即可。

7. 光控晶闸管是一种用光信号进行触发的晶闸管。光控晶闸管受光触发导通后，即使光源消失也能维持导通状态，除非加在阳极 A 和阴极 K 之间的电压消失或极性改变，才能关断。

8. 选用晶闸管应根据应用电路的具体要求而定，所选晶闸管的额定峰值电压和额定电流（通态平均电流）一般可选择受控电路的最大工作电压和最大工作电流的 1.5 ~ 2 倍。

9. 晶闸管常用阻容吸收电路、压敏电阻作过电压保护，用快速熔断器作过电流保护。

附　　录

一、部分二极管的主要参数（见附表1～附表6）

附表1　　部分常用检波二极管的主要参数

型号	反向击穿电压 U_{BR}（V）	正向直流电流 I_F（mA）	正向压降 U_F（V）	结电容 C_{tot}（pF）	截止频率 f_C（MHz）	最高结温 t_{jm}（℃）	最高反向工作电压 U_{RM}（V）
2AP1	40	2.5	≤1.2	1	150	75	20
2AP2	45	2.5					30
2AP3	45	7.5					30
2AP4	75	5					50
2AP5	110	2.5					75
2AP6	150	2.5					100
2AP7	150	5					100
2AP9	65	5					10

附表2　　部分常用整流二极管的主要参数

型号	正向平均电流 I_F（A）	最高反向工作电压 U_{RM}（V）	最大正向电压 U_F（V）	最大反向电流 I_{RM}（μA）	浪涌电流 I_{FSM}（A）	材料	备注
1N4001	1	50	1	5	3	Si	DO－41（封装形式）
1N4002		100					
1N4003		200					
1N4004		400					
1N4005		600					
1N4006		800					
1N4007		1 000					

续表

型号	正向平均电流 I_F（A）	最高反向工作电压 U_{RM}（V）	最大正向电压 U_F（V）	最大反向电流 I_{RM}（μA）	浪涌电流 I_{FSM}（A）	材料	备注
1N5391	1.5	50	1.1	5	50	Si	DO－15（封装形式）
1N5392		100					
1N5393		200					
1N5394		300					
1N5395		400					
1N5396		500					
1N5397		600					
1N5398		800					
2CZ51A～X	0.05	—	≤1.2	5	1	Si	约 ϕ2.5 mm×8 mm
2CZ52A～X	0.1	—	≤1.0	3	2	Si	约 ϕ3 mm×10 mm
2CZ53A～X	0.3	—	≤1.0	3	6	Si	约 ϕ7 mm×13 mm
2CZ54A～X	0.5	—	≤1.0	10	10	Si	有 M5 螺栓，可安装散热器
2CZ55A～X	1	—	≤1.0	10	20	Si	
2CZ56A～X	3	—	≤0.8	20	65	Si	有 M6 螺栓，可安装散热器
2CZ57A～X	5	—	≤0.8	20	105	Si	
2CZ58A～X	10	—	≤0.8	30	210	Si	有 M8 螺栓
2CZ59A～X	20	—	≤0.8	40	420	Si	
2CZ60A～X	50	—	≤0.8	50	900	Si	有 M12 螺栓

附表 3　部分国产整流二极管最高反向工作电压规定

分档标志	A	B	C	D	E	F	G	H	J	K	L
U_{RM}（V）	25	50	100	200	300	400	500	600	700	800	900
分档标志	M	N	P	Q	R	S	T	U	V	W	X
U_{RM}（V）	1 000	1 200	1 400	1 600	1 800	2 000	2 200	2 400	2 600	2 800	3 000

附表 4　　部分常用开关二极管的主要参数

型号	反向恢复时间 t_n（ns）	零偏压电容 C_0（pF）	反向击穿电压 U_{BR}（V）	最高反向工作电压 U_{RM}（V）	最大正向电流 I_{FM}（mA）	反向电流 I_R（μA）
1N4148	4	4	100	75	450	25
1N4149		2	100	75		25
1N4151		2	75	50		50
1N4152		2	40	30		50
1N4153		2	75	50		50
1N4154		2	35	25		100
1N4446		4	100	75		25
1N4447		2	100	75		25
1N4448		2	100	75		5
1N914		4	100	75		5

附表 5　　部分常用稳压二极管的主要参数

型号	稳定电压（V）	最大工作电流（mA）
2CW50	1 ~ 2.8	33
2CW51	3 ~ 3.5	71
2CW52	3.2 ~ 4.5	55
2CW53	4 ~ 5.8	41
2CW54	5.5 ~ 6.5	38
2CW55	6.2 ~ 7.5	33
2CW56	7 ~ 8.8	27

附表 6　　1N47 系列稳压管的主要参数

型号	稳压范围				反向特性		动态电阻	
	U_Z（V）			测试条件	I_R（μA）	测试条件	r_d（Ω）	测试条件
	额定值	最小值	最大值	I_Z（mA）	最大值	U_R（V）	最大值	I_Z（mA）
1N4728A	3.3	3.14	3.47	76	100	1.0	10	76
1N4729A	3.6	3.42	3.78	69	100	1.0	10	69

续表

型号	稳压范围				反向特性		动态电阻	
	U_Z（V）			测试条件	I_R（μA）	测试条件	r_d（Ω）	测试条件
	额定值	最小值	最大值	I_Z（mA）	最大值	U_R（V）	最大值	I_Z（mA）
1N4730A	3.9	3.71	4.10	64	50	1.0	9.0	64
1N4731A	4.3	4.09	4.52	58	10	1.0	9.0	58
1N4732A	4.7	4.47	4.94	53	10	1.0	8.0	53
1N4733A	5.1	4.85	5.36	49	10	1.0	7.0	49
1N4734A	5.6	5.32	5.88	45	10	2.0	5.0	45
1N4735A	6.2	5.89	6.51	41	10	3.0	2.0	41
1N4736A	6.8	6.46	7.14	37	10	4.0	3.5	37
1N4737A	7.5	7.13	7.88	34	10	5.0	4.0	34
1N4738A	8.2	7.79	8.61	31	10	6.0	4.5	31
1N4739A	9.1	8.65	9.56	28	10	7.0	5.0	28
1N4740A	10	9.50	10.50	25	10	7.6	7.0	25
1N4741A	11	10.45	11.55	23	5.0	8.4	8.0	23
1N4742A	12	11.40	12.60	21	5.0	9.0	9.0	21
1N4743A	13	12.35	13.65	19	5.0	9.9	10	19
1N4744A	15	14.25	15.75	17	5.0	11.4	14	17
1N4745A	16	15.20	16.80	15.5	5.0	12.2	16	15.5
1N4746A	18	17.10	18.90	14	5.0	13.7	20	14
1N4747A	20	19.00	21.00	12.5	5.0	15.2	22	12.5

续表

型号	稳压范围				反向特性		动态电阻	
	U_Z（V）			测试条件	I_R（μA）	测试条件	r_d（Ω）	测试条件
	额定值	最小值	最大值	I_Z（mA）	最大值	U_R（V）	最大值	I_Z（mA）
1N4748A	22	20.90	23.10	11.5	5.0	16.7	23	11.5
1N4749A	24	22.80	25.20	10.5	5.0	18.2	25	10.5
1N4750A	27	25.65	28.35	9.5	5.0	20.6	35	9.5
1N4751A	30	28.50	31.50	8.5	5.0	22.8	40	8.5
1N4752A	33	31.35	34.65	7.5	5.0	25.1	45	7.5
1N4754A	39	37.05	40.95	6.5	5.0	29.7	60	6.5
1N4755A	43	40.85	45.15	6.0	5.0	32.7	70	6.0
1N4756A	47	44.65	49.35	5.5	5.0	35.8	80	5.5
1N4757A	51	48.45	53.55	5.0	5.0	38.8	95	5.0
1N4758A	56	53.20	58.80	4.5	5.0	42.6	110	4.5
1N4759A	62	58.90	65.10	4.0	5.0	47.1	125	4.0
1N4760A	68	64.60	71.40	3.7	5.0	51.7	150	3.7
1N4761A	75	71.25	78.75	3.3	5.0	56.0	175	3.3
1N4762A	82	77.90	86.10	3.0	5.0	62.2	200	3.3
1N4763A	91	86.45	95.55	2.8	5.0	69.2	250	2.8
1N4764A	100	95.00	105.00	2.5	5.0	76.0	350	2.5

二、部分三极管的主要参数（见附表7～附表9）

附表7　　部分低频小功率三极管的主要参数

型号	P_{CM}（mW）	I_{CM}（mA）	$U_{(BR)CEO}$（V）	$U_{(BR)CBO}$（V）	I_{CBO}（μA）	h_{FE} 色标分档	f_{β}（kHz）	封装形式
3AX51M	125	125	≥6	≥15	≤25	<15（棕） 15～25（红） 25～40（橙） 40～55（黄） 55～80（绿） 80～120（蓝） 120～180（紫） 180～270（灰） 270～400（白） >400（黑）	≥8	C 型
3AX51A			≥12	≥20	≤20			
3AX51B			≥18	≥30	≤12			
3AX51C			≥24	≥40	≤6			
3AX52A	150	150	≥12	≥30	≤12		f_{α}≥500	C 型
3AX52B			≥12					
3AX52C			≥18					
3AX52D			≥24					
3AX55A	500	500	≥12	≥50	≤80		6	D 型
3AX55B			≥20					
3AX55C			≥30					
3AX81A	200	200	≥10	≥20	≤30		≥6	B 型
3AX81B			≥15	≥30	≤15		≥8	
3BX81A	200	200	≥10	≥20	≤30		≥6	B 型
3BX81B			≥15	≥30	≤15		≥8	

附表8　　部分高频小功率三极管的主要参数

型号	P_{CM}（mW）	I_{CM}（mA）	$U_{(BR)CEO}$（V）	I_{CBO}（μA）	h_{FE}	f_T（MHz）	封装形式
3DG100A	100	20	20	≤0.1	25～270	≥150	B－1 型
3DG100B			30				
3DG100C			30			≥300	
3DG100D			30				
3DG102A	100	20	20	≤0.1	25～270	≥150	B－1 型
3DG102B			30				
3DG102C			20			≥300	
3DG102D			30				

续表

<table>
<tr><th>型号</th><th>P_{CM}
（mW）</th><th>I_{CM}
（mA）</th><th>$U_{(BR)CEO}$
（V）</th><th>I_{CBO}
（μA）</th><th>h_{FE}</th><th>f_T
（MHz）</th><th>封装
形式</th></tr>
<tr><td>3DG110A</td><td rowspan="6">300</td><td rowspan="6">50</td><td>15</td><td rowspan="6">≤0. 1</td><td rowspan="6">≥30</td><td rowspan="3">≥150</td><td rowspan="6">B－1 型</td></tr>
<tr><td>3DG110B</td><td>30</td></tr>
<tr><td>3DG110C</td><td>45</td></tr>
<tr><td>3DG110D</td><td>15</td><td rowspan="3">≥300</td></tr>
<tr><td>3DG110E</td><td>30</td></tr>
<tr><td>3DG110F</td><td>45</td></tr>
<tr><td>3DG120A</td><td rowspan="4">500</td><td rowspan="4">100</td><td>30</td><td rowspan="4">≤0. 2</td><td rowspan="4">25～270</td><td rowspan="2">≥150</td><td rowspan="4">B－3 型</td></tr>
<tr><td>3DG120B</td><td>45</td></tr>
<tr><td>3DG120C</td><td>30</td><td rowspan="2">≥300</td></tr>
<tr><td>3DG120D</td><td>45</td></tr>
<tr><td>3DG130A</td><td rowspan="4">700</td><td rowspan="4">300</td><td>≥30</td><td rowspan="4">≤1</td><td rowspan="4">≥30</td><td rowspan="2">≥150</td><td rowspan="4">B－4 型</td></tr>
<tr><td>3DG130B</td><td>≥45</td></tr>
<tr><td>3DG130C</td><td>≥30</td><td rowspan="2">≥300</td></tr>
<tr><td>3DG130D</td><td>≥45</td></tr>
<tr><td>3DG182A</td><td rowspan="10">700</td><td rowspan="10">300</td><td>≥60</td><td rowspan="10">≤2</td><td rowspan="10">≥20</td><td rowspan="5">≥50</td><td rowspan="10">B－4 型</td></tr>
<tr><td>3DG182B</td><td>≥100</td></tr>
<tr><td>3DG182C</td><td>≥140</td></tr>
<tr><td>3DG182D</td><td>≥180</td></tr>
<tr><td>3DG182E</td><td>≥220</td></tr>
<tr><td>3DG182F</td><td>≥60</td><td rowspan="5">≥100</td></tr>
<tr><td>3DG182G</td><td>≥100</td></tr>
<tr><td>3DG182H</td><td>≥140</td></tr>
<tr><td>3DG182I</td><td>≥180</td></tr>
<tr><td>3DG182J</td><td>≥220</td></tr>
</table>

续表

型号	P_{CM} (mW)	I_{CM} (mA)	$U_{(BR)CEO}$ (V)	I_{CBO} (μA)	h_{FE}	f_T (MHz)	封装形式
3AG56A 3AG56B 3AG56C 3AG56D 3AG56E 3AG56F	50	10	≥10	200	40 ~ 180	≥25 ≥25 ≥50 ≥65 ≥80 ≥120	B－1 型
3CG100	100	30	15 ~ 35	≤0. 1	≥25	≥100	B－1 型
3CG111	300	50	15 ~ 45	≤0. 1	≥25	≥200	B－1 型
3CG130	700	300	15 ~ 45	≤1	≥25	≥80	B－4 型

附表 9　日、韩产部分小功率三极管的主要参数

型号	极性	P_{CM} (W)	I_{CM} (A)	U_{CBO} (V)	U_{CEO} (V)	U_{EBO} (V)	f_T (MHz)
9011	NPN	0. 4	0. 03	50	30	5	370
9014	NPN	0. 625	0. 1	50	45	5	270
9015	PNP	0. 45	0. 1	50	45	5	190
9016	NPN	0. 4	0. 025	30	20	4	620
9018	NPN	0. 4	0. 05	30	15	5	1 100
8050	NPN	1	1. 5	40	25	6	190
8550	PNP	1	1. 5	40	25	6	200
3903	NPN	0. 625	0. 2	60	40	5	300
3905	PNP	0. 625	0. 2	60	40	5	250
4401	NPN	0. 625	0. 6	60	40	5	300
4402	PNP	0. 625	0. 6	60	40	5	300
5401	PNP	0. 625	0. 6	160	150	6	200
5551	NPN	0. 35	0. 6	180	160	6	200
2500	NPN	0. 9	2	30	10	7	150

三、部分集成功率放大器的主要参数（见附表 10）

附表 10　部分集成功率放大器的主要参数

型号	电源电压 V_{CC}（V）	电压增益 A_u（dB）	最大允许功耗 P_{dmax}（W）	输出功率 P_o（W）	最大失真度 THD_{max}（%）	功率频响 BW（Hz）	输入电阻 R_i（kΩ）	负载阻抗 R_L（Ω）	功放个数
LM386	4～12	26～46	1.25	V_{CC} −9 V 500 mW	0.2	20～100×10^3	50	8	1
LA4102	9	70（开环） 4.2～48（闭环）		1.4～2.1	1.5	80～20×10^3	20	8	1
CD7232	3.5～12	44.5 （R_f = 150 Ω）	20	5.5	1	50～20×10^3	20	4	2
TBA810	6 9 14.4 16	37（闭环） 80（开环）	5	1 2.5 6 7	0.2	40～10×10^3	5 000	4	1
TDA2030	±（6～18）	30（闭环） 90（开环）	20	14.9	0.5	10～140×10^3	5 000	4.8	1

四、部分集成运放的主要参数（见附表 11）

附表 11　部分集成运放的主要参数（t=25℃，V_{CC} = ±15 V）

型号	输入失调电压 U_{IO}（mV）	失调电压温度系数 αU_{IO}（μV/℃）	输入失调电流 I_{IO}（nA）	偏置电流 I_{IB}（nA）	差模输入电阻 R_{ID}（MΩ）	差模开环增益 A_{uD}（V/mV）	单位增益带宽 B_{WC}（MHz）	电压转换速率 S_R（V/μs）	共模抑制比 K_{CMR}（dB）	最大差模输入电压 U_{IDM}（V）	共模输入电压 U_{ICM}（V）	电源电压范围 V_{CC}（V）	电源电流 I_S（mA）	运放个数	国外型号前缀
CF124 CF224 CF324	±2	±7	±3 ±3 ±5	45		100	1		85 85 70	30	$V_{CC}-1.5$	±(1.5～15) 或 3～30	1.5	4	LM
CF14 CF343	2	2.5	1	8 8.8		180	1		80 70	80 68		±(4～40) ±(4～34)	2	1	LM
CF158 CF258 CF358	±2	7	±3 ±3 ±3	45		100	1		85 85 70	30	$V_{CC}-1.5$	±(1.5～15) 或 3～30	1	2	LM
CF351 CF353 CF354 CF347	5	10	25 pA	50 pA	1×10^6	100	4	13	100	±30	±15 −12	±(3～18)	1.8 3.6 3.6 7.2	1 2 2 4	LF TL 082

续表

型号	输入失调电压 U_{IO} (mV)	失调电压温度系数 αU_{IO} (μV/℃)	输入失调电流 I_{IO} (nA)	偏置电流 I_{IB} (nA)	差模输入电阻 R_{ID} (MΩ)	差模开环增益 A_{uD} (V/mV)	单位增益带宽 B_{WC} (MHz)	电压转换速率 S_R (V/μs)	共模抑制比 K_{CMR} (dB)	最大差模输入电压 U_{IDM} (V)	共模输入电压 U_{ICM} (V)	电源电压范围 V_{CC} (V)	电源电流 I_S (mA)	运放个数	国外型号前缀
CF3140	5		5×10^{-2}	1×10^{-2}	1.5×10^{12}	100			90			4～14		1	CA
CF715 CF715C	2		70	400	1	30	65	100	92		±12		7	1	
CF741 CF741C	1 2	10	20	80	2	200		0.5	90	±30	±13	±(5～20)	1.7	1	μA LM CA
CF747 CF747C	1	10	20	80	2	200		0.5	90	±30	±13	±(5～20)	3.4 3.9	2	μA LM CA
OP－07A OP－07C OP－07E	0.01 0.06 0.03	0.2 0.5 0.3	0.3 0.8 0.5	±0.7 ±8 ±1.2	30 8 15	500 400 500	0.6	0.3	126 120 123	±30	±14	±(3～18)	4 4 5	1	MP
CF4250 CF4250C	3 5		3 6	7.5 10		100 60			70	±30	±13.5	±(1～18)	10 μA 11 μA	1	LM
CF7650	5 μV	0.01	8	1.5 pA	10^6	5 000	2	2.5	140		－5.2～4	±(3～8)	2	1	ICL

续表

型号	输入失调电压 U_{IO} (mV)	失调电压温度系数 αU_{IO} (μV/℃)	输入失调电流 I_{IO} (nA)	偏置电流 I_{IB} (nA)	差模输入电阻 R_{ID} (MΩ)	差模开环增益 A_{uD} (V/mV)	单位增益带宽 B_{WC} (MHz)	电压转换速率 S_R (V/μs)	共模抑制比 K_{CMR} (dB)	最大差模输入电压 U_{IDM} (V)	共模输入电压 U_{ICM} (V)	电源电压范围 V_{CC} (V)	电源电流 I_S (mA)	运放个数	国外型号前缀
CJ111 CJ211 CJ311	0.7 0.7 2		4 pA 4 pA 6 pA	60 pA 60 pA 100 pA	100	200				30	±15	±(5～15)	I_{CC} = 51 I_{CE} = 41	1	LM
CJ139 CJ239 CJ339	1		±3 ±5 ±5	25	25	200				36	V_{CC} − 1.5	±(1～18)	0.8	4	LM
CJ193 CJ293 CJ393	1		±3 ±5 ±5	25	25	200				36	V_{CC} − 1.5	±(1～18)	0.4	2	LM

注：CF7650 是在 $t_A = 25℃$，$V_{CC} = ±5$ V 条件下测试。

五、部分集成稳压器的主要参数（见附表 12）

附表 12　　部分开关式集成稳压器的主要参数

<table>
<tr><th rowspan="2">型号</th><th rowspan="2">输出电流 I_o（mA）</th><th rowspan="2">效率 η_{max}（%）</th><th colspan="2">输入电压 U_i（V）</th><th rowspan="2">功耗 P_D（W）</th><th rowspan="2">最高工作频率（kHz）</th></tr>
<tr><th>最小</th><th>最大</th></tr>
<tr><td>CW1524
CW2524
CW3524</td><td>100</td><td>85</td><td>8</td><td>40</td><td>1</td><td>350</td></tr>
</table>

<table>
<tr><th rowspan="2">型号</th><th colspan="2">基准电压（V）</th><th colspan="2">使用环境温度（℃）</th><th rowspan="2">最高结温 t_I（℃）</th><th rowspan="2">封装形式</th></tr>
<tr><th>最小</th><th>最大</th><th>最低</th><th>最高</th></tr>
<tr><td>CW1524</td><td rowspan="2">4.8</td><td rowspan="2">5.2</td><td>-55</td><td>+125</td><td rowspan="3">175</td><td rowspan="2">C-16 型</td></tr>
<tr><td>CW2524</td><td>-40</td><td>+85</td></tr>
<tr><td>CW3524</td><td>4.6</td><td>5.4</td><td>-10</td><td>+70</td><td>D-16 型</td></tr>
</table>